RÉCITS D'UN ENQUÊTEUR-UFOLOGUE

Des témoins brisent le silence

MARC ST-GERMAIN

Éditions Les Mystères d'Éleusis
Québec, Canada
mysteresdeleusis@hotmail.com

ISBN 978-2-9810749-6-6
Dépôt légal – Bibliothèque et Archives nationales du Québec, 2021
Dépôt légal – Bibliothèque et Archives Canada, 2021
Éditeur : Les Mystères d'Éleusis
Illustrations : Rock A., Annie Desgagné, et Catherine F.
Infographie de la page couverture : Maryse St-Germain
Révision du texte : Francis St-Germain
Révision orthographique : Chloé Sturm-Thibault

Note : Tous les événements racontés dans ce livre sont réels et ont été décrits avec le plus de précision possible. Toutefois, afin de respecter la confidentialité des témoins qui en ont fait la demande, les noms de certains d'entre eux ont été changés ou volontairement omis tout comme certains noms de lieux associés aux événements décrits dans cet ouvrage.

À Annie, parce que tu as toujours été là pour moi.

REMERCIEMENTS

J'ai commencé à enquêter sur le phénomène ovni parce que j'avais des amis proches qui avaient vécu des expériences de rencontre rapprochée. Pour m'avoir fait confiance en m'ayant raconté leur expérience, je leur en suis très reconnaissant. Parmi tous ces individus qui ont changé le cours de ma vie, il y en a un en particulier qui a été l'initiateur de cette aventure et qui m'a amené à percer le voile de l'illusion de notre monde. Merci à toi Alain, pour m'avoir ouvert à cette autre réalité qui fait partie intégrante de notre monde. Tu as su utiliser tes talents d'orateur pour rendre tes histoires vivantes et les partager aux autres durant nos rencontres. Ton humour et ton dynamisme ont certainement aidé à alléger l'ambiance en dépit du sérieux de certains de ces témoignages.

Merci à Jean-Charles Moyen, qui m'a secondé à titre de directeur adjoint du MUFON Québec et qui, en plus de m'avoir montré les arcanes du montage vidéo, m'a accompagné dans de nombreux événements autant au Québec qu'aux États-Unis. Ensemble, nous avons vécu des aventures qui resteront longtemps gravées dans ma mémoire. À Luigi Vendittelli, ta générosité et ton professionnalisme lors de ta participation à nos événements ont réussi à démontrer tout le sérieux de la recherche ufologique et des enquêtes de terrain. Merci pour ton engagement et tes précieux conseils.

Si ça n'avait été de ma rencontre avec Simon Hébert, jamais je n'aurais eu accès à toutes ces histoires s'étant produites à Wemontaci et à Obedjiwan. Merci à toi Simon pour m'avoir permis de rencontrer tous ces témoins dans ces lieux inaccessibles. Tout ce temps que tu as passé à enquêter en territoire autochtone ainsi que le partage de ta propre expérience ont fait de toi un véritable ambassadeur de la nation atikamekw en ce qui a trait aux enquêtes de terrain.

Pierre Caron, tu m'as initié au monde du subconscient et des potentialités qui y sont cachées. Merci à toi pour ton implication à titre de consultant en hypnose. Ta participation à certaines de nos enquêtes a permis de révéler des informations importantes qui n'auraient jamais vu le jour autrement. Merci également au professeur Don Donderi de l'Université McGill pour votre participation à titre de consultant au sein du MUFON Québec. En ce qui a trait aux chercheurs universitaires dans le domaine des enlèvements extraterrestres, envers et contre tous, vous êtes l'exemple même du véritable scientifique qui applique l'honnêteté intellectuelle. Votre façon d'aborder publiquement le phénomène des enlèvements est une véritable source d'inspiration.

Aux enquêteurs Alain Desroches, Philippe-Emmanuel Faure, Sylvie Lamothe, et Richard Tremblay, merci pour votre implication tout au long de ces années. Chacun de vous, à votre façon, avez contribué à faire de MUFON Québec le réseau d'enquête le plus efficace et le plus respecté du pays. Céline Vergne, malgré ton emploi du temps chargé, tu as tout de même réussi à remplir les tâches de directrice des publications avec brio. Merci pour ta participation dans la publication du Vigilant et dans la traduction française du manuel des enquêteurs du MUFON. Ton implication a contribué à rendre ce contenu accessible aux francophones du Canada et de la France.

Merci à Éric Tessier pour ton dévouement indéfectible au MUFON. Ton implication et ta passion pour les enquêtes de terrain ont fait en sorte que tu te retrouves désormais à la barre du MUFON Québec à titre de directeur des enquêtes. C'est un poste bien mérité et c'est grâce à toi si le MUFON Québec est demeuré actif après mon départ. Merci d'avoir gardé le fort!

Janny Charrueau, par ta compétence et ta détermination, tu as gravi rapidement les échelons du MUFON Québec. Tes nominations successives à titre de directrice des enquêtes et directrice provinciale ont été les résultats de ton dévouement incomparable au sein de cette organisation. Si plusieurs, dont moi-même, avons regretté ton départ du Québec, nous avons tous été ravis de voir que tu as accepté de diriger le MUFON France. Merci pour tout ce que tu as accompli au MUFON Québec et félicitations pour tes nouvelles fonctions de directrice du MUFON France.

Olivia Ouellet-Chenu et Maryse St-Germain, votre initiative de mettre sur pied une boutique à la fois virtuelle et physique a contribué à agrémenter autant le site web que les événements d'une touche de créativité. Merci pour votre présence et votre aide précieuse lors des séminaires MUFON Québec. À mon fils Francis, pour tes critiques constructives et tes excellents conseils lorsqu'il est question d'aborder les sujets sensibles de l'ufologie. Merci pour ta vivacité d'esprit et ton honnêteté.

Les enquêteurs, consultants et dirigeants qui se sont joints à moi dès le début de mon aventure avec le MUFON m'ont tous aidé à remettre le MUFON Québec sur les rails. Toutes ces personnes ont également participé activement à la création d'une structure francophone pour non seulement aider à collecter les rapports d'observation provenant du Québec, mais aussi à créer un environnement propice à la dissémination de l'information amassée. Tous les événements que nous avons organisés alors que j'étais à la barre du MUFON Québec, qu'il s'agisse de conférences, de séminaires ou de fins de semaine ufologiques, ont entre autres servi à partager les connaissances acquises lors des enquêtes de terrain. Il s'agissait également de lieux propices aux échanges entre participants, dont la plupart avaient eux-mêmes vécu des expériences. Il ne faut pas oublier que tous ceux et celles qui ont participé de près ou de loin à ces nombreuses activités étaient tous bénévoles et n'en retiraient aucun bénéfice financier. À toutes ces personnes, je dis un énorme merci car sans vous rien de tout ceci n'aurait été accompli.

En dernier lieu, j'aimerais remercier tous les témoins qui de près ou de loin ont participé à la création de cet ouvrage. Même si la route vers la vérité en ce qui concerne les ovnis et la réalité extraterrestre est longue, sinueuse et parsemée d'embûches, c'est grâce aux témoignages comme les vôtres si plusieurs autres témoins de ce phénomène se sentiront moins seuls, isolés et incompris. La véritable divulgation ne viendra ni de l'armée, ni des gouvernements, mais des témoins qui un jour en auront assez du secret et se lèveront envers et contre tous pour faire sortir la vérité sur notre réalité. Une réalité à la fois complexe et excitante qui dépasse souvent la fiction.

TABLE DES MATIÈRES

AVANT-PROPOS

L'écriture d'un livre dans lequel on veut partager l'ensemble des conclusions d'une enquête ayant duré plus de deux décennies est un formidable exercice de mémorisation. Toutefois, étant donné que le propre des enquêtes de terrain est de tout prendre en note, il m'a été relativement facile de retrouver suffisamment d'informations pour reconstituer cette partie peu banale de ma vie où j'ai eu l'occasion de rencontrer de nombreux témoins d'observation d'ovni. Ma curiosité et mon ouverture d'esprit ont contribué à ce que ces personnes s'ouvrent à moi en toute confiance et me racontent leur expérience parfois extraordinaire.

Lorsque j'ai entendu pour la première fois un témoin s'exprimer devant moi, il y a de cela maintenant plus de vingt ans, je n'aurais jamais pensé à l'époque que je dédierais presque tout mon temps libre à enquêter sur ce phénomène. Comme je le dirai plus tard à ceux et celles qui me demandaient pourquoi je m'investissais autant dans les enquêtes sur les ovnis : « C'est une passion qui s'est transformée en obsession. Je veux simplement aller au fond des choses et obtenir des réponses. » Afin d'avoir une meilleure vision du phénomène et pour confronter mes propres idées, je me suis impliqué dès le départ dans diverses associations ufologiques où les échanges sur le sujet étaient propices à la discussion. Au fil du temps, cette implication s'est transformée en responsabilité, ce qui m'a amené à occuper des postes de direction régionale, provinciale et nationale au sein d'organismes ufologiques.

De l'Association québécoise d'ufologie, je suis passé au MUFON, un des plus gros organismes d'enquête ufologique d'envergure internationale. Par ces différentes fonctions que j'ai occupées, j'ai eu l'opportunité de voyager au Canada, aux États-Unis et en Europe, j'ai pu non seulement rencontrer des témoins de cas reconnus internationalement, mais aussi, de côtoyer les plus grands ufologues de l'Amérique du Nord et de l'Europe.

J'ai donc vécu une immersion totale dans le monde de l'ufologie tout en y prenant part activement. Malgré tout, il ne s'agit pas ici de raconter mon histoire, mais bien de raconter celles de ceux qui ont croisé ma route durant cette partie palpitante de ma vie. Comme j'ai eu le privilège d'obtenir de nombreux témoignages de qualité provenant d'observations d'ovnis ayant eu lieu au Québec, les cas qui constituent cet ouvrage sont majoritairement québécois. Ces histoires, qui proviennent toutes d'individus crédibles, représentent une palette d'expériences variées qui nous ouvre la porte sur une autre réalité. S'il arrive que certaines de ces observations soient brèves et ne constituent que des événements fortuits, d'autres sont de véritables rencontres rapprochées telles que décrites dans les classifications d'Hynek et de Vallée.

Pour toutes les personnes qui ont vécu des expériences de rencontre rapprochée, qu'elles soient du 1er, 2e, 3e et même du 4e type, la question à savoir si nous sommes seuls dans l'univers ne se pose plus. Et pour ceux et celles qui se sont donné la peine d'écouter les témoignages de ces personnes, il ne fait aucun doute que nous sommes visités régulièrement par des espèces intelligentes se déplaçant à bord de vaisseaux technologiquement supérieurs à tout ce que nous possédons. Si aujourd'hui je suis convaincu de cette possibilité, même si elle est contraire à tout ce que l'on apprend dans notre société, c'est en partie grâce à chacune des histoires que j'ai entendues de la part de centaines de témoins d'observation d'ovni. Ce livre est donc l'histoire de certaines de ces personnes qui ont croisé mon chemin et dont les expériences extraordinaires ont changé ma perception de la réalité.

INTRODUCTION

Croire ou ne pas croire aux ovnis? Telle n'est pas la question, car en réalité contrairement à ce que beaucoup de gens disent, l'ufologie n'est pas du ressort de la philosophie ni de la religion, mais plutôt de la science. Tout au long de mes enquêtes de terrain, lesquelles se sont étalées sur près de deux décennies, il m'est arrivé de rencontrer de nombreux témoins d'observation d'ovni. Ces personnes ont en commun le fait de croire que ce qu'elles ont vu n'était pas de ce monde, mais si elles y croient, c'est parce qu'elles ont vu ce dont elles parlaient. Comme elles avaient fait une expérience directe du phénomène, leur croyance était basée sur l'expérience et non pas sur la foi. Ce qui, finalement, est de la connaissance et non pas de la croyance. Lorsqu'un témoin dit : « Je sais ce que j'ai vu. » il émet précisément ce postulat.

Peut-être que tout ceci peut sembler un banal exercice de sémantique, mais cela a de l'importance ne serait-ce que pour remettre les choses en perspective. Les témoignages d'observation d'ovni sont des preuves d'un point de vue de la recherche scientifique et doivent être considérés comme tels. Pour ce qui est des preuves physiques, ma rencontre avec Chuck Wade au Nouveau-Mexique m'a convaincu qu'elles existaient pour en avoir vu et manipulé à l'occasion d'une entrevue qu'il m'a accordée en 2013. Le problème de l'ufologie n'a donc jamais été le manque de preuves, mais plutôt le manque de rigueur et d'honnêteté scientifique. C'est justement parce que je savais que la rigueur et l'honnêteté scientifique permettraient de répondre à certaines questions liées à la recherche sur les ovnis que je me suis joint au MUFON en 2014, dont la devise est : *L'étude scientifique des ovnis au bénéfice de l'humanité*.

L'ufologie peut être un passe-temps pour certains, mais elle peut également être une discipline scientifique à part entière au même titre que l'astronomie ou l'anthropologie. Et tout comme n'importe quelle science, l'emploi d'une méthodologie de recherche permet d'obtenir des résultats probants. Il est vrai cependant que le facteur humain en est un d'importance en ufologie, et c'est pour cette raison que des évaluations spécifiques existent pour aider à déterminer la validité des cas d'observation d'ovni. Cependant, étant donné que les méthodes employées par la recherche ufologique sont tirées en partie des sciences pures et des sciences humaines, on peut dire que l'ufologie est une science mixte. Ce livre, n'est pas un ouvrage de fiction, il est le fruit d'une recherche de longue haleine dont les résultats permettent de répondre à plusieurs des grandes questions liées à la problématique ovni :

- ✓ Sommes-nous seuls dans l'univers?
- ✓ Sommes-nous visités par des intelligences venues d'ailleurs?
- ✓ Y a-t-il déjà eu des interactions entre des extraterrestres et des habitants de la terre?
- ✓ Est-ce que le phénomène des enlèvements extraterrestres est réel ou fictif?
- ✓ Le gouvernement est-il au courant?
- ✓ Existe-t-il une conspiration du silence?
- ✓ Qu'en est-il du programme spatial clandestin?

Si la réponse à certaines de ces questions semble évidente, il y en a d'autres qui requièrent du temps et des efforts avant de pouvoir prononcer un diagnostic fondé sur des données empiriques. Les circonstances de la vie m'ont amené à passer beaucoup de temps et à mettre énormément d'énergie pour résoudre une partie de l'énigme que pose le phénomène ovni. Le but de cet ouvrage est donc, entre autres, de partager les informations qui m'ont été transmises au cours de mes enquêtes par des témoins de première main et qui m'ont aidé à répondre à plusieurs de ces questions. Contrairement à mes ouvrages précédents dont le contenu assez technique pouvait intéresser plutôt les chercheurs et les ufologues, celui-ci est davantage accessible, il met l'accent sur mes propres expériences d'enquêteur de terrain ainsi que mon implication au sein de la communauté ufologique à titre de dirigeant du MUFON Québec et du MUFON Canada.

Toutefois, mon rôle comme enquêteur de terrain n'a jamais été de prouver ni de discréditer la présence extraterrestre sur terre, mais d'étudier tous les éléments mis à ma disposition pour avoir une vision juste et objective du phénomène ovni dans son ensemble. Je trouvais donc important de montrer la perspective de l'enquêteur de terrain, car elle permet de voir la démarche derrière laquelle on peut finalement conclure que certaines de ces personnes ont véritablement vu des vaisseaux ou interagi avec des entités non humaines.

Les faits relatés par ces témoins peuvent sembler sortir de films de science-fiction tant ils sont incroyables, mais ils ne sont pas moins réels pour autant. Ceux et celles qui ont été témoins de cet autre monde sont souvent stigmatisés par la société actuelle, qui est conditionnée à rejeter tout ce qui ne cadre pas avec la « réalité » projetée par les médias de masse.

Toutefois, ces témoins d'observation d'ovni savent pertinemment que ce qu'ils ont vu ne fait pas partie du monde « normal », et tentent simplement de comprendre ce qu'il en est afin de reconstruire leur paradigme de pensée en y intégrant ce nouvel élément. Peut-être que si nous nous donnions la peine d'écouter leur récit avec ouverture d'esprit, notre vision de la réalité changerait et engagerait notre société vers un nouveau paradigme. Un paradigme dans lequel notre civilisation entrerait dans un Nouveau Monde où la réalité dépasse la fiction et où les technologies d'avant-garde sont utilisées au bénéfice de l'humanité.

CHAPITRE I
MES PREMIÈRES ENQUÊTES

C'est en raison de mon ouverture d'esprit, me disait-on, que plusieurs personnes me confiaient leurs expériences en lien avec les ovnis. Si certaines de ces personnes étaient des amis proches, d'autres n'étaient que des connaissances que j'avais rencontrées brièvement lors de soupers entre amis. À l'époque, je n'étais pas enquêteur de terrain et je ne faisais pas vraiment de recherches sur les ovnis, mais lorsque quelqu'un voulait me partager ce qu'il avait vu, j'écoutais avec intérêt. Le fait que je prenne la peine d'écouter leurs récits sans juger ni me moquer semblait mettre mes interlocuteurs suffisamment à l'aise pour qu'ils ne censurent aucune partie de leur histoire et qu'ils me la partagent en détail. Le type de récit variait d'une personne à l'autre, mais il y avait en commun le fait qu'elles disaient ne l'avoir raconté qu'à une poignée d'individus, car lorsqu'elles en avaient parlé à leur entourage, elles avaient été confrontées à la moquerie et au rejet. La réaction émotive de leurs proches face à cette expérience était très négative et cela a fait en sorte qu'elles n'ont abordé le sujet que très rarement par la suite. Je me sentais donc très privilégié d'entendre ces témoignages, tous plus incroyables les uns que les autres et, avec le temps, j'ai fini par avoir une autre vision du monde dans lequel nous vivons.

Alain

C'est au milieu des années 1990 que j'ai rencontré Alain pour la première fois. À l'époque, je ne savais pas qu'il deviendrait un de mes plus proches amis. Il fit partie des premières personnes à m'avoir ouvert au phénomène ovni et, même s'il est un joueur de tours et un excellent raconteur d'histoires, il ne plaisantait jamais lorsque venait le temps de partager ses expériences avec moi. Vers l'automne 1998, Alain m'avait invité à venir passer un peu de temps chez lui dans les Laurentides et, comme j'habitais Montréal à ce moment-là, cela faisait un petit voyage d'agrément pour ma famille et moi. Sa propriété, qui datait de plus de cent ans, avait été construite à flanc de montagne sur une route secondaire, à quelques kilomètres d'un petit village des Laurentides. Il n'y avait aucun lampadaire pour éclairer le secteur, ce qui en faisait un endroit idéal pour observer le ciel la nuit en raison de l'absence totale de pollution lumineuse. Pour ce qui est des voisins, les plus proches se situaient à près d'un kilomètre et n'étaient pas visibles d'où nous étions. De mon point de vue de Montréalais, je constatais qu'Alain vivait au milieu de nulle part. Pour moi, il ne s'agissait pas d'une critique, mais plutôt de quelque chose d'enviable. C'est d'ailleurs ce voyage particulier qui a fait en sorte que ma conjointe et moi avons pris la décision de quitter la ville pour déménager dans cette région. Une région qui avait, comme je le constaterai plus tard, une quantité surprenante d'histoires liées aux ovnis. Un peu avant l'heure du diner, alors que nous étions à l'extérieur, Alain me raconta la fois où il avait vu deux ovnis passer au-dessus de chez lui. Il s'agissait de la première fois qu'Alain me partageait une de ses expériences liées à ce phénomène.

Une nuit, alors qu'il était dans le salon en train d'écouter la télévision, il remarqua une forte lumière qui illuminait à l'extérieur de sa maison. En premier, il pensait que ça pouvait provenir des phares d'une voiture qui passait sur la route, mais étant donné qu'il était situé sur le dessus d'une colline, ça n'était jamais arrivé auparavant. Comme il trouvait étrange de voir à quel point c'était illuminé, il s'est levé pour regarder par la fenêtre, et c'est là qu'il a aperçu une immense boule verte passer lentement au-dessus de la vallée. En arrivant au-dessus de la montagne, la boule est devenue rouge et elle a disparu en un instant. Immédiatement après, il y a eu une autre boule verte qui se dirigeait lentement dans la même trajectoire que l'autre, et qui a fait la même chose que la précédente, passer du vert au rouge pour ensuite disparaître. Il a été le seul témoin cette fois-là, car sa conjointe dormait. Il l'avait quand même réveillée lorsque la seconde est passée, mais malgré le temps de déplacement assez long de la boule, elle n'a pas eu le temps de la voir. Cet événement a été le premier d'une longue suite d'expériences toutes aussi intrigantes les unes que les autres. Toutes ces expériences s'étaient produites chez lui, à l'endroit même où il m'avait invité cette fin de semaine-là.

Ce n'est que plusieurs années plus tard que je demandai à Alain de me rencontrer pour faire une entrevue filmée et me raconter tout ce qu'il pouvait me dire à propos de ces expériences. J'étais désormais enquêteur de terrain et je m'efforçais d'amasser le plus de témoignages possibles en lien avec les ovnis. Filmer les témoignages était selon moi, la meilleure façon de consigner l'information. Par respect pour le témoin, je m'assurais d'obtenir leur autorisation avant de les enregistrer ou de les filmer et je leur donnais la possibilité de demeurer anonymes si tel était leur souhait.

12 juillet 2010 – Montréal – retranscription d'une entrevue vidéo

Marc St-Germain – Vers quelle année s'est produit l'événement où tu avais observé une lumière dans ta maison?

Alain – C'était autour de 1995 si je me fie à l'âge que ma fille avait à ce moment-là.

MSTG – Est-ce que c'était l'automne, l'hiver?

A – Non c'était l'été. Il faisait chaud, la fenêtre était ouverte.

MSTG – C'était le soir, la nuit?

A – C'était la nuit. Ici on parle bien de la lumière [qui avait pénétré la maison]?

MSTG – Oui.

A – Ce n'était pas une lumière éblouissante, car ça n'éblouissait pas. C'était une lumière douce.

MSTG – Est-ce que tu dormais dans ta chambre à ce moment-là?

A – Oui, je dormais dans ma chambre à ce moment-là et la configuration du lit faisait que je ne pouvais pas voir. Il y avait une grosse lucarne double, mais de l'endroit où j'étais je ne pouvais pas voir dehors. Donc, je me réveille, je vois ça, je me rends compte qu'il fait clair.

MSTG – La chambre est illuminée?

A – Oui, il fait clair.

MSTG – Il fait clair dehors et à l'intérieur ou…

A – C'est une lumière bleutée et douce. En ouvrant les yeux, je me dis : « Ha? Il est à peu près 4h30 du matin. »

MSTG – Comme lorsque le Soleil se lève [en été]?

A – Oui, mais à ce moment-là où j'habitais c'était facile de savoir il était quelle heure sans ouvrir les yeux; les oiseaux se mettent à chanter entre 4h30 et 5h00. Tu entends les oiseaux, tu ouvres les yeux et tu vois qu'il fait clair, il y a une certaine clarté. Quand ça fait longtemps que tu habites là, tu n'as même plus besoin d'ouvrir les yeux et tu sais il est environ quelle heure. Mais là, je n'entends pas les oiseaux et j'ouvre les yeux et il fait clair comme un levé du jour, je dirais à 5h00 du matin.

MSTG – As-tu regardé l'heure?

A – Là je regardais et je trouvais la lumière étrange. Étrange dans le sens qu'il n'y avait aucune ombre. Et normalement quand tu te réveilles au début ta vision est un peu floue, mais là tout était incroyablement clair, clair comme ça ne se peut même pas. Je voyais des détails dans la pièce que je ne voyais pas normalement. Ceci m'a amené à faire l'expérience d'un état de conscience incroyable. Je voyais clair partout sans aucun flou et là je me demande il est quelle heure? En regardant le réveil, je vois qu'il est 3h30 et je me dis que c'est impossible qu'il fasse clair à cette heure-là. J'essaie de voir si ça vient de l'extérieur, mais je ne suis pas capable de voir.

MSTG – Pourquoi?

A – En raison de la lucarne de la manière dont elle est faite et ça ne me tente pas de me lever pour regarder dehors.

MSTG – Pourquoi?

A – Aucune idée. Parce que c'est pas le temps de me lever. Il faut que je dorme.

MSTG – Faut que tu dormes, mais il est 3h30 du matin, il fait clair et tu trouves que c'est pas normal? T'es pas plus curieux que ça?

A – Oui, et je réveille quand même Marie-France. Et là je lui dis : « Réveille-toi. Regarde il fait clair! » Et là elle ouvre les yeux et dit : « Ah oui… » Puis là elle s'est endormie et je me suis endormi tout de suite.

MSTG – Vous en êtes-vous parlé le lendemain matin?

A – Ce temps-là est un peu flou, mais je me souviens qu'on s'en est parlé.

MSTG – Dans la même journée?

A – Dans la même journée.

MSTG – Puis qu'est-ce que ça donné?

A – Ç'a passé de même, pas plus que ça.

MSTG – Il n'y avait pas de malaise en lien avec ça?

A – Non, mais c'était la première fois que des événements du genre arrivaient. On n'en a pas trop fait de cas à ce moment-là. Mis à part l'observation de boules de lumières qu'on avait oubliée parce que ça remontait depuis longtemps. Nous n'étions pas à l'affût d'aucun phénomène paranormal ou anormal.

MSTG – Puis après ça, ça s'est reproduit?

A – Après ça il y a eu un autre événement et cette fois-là c'est elle [sa conjointe] qui me réveille.

MSTG – C'est combien de temps après?

A – Environ un mois ou deux après. Nous dormions tous les deux et elle s'est réveillée, car elle entendait un son. Et elle m'a réveillé pour que j'entende le son.

MSTG – C'était quoi le son? Peux-tu me donner une idée à quoi ça pouvait ressembler?

A – C'était comme un bruit d'air dans un pneu qui roule à haute vitesse. Puis t'entends la subtilité de l'air puis du *rubber* d'un *tire* bien gonflé. (Alain fait le bruit avec sa bouche.) L'air qui *rebound* puis le caoutchouc qui frotte sur une route…

MSTG – Ok, c'est comme une vibration.

A – Ouais, ça fait comme un son qui tourne. Juste le son d'air emprisonné dans le *rubber*.

MSTG – Ok, là c'était encore la nuit?

A – Ça c'était très tôt le matin. L'aurore commençait. Il y avait une lueur, il ne faisait pas noir dans la chambre.

MSTG – 4h30?

A – Peut-être oui 4h30, vu que c'était l'été il commence à faire clair à cette heure-là.

MSTG – Puis là vous vous êtes levés?

A – Elle m'a réveillé pour me dire : « Hey? T'entends-tu ça? » Et là on s'est assis dans le lit et on entend ça. Là on se regarde les yeux grands ouverts en se demandant : « Qu'est-ce que c'est que ça? » et là ça a fait un vacarme incroyable et là on a eu l'impression que la maison tremblait. C'était si fort qu'on se demandait si la maison était pour s'écrouler. Puis je me suis rendormi… Puis elle avec.

MSTG – Ah oui?

A – Oui.

MSTG – Puis après ça? Est-ce que vous en avez parlé le lendemain matin en vous réveillant?

A – C'est drôle, mais je ne sais pas. Sûrement, mais je n'étais pas fier de ne pas m'être levé pour aller voir ce que c'était. Ça m'a troublé pendant un bon moment. Je ne sais pas si j'avais le goût d'en parler. Je ne voulais tout simplement pas en reparler.

MSTG – Et après ça y a-t-il eu d'autres événements?

A – Oui. Après un certain temps Marie-France me parlait de ce qu'elle croyait être des flash-backs de ses rêves. Elle me disait ne pas être certaine s'il s'agissait de la réalité ou de rêves. Et là elle me dit que pendant la nuit il y avait, je ne sais plus, environ six petits extraterrestres…

MSTG – C'est comme ça qu'elle les a appelés?

A – Oui et elle me dit de cette taille-là [en mettant sa main à environ 3 à 4 pieds du sol]. Et elle rajoute sur un ton colérique : « Les p'tits *crisses* ils étaient au-dessus du berceau [de leur fille] … »

MSTG – Donc si elle les voit, ça veut dire qu'elle est debout et qu'elle les regarde?

A – Oui et on pouvait voir le berceau de notre chambre, et elle disait qu'il y en avait un qui avait pris notre fille dans ses bras et que sous l'effet de la colère elle en a frappé un, après quoi elle est tombée endormie. Elle avait de plus en plus de ces mémoires qui commençaient à faire surface à ce moment-là et tout ça a commencé à prendre de l'ampleur.

MSTG – Est-ce qu'elle était certaine s'il s'agissait de rêve ou de la réalité?

A – Elle n'était pas certaine.

MSTG – Et ces flash-backs se sont produits après les deux événements dont tu viens de me parler?

A – Oui, ça a commencé après.

MSTG – Et qu'est-ce qu'elle a fait après ça?

A – Nous avions très peu de postes de télévision où nous étions, la télé n'était donc jamais ouverte, elle a donc dû voir cette émission ailleurs que chez nous. C'était une émission où Michel Deloire de l'Université Concordia avait annoncé qu'il cherchait des sujets pour participer à une étude du département de psychologie. L'étude portait sur des personnes croyant avoir eu des contacts avec des extraterrestres. Marie-France s'est sentie interpelée par ça, et elle s'est dit que ça lui permettrait de comprendre ce qui lui arrivait. Il était question de régression hypnotique et elle voulait essayer ça.

MSTG – Ça s'est passé quand tout ça?

A – Vers 1996.

MSTG – Pendant qu'on s'est rencontrés, elle vivait ces affaires-là?

A – Oui, c'était en même temps ou un peu avant. Ce n'étaient peut-être pas des choses que je parlais à cette époque-là. On parlait de beaucoup de choses, mais pas de ça.

MSTG – Combien de fois sont-ils venus chez toi?

A – Moi je ne les ai vu qu'une fois, il y avait trois personnes : Michel Deloire, un gars et une fille. La fille était à la caméra.

MSTG – Ils ont filmé ça?

A – Oui, mais moi j'ai été exclu de ça. Je n'avais pas le droit d'être là, pas le droit d'écouter… Ils m'ont interrogé un peu au début sur le parvis de la maison et c'est tout.

MSTG – Et pourquoi tu n'avais pas le droit d'être là? Est-ce qu'ils te l'ont dit?

A – Non, j'en n'ai aucune idée. Je n'ai rien vu. Je leur ai jasé un peu comme je t'ai dit sur le perron, après ça j'étais *out of the game*. Je pense qu'ils sont venus une couple de fois, elle est allée à Montréal… Il y a eu au moins trois rencontres. En fait, la première fois qu'ils sont venus on s'est assis à la table puis là on a jasé de ce qui se passait, de toute sorte d'événements autour.

MSTG – Vous n'étiez pas un cas isolé dans ce village?

A – Non, moi je reste ici. L'autre bord de la montagne c'est le mont Cimetière avec le lac Cimetière. Tout le monde l'appelle le lac Cimetière parce qu'il y a plein de monde qui sont morts sur ce petit lac-là puis ils ne les retrouvent pas.

MSTG – Ils sont disparus?

A – C'est ça. Hey! C'est pas un gros lac.

MSTG – Le lac Cimetière?

A – Oui, mais tu vas le trouver sous le nom de lac [XXXX]. De chez moi quand je suis assis sur le balcon on voit le mont Cimetière à gauche.

MSTG – Quand t'avais vu tes lumières rouges – vertes?

A – Ça s'en allait par là.

MSTG – C'est quoi les autres événements que tu parlais?

A – Les autres événements? Hé bien il y a eu plein de choses.

MSTG – D'autres personnes qui auraient vécu ce qu'elle aurait vécu?

A – Il y en a qui ont vu des choses puis il y en a d'autres qui ont vécu des choses.

MSTG – Et eux-autres étaient au courant? [Les chercheurs de Concordia]

A – C'est nous qui les avions mis au courant.

MSTG – Il s'agissait de personnes que vous connaissiez personnellement?

A – Oui, tout à fait. C'est un petit village. Tout le monde se connait. Prends par exemple Mireille qui vivait sur une petite butte au pied de la montagne. Elle est allée à la caisse populaire où Marie-France travaillait… Marie-France qui la servait lui a demandé : « Mais qu'est-ce qui se passe avec toi? » Parce que Mireille est arrivée cernée jusqu'aux oreilles et elle avait l'air mal en point. Mireille lui aurait répondu : « Ha! Je ne dors pas de la nuit. » Et Marie-France lui demande : « Qu'est-ce qui t'arrive? » Elle lui répond : « Je ne veux pas en parler. » Mais Marie-France est bien curieuse et là elle prend son *break* pour aller lui jaser. Elle est donc allée la voir pour lui demander encore ce qui n'allait pas et devant son insistance elle lui a répondu : « Je passe la nuit à regarder les soucoupes volantes… »

MSTG – À quelle distance de chez toi demeurait-elle?

A – Un peu moins d'un kilomètre. Il y a seulement une petite montagne qui nous sépare.

MSTG – Qu'est-ce qu'elle voyait exactement? Des lumières?

A – Elle voyait des lumières qui descendaient doucement en escalier entre la mine et le mont Cimetière derrière chez elle. Elle disait : « Ils font ça toute la nuit. Ils descendent et ils remontent en escalier. »

MSTG – Ça ne pouvait pas être quelqu'un qui se promenait avec un *spot* dans la montagne?

A – Non, parce que c'était au-dessus de la montagne.

MSTG – Et ça l'inquiétait?

A – Non, mais elle disait que ses chats couraient sur les murs. Ils devenaient fous. Elle disait qu'elle savait quand ils arrivaient [les ovnis], car les chats étaient surexcités et ils se mettaient à courir sur les murs. Elle s'installait ensuite dans son fauteuil et elle regardait ça toute la nuit. Et ça c'est l'histoire de Mireille et tout ça s'est produit dans le même temps. Plus tard on apprend que M. Latendresse est à l'hôpital…

MSTG – C'est qui M. Latendresse?

A – C'est le meilleur ami au père de Marie-France. Il avait acheté la sucrerie de son père laquelle couvre tout le mont Cimetière.

MSTG – C'est à lui?

A – C'est tout à lui et là il venait de rentrer à l'hôpital parce qu'il était brûlé sur tout son corps. Tout son corps était brûlé et il a dû être hospitalisé.

MSTG – Et il a dit comment c'était arrivé?

A – Non, il ne dit rien à personne.

MSTG – Et est-ce qu'il va sur cette montagne?

A – Bien évidemment, c'est son érablière. Il y travaille et y coupe du bois.

MSTG – Il passe donc la journée dans la forêt à travailler?

A – Oui et là on apprend qu'il est à l'hôpital, et moi, M. Latendresse je ne l'ai vu que deux ou trois fois. Je ne le connais donc pas plus que ça.

MSTG – Il avait quel âge à l'époque?

A – Environ 75 ans, il n'était pas jeune. Alors, Marie-France est allée le voir à l'hôpital. Étant donné qu'il est brûlé sur tout son corps, elle se demande bien ce qu'il lui est arrivé. Elle pensait que c'était un accident en lien avec son érablière ou quelque chose du genre, et on envisageait tous plusieurs scénarios pour essayer de comprendre ce qu'il lui était arrivé.

MSTG - Tout le monde dans le village était au courant qu'il était brûlé sur tout son corps?

A – Non, pas tout le village, mais la famille et des amis proches. Étant donné que Marie-France était proche de la famille, sa fille lui en a parlé et elle lui a dit que son père était brûlé sur tout son corps, mais qu'il ne voulait pas dire ce qui lui était arrivé. Marie-France a donc décidé d'aller le voir à l'hôpital pour lui demander ce qui s'était passé. Elle voulait le faire parler étant donné qu'il ne voulait pas rien dire. Et là il lui a dit : « J'étais en train de couper du bois – et ça, tu n'en parles pas à personne – et là je lève la tête et je vois ça une patente ronde, une soucoupe volante qui s'en vient et qui longe la cime des arbres et qui est passée au-dessus de moi. » Et ça, c'est l'histoire de M. Latendresse, et tout ça s'est passé dans le même temps.

MSTG – Pour en revenir à Marie-France et ses rencontres avec Michel Deloire. Tu as dit qu'elle avait eu deux ou trois autres rencontres et qu'il était question de régression hypnotique? Est-ce que tu lui avais demandé comment ça s'était passé? Tu devais être curieux de savoir?

A – Oui, mais elle ne voulait pas en parler.

MSTG – Et après ça est-ce qu'elle a continué? Qu'est-ce qui s'est passé?

A – Elle est rentrée d'urgence à l'hôpital. Elle avait des maux de tête épouvantables, des migraines insupportables. À ce moment-là je n'étais pas là, je travaillais à Montréal et là elle m'appelle pour me dire qu'elle était à l'hôpital et qu'elle était rentrée d'urgence. En revenant de travailler j'ai été la voir à l'hôpital, mais ils l'avaient mise dans une salle d'attente. Je suis resté un peu et je suis reparti. Le lendemain elle me rappelle et elle me dit qu'ils l'avaient examiné et qu'elle avait maintenant une chambre. Elle voulait que je lui apporte des vêtements, car elle était pour rester là un bout de temps. Et là je lui ai demandé elle était où et elle m'a répondu qu'elle était au deuxième étage… Le deuxième étage c'est l'aile psychiatrique.

MSTG – Elle rentre pour un mal de tête et elle se retrouve dans l'aile psychiatrique?

A – Oui. Et là j'arrive et c'est comme une prison, il y a des barreaux partout. Tu dois sonner pour entrer, il y a quelqu'un qui t'ouvre. L'accès est restreint. Et là je lui demande : « Mais qu'est-ce que tu fais ici? » Et là elle veut me présenter ses nouveaux amis, qui sont tous un peu dans les vapes. Là je lui dis : « Viens-t'en. Sors d'ici. Ces gens-là ont besoin des soins pour lesquels ils sont ici, mais toi je ne crois pas que tu es à la bonne place. » Et là elle me dit : « Imagine-toi donc que je suis en dépression. J'ai vu un docteur, je suis en dépression. » Elle est restée là environ une semaine et ils lui ont prescrit des médicaments quand elle est sortie. Elle s'est donc mise à prendre des pilules et je ne savais pas c'était quoi exactement, mais ça devait être fort, car quand elle en prenait elle n'était plus là. Son regard était vide comme s'il n'y avait plus de vie à l'intérieur.

L'entretien avec Alain s'est prolongé pendant environ une heure, heure durant laquelle il m'a raconté comment cette situation avait contribué à mettre fin à sa relation avec Marie-France. D'après lui, les médicaments avaient complètement changé le comportement de sa conjointe, au point où même des membres de sa belle-famille lui avaient demandé de faire quelque chose, car elle n'était plus la même. Il avait demandé à son psychiatre de changer la médication, mais il n'a rien voulu entendre. De plus, selon ce qu'Alain me disait, Marie-France préférait s'inventer une maladie mentale imaginaire plutôt que de faire face à la réalité de ce qui lui était arrivé. Se voyant comme quelqu'un de rationnel, Alain m'a raconté comment il avait tenté de trouver des explications rationnelles pour chacun de ces événements. Il avoua que même si quelques-unes de ces expériences pouvaient s'expliquer rationnellement, ce n'était pas le cas pour toutes. S'il était convaincu en fin de compte que lui et sa conjointe avaient bien vécu ces événements, il ne savait pas cependant pourquoi ça leur était arrivé, ni le motif réel des entités qui en étaient à l'origine. Il avait émis l'hypothèse que cela puisse être en lien avec la génétique, car outre leur plus jeune fille, l'ainée avait également été confrontée à ces rencontres rapprochées du 4e type.

Marie-France

Tout comme Alain, Marie-France avait vécu de multiples expériences en lien avec les ovnis. Toutefois, j'étais un peu plus réservé avec elle que je ne l'étais avec Alain, je n'abordais donc jamais ce sujet avec elle. Ce n'était pas Alain qui m'avait mis au courant des expériences de Marie-France, mais un collègue de travail qui était également un ami du couple. Ce dernier m'avait simplement demandé au cours d'une conversation si j'étais au courant de ce qui était arrivé à Marie-France, ce à quoi je répondis : non. Il m'a alors lancé sur un ton énergique : « Elle s'est fait enlever par des extraterrestres…! » Sur le coup je ne le pris pas au sérieux, car ce collègue aimait bien plaisanter, et à l'époque je ne connaissais absolument rien du sujet. Devant mon scepticisme, il commença à donner des détails de ce qu'il avait entendu de la bouche même de Marie-France. Son témoignage avait réussi à le convaincre. Cette histoire avait piqué ma curiosité et je me suis dit qu'un jour j'aborderai le sujet avec la principale intéressée.

Ce jour arriva à l'été 2011, alors que je commençais à enquêter sérieusement sur le phénomène ovni. Marie-France et Alain n'étaient plus ensemble à ce moment-là, mais je mis tout de même ce dernier au courant de mes intentions de la contacter pour qu'elle me raconte ses expériences. La situation était délicate et je ne voulais pas compromettre une longue amitié simplement à cause de ma curiosité sur les ovnis. Je pris enfin contact avec Marie-France par téléphone pour convenir d'une date et d'un lieu de rendez-vous. Étant donné que nous nous étions perdus de vue depuis plus d'une douzaine d'années et qu'à l'époque nous n'avions jamais abordé le sujet, je lui ai expliquai brièvement ma situation ainsi que la raison de mon appel. À ma grande surprise, elle avoua avoir vécu plusieurs expériences en lien avec les ovnis et commença à me raconter en détail chacun des événements qui s'étaient produits dans sa vie.

Comme c'est souvent le cas dans ce genre de conversation, Marie-France me raconta plusieurs événements au fur et à mesure qu'ils lui venaient à l'esprit sans qu'ils ne se suivent chronologiquement. Elle se souvenait d'un objet étranger situé dans une de ses chevilles qu'elle avait eu très longtemps avant que cela soit à l'origine d'une plaie et s'infecte. Elle ne savait pas exactement quand ni comment c'était arrivé là, mais seulement qu'elle avait dû aller à l'hôpital pour le faire enlever. Après l'extraction le médecin lui avait demandé si elle voulait garder l'objet. Elle n'avait même pas voulu le regarder et lui avait simplement dit de le jeter. Elle savait intérieurement qu'il s'agissait d'un implant qui avait été mis là par les « extraterrestres », mais elle préférait l'ignorer. Au cours de son enfance, Marie-France avait déménagé à de nombreuses reprises, mais toujours dans la même région. Des événements de nature ufologique s'étaient produits à chacun de ces endroits : des observations d'ovnis, des contacts avec des entités, des enlèvements vers des lieux ressemblant à des salles médicales… Ces phénomènes la suivaient constamment, mais leurs souvenirs étaient si diffus qu'il était facile de les oublier ou de les ranger dans la section « rêves » de sa mémoire.

Malgré sa réticence à affronter cette réalité d'un point de vue réel, il lui arrivait d'avoir des flashs de mémoires intenses issus de ces événements. C'est ainsi qu'elle savait intérieurement, avoir consenti télépathiquement à ces expériences, au cours d'une rencontre avec ces « extraterrestres ». On lui aurait promis à ce moment-là qu'elle ne souffrirait pas; promesse qu'ils ne semblent pas avoir tenue, car elle se rappelait également d'avoir hurlé de peur et de souffrance durant une des rencontres de type médical. Elle avait aussi le sentiment profond qu'on lui avait enlevé un bébé sans toutefois se rappeler d'un événement précis ni de quand ça s'était produit. Elle se doutait que sa fille ainée, qu'elle avait eu d'une union avant Alain, était étroitement liée à ces phénomènes, car elle faisait sans cesse des dessins d'ovnis et d'extraterrestres. Ces dessins n'étaient pas la preuve de ces événements, mais plutôt la confirmation de son sentiment intérieur à ce sujet. Quant à sa fille cadette, Marie-France avait le souvenir bien réel d'avoir vu des petits extraterrestres entourer son berceau et d'être intervenue en frappant l'un d'eux violemment. Elle refusait que ceux-ci s'en prennent à sa fille en dépit de l'entente tacite qu'elle aurait pu conclure avec eux antérieurement.

Elle me raconta également l'événement en lien avec la lumière bleue qu'elle avait vue avec Alain, ainsi que du bruit bizarre qu'ils avaient entendu ensemble avant de s'endormir. Toutefois, elle rajouta un élément qu'Alain n'avait pas mentionné concernant l'expérience de la lumière bleutée; selon son souvenir, Alain aurait dit avant de s'endormir : « Est-ce qu'on arrive ou on s'en va? ». C'est là que je soupçonnais qu'Alain, Marie-France et leur fille s'étaient fait enlever tous ensemble. Marie-France se rappelait l'avoir vu à l'endroit où se produisaient les procédures médicales. Je lui ai alors demandé pourquoi ils avaient besoin d'enlever Alain, et elle me répondit : « C'est à cause de la génétique, ils ont besoin des parents et de l'enfant. » Elle ne pouvait pas expliquer exactement la finalité de ces procédures médicales, mais elle était convaincue que cela était en lien avec la génétique. Elle détenait cette certitude d'une « communication » entre elle et les êtres qui lui avaient expliqué brièvement ce qu'ils faisaient après qu'elle leur ait demandé. Cette communication était essentiellement télépathique et servait entre autres à la calmer et à la rassurer. Elle me dit : « Ils n'ont pas été méchants avec moi, mais je considère tout de même que ce qu'ils ont fait est de l'abus. » Voici un extrait de la retranscription de la conversation téléphonique avec Marie-France qui a duré un peu plus d'une heure :

Je crois que les enlèvements ont débuté alors que j'avais 19 ans, car à cette époque j'ai eu un trou de mémoire de 4 heures... Par la suite pendant plus de vingt ans, il arrivait que des « souvenirs » fassent surface où des extraterrestres m'amenaient dans un endroit ressemblant à une salle de chirurgie et où on faisait différents tests médicaux sur moi. Même si pour me rassurer je me disais qu'il s'agissait de cauchemars, j'avais le sentiment profond que ça s'était réellement passé. Un jour, j'ai vu à la télé que des chercheurs de l'Université Concordia faisaient une étude sur le sujet. Je les ai donc appelés et ils sont venus. L'un d'eux m'a fait faire une brève régression hypnotique. Les événements ont ressurgi comme s'ils avaient été réels et non pas comme des rêves. J'aurais préféré qu'ils me disent que j'étais folle. Au lieu de cela ils m'ont dit que je n'étais pas la seule et qu'il y en avait beaucoup d'autres qui avaient vécu ce genre de chose.

À la fin de notre conversation, je lui ai demandé quand je pourrais la rencontrer pour une entrevue. Elle me répondit que même si cela lui avait fait du bien de parler ouvertement de ses expériences, elle préférait en rester là pour le moment. Elle voulait simplement vivre une vie normale comme tout le monde et oublier toutes ces histoires. Je comprenais tout à fait la situation et je respectais son choix de cesser toute communication sur le sujet avec elle. Je tenais tout de même à en savoir un peu plus et je décidai de communiquer avec les responsables de l'étude de l'Université Concordia quelques jours plus tard. À partir de ce que Marie-France et Alain m'avaient raconté, je savais qu'ils étaient au moins deux à s'occuper de cette étude. Il y avait Michel Deloire, qui avait pour seul titre « enquêteur » et qui avait la réputation de croire en la thèse extraterrestre comme explication au phénomène des enlèvements. C'est lui qui aurait dit à Marie-France après la régression hypnotique qu'elle n'était pas la seule à avoir vécu ce type d'expérience et qu'elle n'était pas folle. Celui-ci étant décédé au moment de mon enquête, je pris contact avec le docteur Jean-Roch Laurence du département de psychologie de l'Université Concordia. Après quelques échanges infructueux par courriel, je décidai de le contacter par téléphone. Voici une partie de ce bref entretien téléphonique :

Marc St-Germain – À quoi ressemble le protocole de votre sujet d'étude du phénomène des enlèvements?

Jean-Roch Laurence – Tout d'abord, nous regardons l'état mental du témoin et nous ne prenons que ceux qui n'ont aucun antécédent psychiatrique ou qui ne présentent aucun problème d'ordre psychologique.

MSTG – Donc les témoins de votre étude sont tout à fait sains d'esprit?

JRL – Oui tout à fait.

MSTG – Quelle est votre perception du phénomène des enlèvements?

JRL – Depuis la fin des années 90, le phénomène est un peu différent, maintenant les gens ne sont plus « enlevés » mais ils sont « contactés ». Je crois que ça pourrait être en lien avec une évolution de ce que les gens écoutent à la télévision ou voient dans les médias.

MSTG – Ce que vous me dites, c'est que les gens qui racontent avoir vécu des enlèvements seraient influencés par ce qui est projeté dans les médias et la télévision. Selon vous, il ne s'agirait donc que d'un phénomène psychosocial, d'une hallucination collective?

JRL – Malheureusement, ce n'est pas aussi simple que ça… Et maintenant, si vous voulez bien m'excuser j'ai une réunion qui commence bientôt. Bonne journée.

Je sentais bien le malaise du docteur Laurence entourant la question des enlèvements dans une perspective qu'il s'agisse d'événements bien réels. Sa réticence à aborder directement la question me donna l'impression qu'il y avait anguille sous roche. Quoi qu'il en soit, le fait qu'il me dise que les personnes ayant participé à l'étude étaient toutes saines d'esprit était somme toute assez révélateur quant à la possibilité que celles-ci aient bien vécu ces expériences. Durant la même période, j'avais commencé à m'entretenir avec Duncan Day, un ancien élève du docteur Laurence qui poursuivait ses recherches dans le domaine. Il faut cependant préciser que le projet d'étude de Jean-Roch Laurence et Duncan Day portait sur la malléabilité de la mémoire humaine, son mode de fonctionnement et la possibilité d'implantation de fausses mémoires, ainsi que de la suppression de celles-ci grâce à l'hypnose. Voici un extrait tiré de la réponse de Duncan Day à ma question envoyée par courriel le 13 juillet 2011: *Quelle est votre théorie à propos des personnes qui croient avoir subi des enlèvements*?

Malheureusement, je ne peux vous offrir de véritables réponses (personne à ma connaissance ne le peut). Ma position est que dans chacun des cas que j'ai étudiés, ça pourrait être de nature psychologique. Le cerveau, nos perceptions et la façon dont nous vivons nos expériences font partie de processus extrêmement complexes.

Autrement dit, la seule façon pour lui de comprendre la nature du phénomène des abductions était par des explications psychologiques. Je pris conscience assez rapidement que Jean-Roch Laurence et Duncan Day étaient en premier lieu des chercheurs du domaine des sciences cognitives et qu'ils devaient d'abord et avant tout aborder la question des enlèvements selon cette perspective. L'orientation de leurs recherches visait donc à trouver des explications psychologiques au phénomène en développant des théories en ce sens. Pour ma part, cette façon de faire n'aidait en rien à comprendre véritablement ce qu'il en était à propos de ces histoires d'enlèvements et ne servait qu'à contourner le problème. On donnait l'impression aux témoins de s'intéresser à leurs expériences de façon ouverte et objective pour augmenter les chances d'obtenir leur participation à l'étude, mais en réalité les conclusions de celle-ci étaient déjà tracées d'avance. Au cours de mes échanges avec Duncan Day, jamais il n'a été question des publications qu'il a écrites sur le sujet; pourtant, ce dernier a été très prolifique en la matière. De 1996 à 1997, il a écrit quatre publications en lien avec les enlèvements extraterrestres. Toutes ses publications, qui ont été écrites conjointement avec le docteur Laurence, traitent de l'utilisation de l'hypnose dans un contexte de cas d'abduction, et ont été présentées devant des collègues des sciences cognitives au cours de quatre différentes conférences annuelles.[1] En 1998, Duncan Day a publié les conclusions de l'étude de l'Université Concordia sous la forme d'une thèse de doctorat avec pour titre : *Psychological Correlates of the UFO Abduction Experience : The Role of Beliefs and Indirect Suggestions on Abduction Accounts Obtained During Hypnosis*.[2]

Même s'il est clairement indiqué à la page 214 de ce document que : « Cette recherche ne vise, en aucune façon, à prouver ou discréditer l'existence actuelle des ovnis, des extraterrestres ou des enlèvements extraterrestres » on peut tout de même conclure simplement par son titre, pouvant être traduit par : *Corrélats psychologiques de l'expérience d'enlèvement d'OVNI : le rôle des croyances et des suggestions indirectes sur les récits d'enlèvement obtenus pendant l'hypnose*, qu'il ne s'agissait pas d'une étude scientifique objective du phénomène. Le but étant de faire un parallèle sur le rôle des croyances et des suggestions indirectes dans les récits d'enlèvements extraterrestres obtenus sous hypnose. Je n'ai pas de problème à ce qu'une telle étude soit faite pour le bien de l'avancement de théories des sciences cognitives, mais je questionne le fait qu'elle soit ensuite utilisée à tort et à travers par un grand nombre d'individus comme preuve que les abductés sont tous des fabulateurs. Et il m'est arrivé plus d'une fois que l'on me cite les conclusions de cette étude comme s'il s'agissait d'une preuve que les enlèvements extraterrestres ne sont rien d'autre qu'un phénomène psychosocial.

Un des postulats sous-entendus de cette étude est que tous les abductés ont été influencés à leur insu par des images et des scénarios projetés par des films, des émissions de science-fiction ou la culture populaire. De plus, toujours selon Duncan Day, ces mêmes personnes : « ...démontrent différents traits de personnalité et styles cognitifs enclins à la fantaisie, aux pensées conspirationnistes et à un degré supérieur de croyances préexistantes liées au phénomène ovni. »[3] Il est vrai que certaines personnes expriment exactement les traits de personnalité et styles cognitifs tels que décrits dans cet extrait et que celles-ci ont été influencées par la culture populaire. Il m'est arrivé d'en rencontrer à quelques reprises et j'ai intégré un de ces cas dans ce livre avec les explications d'usage. Toutefois, ces individus sont des exceptions et sont loin d'être la règle en ce qui concerne le phénomène des enlèvements. De plus, ils sont faciles à identifier pour un enquêteur d'expérience qui peut détecter de nombreux drapeaux rouges lors d'une entrevue en personne. De généraliser tous les cas d'enlèvements dans cette catégorie est une simplification grossière du phénomène, lequel va bien au-delà de l'explication psychosociale. Le fait d'affirmer que toutes ces personnes sont plus enclines que d'autres à la fantaisie, aux pensées conspirationnistes et à des croyances liées aux ovnis est également une généralisation ne faisant pas état de la réalité du phénomène. Mes propres recherches en la matière démontrent que les abductés représentent toutes les couches de la société et qu'il n'y a pas de surreprésentation d'individus dans les catégories mentionnées précédemment. Les souvenirs d'enlèvements qu'ils ont ne proviennent pas de leur imagination, mais d'événements s'étant bel et bien produits.

Mes premières conférences

Après avoir publié en 2008 *L'Ère du Chaos, Histoire secrète de l'humanité*, un essai anthropologique basé sur une étude comparée de différents mythes ancestraux, j'ai donné une série de conférences un peu partout au Québec dont les thèmes étaient tirés de ce livre. Bien que le sujet des ovnis et de la réalité extraterrestre ne soit pas le thème central de l'ouvrage, je devais tout de même aborder la question par soucis de clarté. Durant ces conférences il était question entre autres des origines de l'espèce humaine vues par les mythes ancestraux. Pour ma part, il était évident que notre planète était visitée depuis des éons et que cela se poursuivait aujourd'hui. J'avais acquis cette conviction en partie par ce que j'en avais appris au cours de mes recherches : plusieurs textes anciens faisaient référence à des dieux venus du ciel apportant la connaissance aux hommes et régnant sur ces derniers comme le ferait un berger pour son troupeau. J'avais initié cette recherche après avoir passé en revue tout ce que j'ai pu trouver en termes de données anthropologiques. Je voulais comprendre nos origines anciennes ainsi que les fondements de la théorie de l'évolution. Mais comme il y avait beaucoup de contradictions dans cette théorie et que je n'y trouvais pas les réponses aux questions que je me posais, je me suis peu à peu tourné vers des sources alternatives d'information.

C'est à ce moment que je me suis demandé : « Où peut-on trouver des données historiques datant de plusieurs milliers d'années? » La réponse est venue d'elle-même : dans les mythes et légendes anciennes bien évidemment! Mais pour être en mesure de décortiquer les données historiques des fables allégoriques, j'ai dû lire de nombreux textes issus de différentes civilisations et les comparer entre eux.

Ce que j'ai découvert à ce moment-là m'a un peu choqué, car tous avaient à peu près le même discours : notre civilisation actuelle a été implantée ici par des dieux après qu'un déluge en ait balayé la précédente, qui avait prospéré avant nous. Et non seulement ça, mais il y en avait eu d'autres avant celle-là, dont certaines ayant acquis des connaissances technologiques semblables ou supérieures à ce que nous connaissons aujourd'hui… Si à première vue je trouvais tout ceci un peu exagéré, l'ensemble de cette recherche, qui s'est étalée sur plus d'une décennie, ne faisait que confirmer ce que ces textes racontaient depuis des milliers d'années, et dont les chercheurs, historiens et anthropologues n'ont jamais considéré comme étant des sources historiques valables. Pourtant, Heinrich Schliemann avait bien découvert la ville de Troie en se basant sur les poèmes d'Homère…

Ce livre et ces conférences servaient donc à partager cette information, mais aussi à confronter mes différentes hypothèses aux personnes intéressées par la question de nos origines. Toutefois, je compris rapidement que la majorité des gens était loin de partager ma vision de la réalité, et ce, même si celle-ci était basée sur une recherche méthodique et approfondie du sujet. Plus d'une fois des gens sont partis au cours de mes conférences dès que j'abordais le sujet des ovnis, de la réalité extraterrestre ou encore celui d'anciens dieux colonisateurs. Le simple fait d'évoquer ces sujets semblait occasionner de l'inconfort chez certains participants. Instinctivement je me doutais que ce genre de réaction n'était pas normale et qu'il devait y avoir forcément une origine psychosociale à ce tabou fortement ancré dans la psyché des gens.

J'ai développé cette hypothèse quelques années plus tard en modélisant un réseau structural dans un cours sur la systémique donné par Benoit Perron à l'Université du Québec à Montréal (UQÀM). C'est en amassant des données pour constituer ce réseau que s'est peu à peu écrit mon second livre *Les Gardiens du Silence,* et que j'ai monté une série de conférences entièrement consacrées au phénomène ovni. La modélisation de ce réseau m'avait amené à étudier l'établissement du complexe militaro-industriel pendant et après la Deuxième guerre mondiale, les développements technologiques classifiés ayant eu lieu peu aprés des incidents impliquant des ovnis, ainsi que les liens qu'il y avait avec la création de la CIA et du Conseil de sécurité national. J'ai donc adapté le thème de mes conférences pour un public intéressé par ce sujet particulier.

Mes différentes hypothèses se rapportant à l'implication du gouvernement américain dans le contrôle de l'information ovni s'échafaudaient progressivement. J'avais le sentiment qu'avant d'aborder le sujet d'interventions extraterrestres dans le développement des civilisations, je devais éduquer les gens sur la réalité du phénomène ovni et de la présence extraterrestre d'un point de vue plus actuel. Et pour comprendre ce qui se passait en ce moment au niveau de la censure sur les ovnis, il était important de connaître les origines de la structure de contrôle que j'avais finalement réussi à identifier.

En août 2010, j'ai donné une de mes premières conférences sur les ovnis (figure 1). L'événement s'est déroulé dans un petit resto de Rivière-Rouge et il y avait à peine une dizaine de participants. Toutefois, l'ambiance était bonne et les personnes répondaient très bien aux différentes informations partagées. À la fin de la conférence il y a eu un temps consacré aux questions et aux échanges entre les participants. Il y en avait plusieurs parmi eux qui avaient été témoins d'observation d'ovni et ils étaient très contents de pouvoir s'exprimer librement sans être jugés.

C'est à ce moment que je compris l'importance de ces rencontres et je m'efforçai d'en faire le plus souvent possible par la suite. En dépit du nombre peu élevé de participants, cela constituait quand même une réussite, car j'avais enfin été capable d'identifier un public cible qui non seulement s'intéressait aux informations que je voulais partager, mais qui pouvait y contribuer en partageant ses expériences. Le seul désagrément notable de cette soirée fut causé par le bruit provenant du local d'en dessous.

www.linformationdunordvalleedelarouge.canoe.ca VALLÉE DE LA ROUGE, le jeudi 2 septembre 2010 19

Des témoignages surprenants sur les OVNIS

Ronald McGREGOR • redaction.annonciation@hebdosquebecor.com

Le 28 août dernier une conférence sortant de l'ordinaire se donnait au Klee Namasthé de Rivière-Rouge. Il s'agissait en fait d'une première dans la région ainsi que pour l'animateur de l'événement, Marc St-Germain.

Ce dernier se dit satisfait malgré le fait que seulement une dizaine de personnes y aient assisté: «Il s'agit probablement de l'un des plus grands tabous de notre époque. Mais je crois qu'il est important en tant que société de faire la lumière sur ce phénomène, car ces implications si le tout s'avère réel, auraient un impact encore plus grand que la découverte de l'Amérique.»

Parmi les participants, certains en ont profité pour partager leurs propres expériences d'observation d'objets volants bien réels, mais qui assurément ne viendraient pas de notre monde.

«Un soir d'automne de 1986, disait un spectateur, alors que je circulais sur l'autoroute 10 dans la région de Sherbrooke, j'aperçus devant ma voiture trois énormes disques d'environ 300 pieds de diamètre flottant littéralement dans les airs sans faire aucun bruit. Ils se tenaient au-dessus d'une voiture directement devant la mienne! Ils émettaient des lumières orange. J'ai eu très peur et j'ai déguerpi sans attendre la suite...» Il avoue en avoir parlé par la suite avec sa famille et ses amis, mais vu le malaise et le ridicule que son histoire engendrait il n'en parle plus qu'en de très rares occasions.

À partir des statistiques officielles des cas d'observations d'OVNI, on nous apprend que depuis le début des années cinquante on recense dans le monde une observation toutes les quatre minutes...

Marc Saint-Germain lors de la conférence qu'il tenait à Rivière-Rouge.

Figure 1. Article de Ronald McGregor de L'information du Nord.

Le restaurant était situé au deuxième étage d'une bâtisse commerciale, et tout au long de la conférence nous pouvions entendre la musique excessivement forte du bar situé juste en-dessous. Il s'agissait d'un lieu où se regroupaient des motards, et cette soirée-là il y avait un gros *party*… Je fus toutefois en mesure de pallier la situation, car j'avais apporté un micro et des haut-parleurs. Lorsque la conférence fut terminée, je commençai à transporter mon matériel audio-visuel vers ma voiture. Pour m'y rendre, je devais passer par la terrasse extérieure où se tenait une partie du groupe de motards. Au fur et à mesure que je descendais les escaliers, je pouvais sentir les regards insistants de certains d'entre eux, comme si j'étais moi-même un extraterrestre.

Tout le monde dans le village, était au courant de cette conférence « peu ordinaire », car j'avais pris la peine de faire de la publicité et de l'annoncer dans le journal local. Alors que je fus descendu à la hauteur de la terrasse, je reconnus un de mes anciens collègues des Forces armées canadiennes. J'ai une très bonne mémoire des visages, et malgré le fait que je ne l'avais pas revu depuis une quinzaine d'années, je le reconnus immédiatement, et ce, même s'il avait troqué son habit militaire contre celui d'un motard.

Je lui ai dit : « Salut! Tu me reconnais? » Il a répondu : « Oui, t'étais aux recrues en même temps que moi! » « Oui, ça fait longtemps... » Il m'a demandé : « Est-ce que tu es avec cette bande de cinglés? » Je lui ai répondu sur un ton amusé que oui, et il a rajouté : « Tu crois à ces choses-là? » Ce à quoi j'ai répondu : « Bien évidemment, c'est moi qui ai organisé la conférence… » Il a pris une pause de quelques secondes, après quoi il a commencé à me raconter une observation qu'il a fait quand il était jeune. Il demeurait dans la région du Bas-St-Laurent à l'époque, il jouait au hockey dans la rue avec une dizaine de ses amis, jusqu'à ce qu'ils voient un immense engin en forme de disque d'environ 30 mètres de diamètre passer lentement au-dessus d'eux. Pris de peur, ils se sont tous sauvés en courant jusqu'à leur maison respective. Ils en ont tous parlé à leurs parents, mais l'histoire était tellement incroyable que très peu y ont accordé du crédit.

Mis à part à ses amis qui avaient été témoin de la scène, il n'en avait jamais reparlé par la suite. J'étais donc très content qu'il me partage cette histoire que je n'aurais jamais entendue si je n'avais pas affiché d'ouverture d'esprit à ce sujet. Avec un peu de recul, sa réaction de départ qui était de ridiculiser le sujet m'avais un peu surpris, mais m'a fait comprendre la force du tabou social entourant cette question. C'est à cette époque que j'ai découvert l'Association québécoise d'ufologie et ses soupers mensuels. Étant donné à l'époque que le nombre de participants aux conférences couvrait à peine les frais de location de salles et le déplacement, je trouvais la formule des soupers mensuels de l'AQU vraiment intéressante. La salle ne coûtait rien, mais les participants devaient simplement acheter leur repas sur place, ce qui au bout de la ligne augmentait la convivialité de ce type de rencontre tout en ne coûtant rien (ou presque) aux organisateurs.

L'Association québécoise d'ufologie

Les soupers ufologiques de l'AQU ont servi de tremplin à ma carrière de conférencier et d'enquêteur-ufologue. De 2010 à 2013, j'y ai donné près d'une douzaine de conférences sur différents sujets liés au phénomène ovni. Ces rencontres étaient très stimulantes du point de vue des échanges d'informations, et j'y ai fait de nombreuses rencontres intéressantes, dont celle de l'hypnologue Pierre Caron, de l'ufologue François Bourbeau et de Michel Bilodeau d'*Alien TV*. Même si parfois mes propos n'entraient pas dans le cadre de ceux exprimés par ses dirigeants, ces derniers me donnaient tout de même une tribune pour m'exprimer librement. Dès le début, j'ai été chaudement accueilli par les participants, dont le nombre ne cessait d'augmenter au fur et à mesure de mes présentations.

Ma présence avait engendré un renouveau au sein de l'organisation, et on peut dire qu'en règle générale mon passage à l'AQU s'est très bien passé, car en mai 2011 on m'a nommé enquêteur de terrain et directeur régional des Hautes-Laurentides (figure 2). Bien que totalement bénévole, ce nouveau titre « officiel » m'encouragea à m'investir plus sérieusement au niveau des enquêtes de terrain. Avant cela, je n'avais pas véritablement de méthodologie pour collecter les données issues des témoignages d'observation d'ovni. Je ne faisais qu'écouter les récits sans trop poser de questions ni prendre de notes. Toutefois avec le temps, je suis venu à comprendre que pour donner un sens à toutes ces informations, il fallait les consigner sous forme de rapports et évaluer chaque aspect de leur contenu en détail. Il était important de consigner ces données par écrit si on voulait arriver à en faire sortir quelque chose un tant soit peu scientifique, et ensuite le partager. Cette nomination m'avait motivé à passer à une autre étape et comme je voulais faire les choses sérieusement, je demandai aux dirigeants de l'AQU de fournir les documents dont ils se servaient pour constituer leurs rapports d'enquête.

INFO DU NORD TREMBLANT, le jeudi 7 juillet 2011 — 11

Un enquêteur-ufologue dans la région des Hautes-Laurentides

Figure 2. Ma nomination à titre de directeur régional de l'AQU.

En dehors de l'avantage d'obtenir des documents d'archives dont l'information devenait plus facilement accessible aux chercheurs et aux enquêteurs, ces rapports permettaient de comparer les données qu'ils contiennent pour y détecter des *patterns* pouvant aider à la formulation d'hypothèses, lesquelles mèneraient vers des pistes de compréhension globale du phénomène. L'idée était de passer du stade de l'anecdote à celui du rapport scientifique. Enquêter sur les ovnis ne signifiait plus simplement écouter des histoires sans lien entres elles, mais plutôt utiliser la totalité des informations qui en provenaient pour comprendre le phénomène dans son ensemble.

L'ovni de Nominingue

Peu de temps après la parution de l'article dans L'information du Nord, les témoignages d'observation commencèrent à affluer. C'est à ce moment que ma véritable carrière d'enquêteur-ufologue débuta. N'échappant pas aux statistiques découlant des rapports d'observation d'ovni, je compris assez rapidement qu'avant d'obtenir des cas valables pouvant être classés parmi les inconnus, c'est-à-dire, de véritables objets volants non identifiés, on doit entendre beaucoup de témoignages. Ma patience finit par être récompensée lorsque quelqu'un me mis en contact avec un couple de Nominingue qui avait réussi à photographier un ovni. Ces deux témoins auraient vu une étrange sphère lumineuse qui irradiait intensément plusieurs couleurs vives en émettant des flashs violents. Du point de vue de ces observateurs, l'objet se situait à environ 5 kilomètres de leur résidence, et se tenait immobile à basse altitude au début de l'observation pour ensuite se déplacer lentement vers l'est et disparaître. Il ne pouvait s'agir d'une voiture, car il n'y avait pas de route à cet endroit-là et encore moins de maison.

Le phénomène a duré environ cinq minutes, ce qui fût suffisant pour que l'un des témoins puisse aller chercher son appareil photo et prendre trois clichés. Bien qu'à cette distance la qualité de l'appareil ne permette pas d'obtenir une bonne résolution, le résultat des agrandissements (figure 3) et leur analyse étaient suffisants pour conclure qu'il s'agissait d'un objet volant non identifié. Après une brève discussion téléphonique avec eux, nous avons échangé quelques courriels dans lesquels ils m'avaient envoyé les photos de l'ovni. Une entrevue en personne où les deux témoins m'ont raconté leur observation a été conduite peu de temps après cette première conversation téléphonique. Voici une partie de l'événement tel que décrit par un des témoins et suivi de mes commentaires:

Je viens tout juste d'entrer dans ma voiture ; il est environ 20h20 et en déplaçant ma voiture par marche arrière, mon regard est attiré par une lumière très intense dans le ciel. Je me précipite hors de ma voiture (j'oublie même de fermer le moteur et laisse la portière ouverte tant le phénomène m'apparaît nouveau et curieux). Je vais directement sur le bord du lac pour constater que je ne rêve pas ! Je cours sur ma galerie pour alerter ma compagne. Elle sort (un peu énervée de me voir si énervé !) et observe avec moi le phénomène. On rentre chercher les jumelles... Je suggère à ma conjointe de prendre son appareil photo puisque le phénomène perdure. Un petit appareil numérique de marque Samsung i100.

Entre temps, je prends le téléphone pour rejoindre XXXXXX qui habite au XXXXXXXXXXXXXXXXXX, en souhaitant qu'il soit capable d'observer le même phénomène puisqu'il est sensiblement situé dans les mêmes horizons. L'objet a alors commencé à se déplacer davantage vers l'est. Ma conjointe a réussi (?) à saisir 3 images qui lui apparaissaient tout à fait ratées. On verra plus tard que ces dernières nous révèlent tout de même une étrange forme qui nous a laissés pantois. Comme c'est la première fois que nous assistons à ce genre « d'apparition » et que des amis à nous nous ont conseillé de vous informer de cet événement pour le moins mystérieux.

Commentaires de l'enquêteur

Étant donné leur implication active dans la communauté régionale, ces témoins préfèrent garder l'anonymat mais n'ont aucun problème à ce que leurs photographies ainsi que leur témoignage soient publiés. Je ne doute aucunement de la crédibilité des témoins et je confirme que les photographies sont bel et bien celles d'un ovni et non d'un quelconque phénomène naturel. La description détaillée de l'événement et les divers phénomènes lumineux en lien avec celui-ci rencontrent les paramètres d'un certain type particulier d'ovni observé par d'autres personnes dans la région (Mme [redacted], été 2004, vers 23h, lac [redacted]. L'ovni aurait passé directement par-dessus sa maison pour descendre dans le petit lac en face. Sa description du phénomène : une intense vibration les a réveillés et en regardant par la fenêtre elle a vu une immense sphère ovoïde d'au moins 50 pieds de diamètre avec de multiples lumières; rouge, jaune, bleu qui passait par-dessus sa maison).

La figure ci-dessous est un montage des trois photos prises par la conjointe du témoin à intervalles de quelques secondes. On peut voir que d'une photo à l'autre la luminosité et la couleur de l'objet changent. À cet effet, les témoins avaient mentionné que l'objet en question émettait de violents flashs de lumière intermittents. Pour chacune des photos, on voit des réflexions de lentille (*lens flare*) au bas et qui sont visibles sous la forme d'un point rouge. Ceci est un bon indicateur qui confirme que l'objet émettait bien de la lumière au point de créer une réflexion dans la lentille. De plus, à la photo #3, on remarque que la réflexion se situe à droite de l'objet et non pas à gauche comme pour les deux premières, démontrant le déplacement de l'objet vis-à-vis de l'observateur vers la gauche. Ceci est conforme avec ce que les témoins ont rapporté lorsqu'ils ont dit que l'objet s'était déplacé vers l'est.

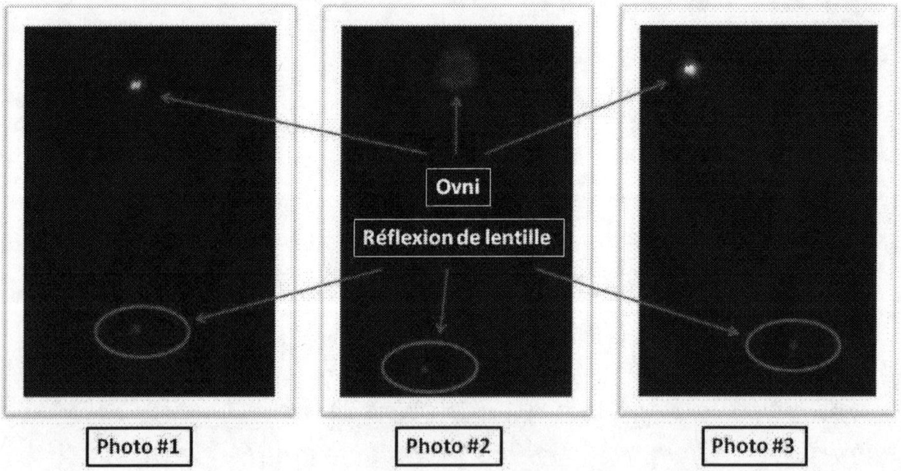

Figure 3. Les trois photos de l'ovni de Nominingue aves détails.

Sur l'agrandissement de la photo #3, on remarque que la source lumineuse semble provenir du centre de l'objet étant donné son intensité. Son contour, lui, est coloré de couleurs vives : vert, jaune, bleu, rouge, orange, laissant penser que l'objet provoque une ionisation de l'air autour de lui. Ce phénomène d'émission de couleurs vives par les ovnis est souvent rapporté par les témoins d'observation.

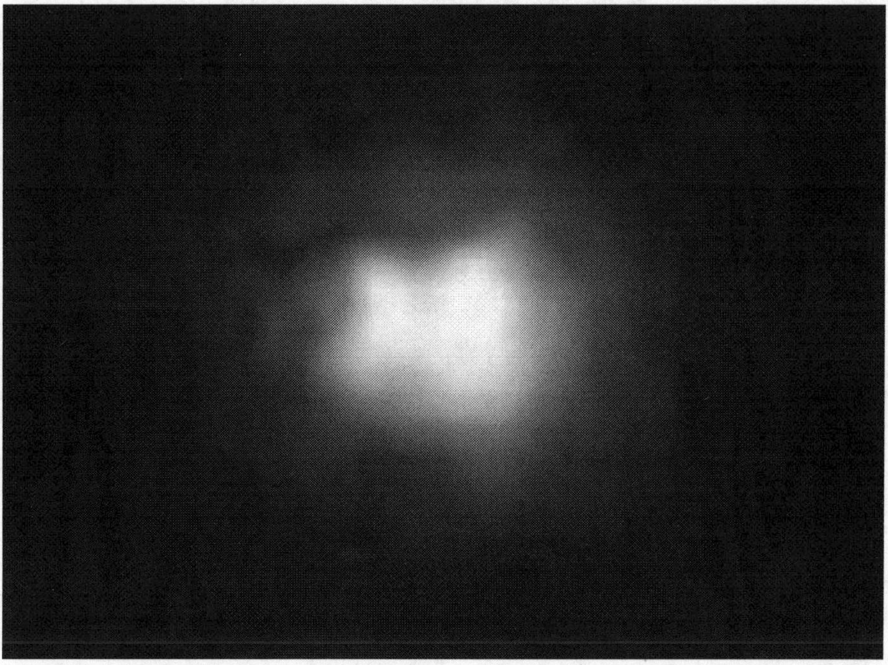

Figure 4. Agrandissement de la photo #3 de l'ovni de Nominingue.

Il s'agit d'un bon indice pour l'enquêteur de terrain lorsqu'il est à l'étape de déterminer si l'objet observé est une technologie connue ou non. Toutefois, même si officiellement aucune nation sur Terre ne prétend détenir une technologie de propulsion qui produirait de telles réactions d'ionisation de l'air, on ne peut pas conclure qu'il s'agit d'une technologie extraterrestre.

L'existence des programmes spatiaux clandestins, lesquels ont plusieurs années d'avance technologiques sur ce qui est connu de la population, est bien réel et doit être pris en considération. Il est donc plus approprié dans ce cas-ci de conclure que l'objet observé est de nature inconnue : ceci après avoir écarté toutes les autres pistes de solution.

L'ovni du lac Marois

Ce témoignage m'avait été rapporté la toute première fois alors que je n'étais pas encore enquêteur de terrain. Il faisait partie de la longue liste d'histoires qui m'avaient été partagées au cours de discussions qui n'avaient au départ aucun lien avec le sujet des ovnis. Il s'agissait d'une histoire si fascinante que j'avais décidé de retranscrire ce témoignage dès mon retour chez moi :

J'étais sur le lac Marois à Sainte-Anne-des-Lacs en train de pêcher, c'était dans les années [19]*40. Il commençait à faire noir. J'ai vu un objet brillant dans le ciel qui semblait descendre vers nous... Ça s'est rapproché rapidement et c'était une soucoupe! La soucoupe est entrée dans le lac et n'en n'est pas ressortie... J'ai eu la frousse car j'étais en chaloupe, j'ai déguerpi de là aussitôt. La personne qui était avec moi ne l'a pas vue car elle était de dos. Rendu sur la berge j'ai cherché pour voir s'il y avait d'autres témoins. Et un chauffeur de taxi qui arrivait pour chercher quelqu'un a vu la même chose que moi à son arrivée.*

Étant donné mes nouvelles fonctions et le fait que j'avais déjà une bonne quantité de cas en réserve, je décidai de reprendre contact avec chacun d'eux pour constituer une base de données de départ. Comme à l'époque de notre première rencontre, je n'avais pas rempli de rapport en bonne et due forme, je tentai de reprendre contact avec ce témoin qui était déjà très âgé à ce moment-là. C'est en me rendant chez lui que sa fille m'a appris qu'il était décédé depuis peu.

Après lui avoir présenté mes condoléances, je lui ai demandé si elle se rappelait de l'observation que son père avait faite lorsqu'il était à la pêche. Elle me dit que oui, car il s'agissait d'un événement qui avait marqué sa vie et qu'elle l'avait entendu le raconter à plusieurs reprises. Elle accepta de me donner une entrevue afin que je puisse consigner le récit de son père par écrit. Les détails de l'événement décrits par la fille du témoin concordaient en tout point avec ceux dont je me souvenais et qui m'avaient été racontés. Sa fille me raconta également une autre histoire qui s'était produite sur ce lac, qui selon elle était très profond. Toujours dans les années 1940, un peu avant l'observation de son père, une championne de nage issue de famille aisée a disparu alors qu'elle se pratiquait sur ce lac.

À l'époque, ils eurent recours à des scaphandriers pour tenter de retrouver le corps de cette nageuse et les recherches se seraient poursuivies durant plusieurs jours. Le corps de la nageuse n'a jamais été retrouvé, mais selon les dires, les scaphandriers auraient découvert des cavernes dans les profondeurs du lac. Ces cavernes auraient été suffisamment grandes et terrifiantes pour que les scaphandriers mettent un frein aux recherches.

Bien qu'anecdotique, cette histoire fait partie des nombreuses légendes de lacs « sans fond » que l'on entend souvent dans les Laurentides. D'ailleurs, au cours de l'entretien avec mon ami Alain en 2010, ce dernier m'avait mentionné l'histoire du lac Cimetière, qui avait reçu ce surnom car il y avait eu de nombreuses disparitions au fil des années, et que malgré les recherches qui ont suivi, aucun corps n'avait été retrouvé.

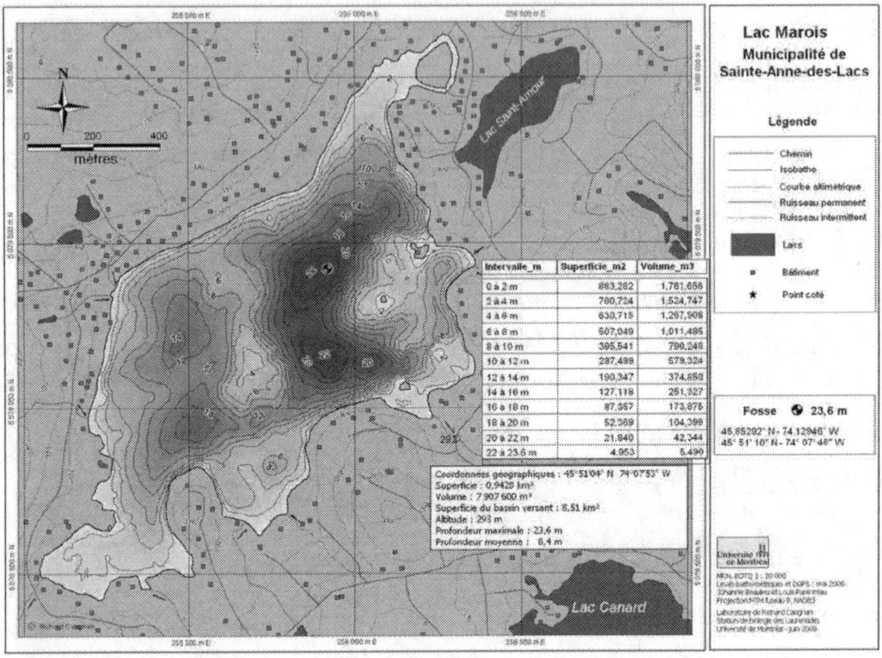

Figure 5. Carte bathymétrique du lac Marois.[4]

L'ovni du lac Minerve

Mme C. m'avait parlé pour la première fois de son observation en 2011, après avoir vu l'annonce de L'information du Nord concernant ma nomination de directeur régional des Hautes-Laurentides. J'avais alors pris en note une brève description de son observation, que j'avais gardée dans mes dossiers. Le cas de l'ovni de Nominingue me semblait un peu similaire au niveau des couleurs observées à celles de la description de l'objet vu par Mme C. huit ans plus tôt. Le 7 avril 2012, je suis allé la rencontrer chez elle afin de reconstituer l'événement tel qu'il s'était produit à l'été 2004. Il est plus facile pour les témoins de se remémorer des événements en détail lorsqu'ils sont sur les lieux mêmes de l'incident. Ceci aide également l'enquêteur à avoir une meilleure perspective de l'environnement où s'est produit la scène. Voici un bref extrait de son témoignage :

Cela faisait environ deux heures que nous étions couchés, quand un bruit sourd comme un « boum *» suivi d'une vibration étrange, un bruit que nous n'avions jamais entendu, nous a réveillé mon conjoint et moi. Je me suis dirigé vers la fenêtre de la chambre pour voir ce que c'était, et un objet immense et illuminé avec dans le bas de grandes lumières ; jaune, rouge, bleu, passa par-dessus la maison en direction de la colline en face pour ensuite descendre dans le lac. Quand mon conjoint est arrivé à la fenêtre, car je lui disais de venir voir, l'objet venait juste de descendre derrière la colline. Mon conjoint ne l'a pas vu, mais il l'a entendu quand il est passé par-dessus la maison.*

On a envisagé la possibilité d'aller voir de plus près ce que c'était, mais étant donné qu'on n'avait aucune idée à qui on avait à faire, on a préféré oublier ça. Nous n'avons parlé de cette observation qu'à un nombre très restreint de personnes pour ne pas passer pour des fous.

À partir des descriptions du témoin, le bruit émis par le passage de l'ovni au-dessus de leur maison était comme une vibration sourde. Quant à l'objet observé par Mme C, il avait la forme d'un disque et mesurait environ 50 pieds de diamètre. Celui-ci serait passé lentement au-dessus de la maison en se dirigeant vers l'est à une altitude approximative de 200 pieds. Selon elle, les immenses lumières colorées au-dessous de l'objet étaient solides et de nature vitreuse. De l'endroit où elle était située au moment de l'observation, elle ne pouvait pas voir si l'ovni est bel et bien descendu dans le lac en face de chez elle, car celui-ci se situe de l'autre côté d'une colline. Elle en est arrivée à cette déduction en voyant l'ovni descendre de l'autre côté de cette colline, laquelle surplombe un petit lac privé, qui selon elle serait très profond. Il est donc possible que l'ovni soit descendu en suivant la topographie sans nécessairement entrer dans ce lac, mais cela n'est pas un détail important. Ce qui est important de savoir, c'est que cette personne, qui ne gagne absolument rien à inventer une telle histoire, a bien voulu me faire confiance et me partager son expérience. Une expérience si extraordinaire qu'elle n'en parle qu'à très peu de personnes.

L'enquêteur de terrain doit établir un lien de confiance étroit avec les témoins, en démontrant une totale ouverture d'esprit, s'il veut obtenir l'entièreté des expériences vécues par ceux-ci. À la base, le rôle de l'enquêteur-ufologue est d'analyser les données factuelles qui lui sont partagées par le témoin. Pour avoir une vision globale d'un incident donné, l'enquêteur doit s'assurer d'obtenir tous les éléments en lien avec celui-ci de la part du témoin.

Il m'est arrivé de voir des témoins ne pas divulguer certaines parties de leurs expériences au cours d'une première entrevue parce que celles-ci étaient trop incroyables selon leur point de vue. Le lien de confiance qui s'était établi par la suite dans les rencontres et mon ouverture d'esprit m'ont permis d'obtenir davantage d'informations, lesquelles se sont avérées importantes dans la conclusion de l'enquête. Toutefois, le fait d'établir un lien de confiance ne signifie pas qu'il faut croire tout ce que dit le témoin, car le but est d'arriver à établir ce qui s'est réellement produit, et non pas ce que le témoin croit qu'il s'est produit.

Cette nuance est très importante, car dans le cas où l'enquêteur manque de recul dans son approche, ce dernier ne pourra pas arriver à des conclusions objectives. Il est tout à fait normal d'être biaisé, ne serait-ce que parce que le témoin nous est sympathique et qu'il veut croire en son histoire. C'est pour cette raison que l'enquêteur doit savoir identifier les biais potentiels lorsqu'il est sur le terrain pour éviter que ceux-ci influencent son jugement. Le cas qui suit est un exemple typique où la conviction contagieuse d'un témoin vis-à-vis des autres est suffisante pour influencer leur jugement.

Le cas des Etchemins

Le cas suivant est un des seuls de cet ouvrage dont les conclusions s'expliquent par un phénomène naturel. Tout au long de mon parcours d'enquêteur, j'ai été confronté plusieurs fois à des méprises de phénomènes naturels, des canulars ou à des personnes à l'imagination trop débordante. Ceci est tout à fait normal, car statistiquement, il n'y a environ que 15 à 25% des rapports d'observation qui sont de véritables phénomènes dont les caractéristiques décrites par les témoins empêchent toute méprise avec quelque chose de connu.[5] Ces cas sont donc classés comme « inconnus ». Il y a ainsi, dans les bases de données qui amassent ces rapports, plus de cas expliqués qu'il n'y a d'inexpliqués. S'ils sont utiles du point de vue de l'enseignement, les cas expliqués n'ont rien de suffisamment intéressant pour les partager au public. Celui qui suit, en revanche, vaut la peine d'être partagé, car il représente l'extrême en ce qui a trait à un individu prédisposé à voir des ovnis dans un contexte qui en est totalement dépourvu. Absolument convaincu de son histoire, ce témoin a réussi à convaincre plusieurs personnes de son entourage, dont des chasseurs ne voulant plus aller sur leur territoire de chasse de peur de se faire enlever par des extraterrestres.

C'est Denis Boily de l'AQU qui m'avait demandé d'enquêter sur ce cas étant donné qu'il n'y avait pas d'enquêteur dans cette région, et que selon lui ça valait la peine de rencontrer le témoin. Il avait parlé au témoin par téléphone, et d'après ce qui était sorti de cette conversation, il s'agissait de quelqu'un de crédible, et ce, en dépit du fait que son histoire était incroyable. Il aurait été en mesure de prendre des photos d'ovnis à l'aide d'une caméra de chasse. Il avait été également capable de savoir que les extraterrestres qui pilotaient ces vaisseaux étaient venus là pour enlever des orignaux, preuves à l'appui! Il demandait à rencontrer un enquêteur de terrain le plus tôt possible, car il était convaincu que les extraterrestres étaient toujours là et qu'ils continuaient d'enlever des orignaux. Je trouvais ça un peu gros comme histoire, mais étant donné que j'avais déjà entendu parler des cas de mutilation de bétail dans l'ouest américain, lesquels étaient directement liés à des observations d'ovnis, je me suis dit : « Pourquoi pas? »

(Extrait d'un courriel que j'ai reçu du témoin en septembre 2013)

Je n'ai pas qu'une photo, J'ai un paquet de photos, et j'ai en plus la raison pour laquelle ils sont venus, j'ai aussi autre chose d'assez intéressant. Si vous venez, je vais vous le confier pour analyse, c'est quelque chose d'ordinaire, sur lequel on a effectué un prélèvement. Je sais que vous allez bien vous occuper de faire la lumière là-dessus.

Je vis dans un petit village. Pour la venue de votre équipe, le problème, c'est pas tellement la chasse, vu que je vais pas aller là cette année, pour plusieurs raisons. C'est surtout qu'ils sont encore là, et que je continue d'accumuler des photos, et que j'ai pris la peine d'installer une nouvelle cam pour pouvoir prendre une vidéo de celui que je n'ai pas encore vu à mon goût. Vous vous rendez compte, ils sont arrivés le 12 juillet et ils étaient encore là le 2 septembre, ils viennent de très loin et ils ont plusieurs problèmes de logistique (vous comprendrez si vous venez). Je ne suis pas sûr qu'ils soient partis, donc je suis réticent à voir débarquer une équipe qui va prendre le terrain d'assaut et les faire repartir.

« Ils » sont discrets, j'essaie de l'être, même si je sais très bien qu'ils savent quand j'y vais (récupérer les cartes SD), jusque-là tout va bien, ils n'ont pas buggé la cam, ils ont même pris la pose devant elle (non je ne suis pas fou).

Je vous ai expliqué pourquoi je n'envoie pas les photos (copyright et projet). « Ils » ont bien choisi l'endroit pour agir, ils passent inaperçus, même quand le gros papa descend. Pour les voir, il faudrait aller se planquer, et celui qui est venu avec moi hésitait à venir en plein jour. On ne peut pas aller là le soir venu, parce qu'ils ont ce qu'il faut pour vous trouver, quand bien même vous seriez cachés sous une talle de michels (sapins forts). On le sait parce que tout ça est sur photos donc, on n'a pas le goût d'aller provoquer l'inconnu. Je laisse travailler les cams, et puis ils sont tellement différents et disposent d'une telle technologie, qu'il vaut mieux user du principe de précaution. La nouvelle cam est programmée en prise vidéo, mais faudrait qu'ils soient encore là (je l'espère). Bref, dans l'ensemble, les résultats sont au-delà de mes espérances.

Si vous me faites confiance sur parole, je n'ai qu'une parole, vous devrez venir juste en vous fiant à cette parole. Vous avez mon numéro de téléphone, appelez-moi à frais virés si vous voulez, vous vous ferez une meilleure idée. Si jamais vous décidez de venir, amenez un (1) membre de votre équipe, le meilleur, avec les instruments de mesure, vous devez avoir ça vous des genres de bidules qui détectent les rayonnements. Comme ça on ira en plein jour et mine de rien on fera une petite tournée, on verra bien ce que ça donne, mais on a déjà fait une tournée, dans les secteurs du coin où le papa pourrait se poser, et on n'a rien trouvé. Par contre, ils étaient toujours là donc... mais il est vrai qu'on n'est pas des experts dans le domaine.

J'ai 55 ans, je travaille dur, je ne vois pas l'intérêt que j'aurais à niaiser quelqu'un et le faire venir de loin juste pour malfaire. Je vous montrerai les photos, mais je ne vous laisserai pas les copier. Vous verrez et comme ça vous pourrez confirmer leur crédibilité. Moi je veux juste que quelqu'un qui a une expertise dans le domaine vienne confirmer leur valeur. Pour le reste, j'ai l'intention de mettre tout ça par écrit l'hiver venu, avec des photos inédites. Je vous raconterai toute l'histoire et vous saurez pourquoi ils sont ici, mais il faudra rester vague là-dessus, sinon vous couperez le punch de l'histoire. J'ai toute confiance en vous, et même si j'ai tout à apprendre de vous, je crois que dans ce cas précis, c'est vous qui allez apprendre, vous allez tomber le cul en bas de votre chaise.

Je sais que ma réponse ne vous convient pas, mais ces photos sont un trésor pour moi, et je les traite comme tel. La vie n'est pas toujours facile et ce petit coup de pouce venu d'ailleurs est fort apprécié. Si vous venez, vous verrez des choses que vous n'avez jamais vues, et je sais ce que je dis. Si vous ne venez pas, je comprendrai, mais ce ne sera pas moi le pire. Pas une journée ne passe sans que je regarde ces photos, analysant et [les] *redécouvrant une par une chaque jour. Ça a changé ma vie et ça continue.*

Au plaisir de votre visite Mr St-Germain.

On peut dire que le récit de ce témoin m'avait suffisamment intrigué pour que je communique avec lui par téléphone. Il ne voulait aucunement me faire parvenir de photos et me dit que je ne pourrai les voir qu'une fois sur place. Le témoin fut aussi convaincant au téléphone que par écrit, et je me rendis sur place le lendemain pour le rencontrer, voir ses photos et visiter le site où étaient situées ses caméras de chasse. Dès mon arrivée je constatai d'innombrables livres et films sur les ovnis dans la bibliothèque de la salle à manger. Je lui ai donc demandé s'il s'intéressait aux ovnis avant cet incident. À quoi il me répondit s'y intéresser depuis l'adolescence et qu'il écoutait de nombreux documentaires et émissions sur le sujet.

Dans le jargon d'un enquêteur, on dira que le témoin a une « prédisposition », dans le sens où celui-ci a une vision de la réalité pouvant être influencée par ce qu'il a vu ou entendu dans le passé. Autrement dit, il s'agit d'un drapeau rouge qui avertit l'enquêteur qu'en dépit de sa bonne volonté, le témoin n'est peut-être pas totalement objectif dans son interprétation des faits, et qu'il est peut-être prédisposé à voir des ovnis là où il n'y en a pas. En revanche, il faut faire attention de ne pas être influencé négativement par ces drapeaux rouges et rejeter tout ce que le témoin raconte comme étant des fabulations. Il arrive que des témoins se jettent corps et âme dans la recherche sur les ovnis après avoir vécu une expérience en lien avec ceux-ci. De plus, il ne faut pas montrer de méfiance ni de scepticisme face au récit partagé par le témoin, car ceci peut faire en sorte que ce dernier se ferme et cesse totalement de communiquer. Il faut tout simplement écouter l'ensemble du témoignage avec neutralité en prenant la peine de séparer les éléments factuels des interprétations.

Ce n'est qu'après m'avoir « préparé psychologiquement » durant près de vingt minutes, que le témoin finit par me montrer ses fameuses photos d'ovnis. Pour chacune d'elles, il était en mesure de me raconter des événements dans le détail, tel que des orignaux se faisant enlever par des extraterrestres ou des analyses de sol et autres choses faites par ces visiteurs célestes. Personnellement, je ne voyais rien sur ces photos qui permettraient de tirer de telles conclusions. Il ne s'agissait que de photos prises en pleine nuit où on pouvait voir des objets flous en forme de cosse de pois qui semblaient se déplacer dans les airs. N'ayant à l'époque jamais vu de photo infrarouge provenant de caméra de chasse, et encore moins les effets que celles-ci peuvent produire, je ne pouvais donc me prononcer immédiatement sur ce qu'il me montrait. Toutefois, le témoin m'expliqua que ce qu'on voyait sur ces photos était en fait des drones de surveillance envoyés par des extraterrestres pour détecter les signes vitaux des orignaux. Les extraterrestres pouvaient ainsi choisir les orignaux les plus en santé et les amener sur leur planète pour enrichir leur biodiversité. Il y avait même une photo qui, selon lui, montrait des câbles grâce auxquels les orignaux étaient transportés dans le vaisseau. J'eus beau regarder cette photo avec intensité, mais je ne pouvais pas voir les fameux câbles en question. Sur ce, il me dit : « À force de regarder tu vas finir par les voir… » Et malgré ça je ne voyais rien…

Après cette séance de visionnement de photos, il m'amena à l'endroit où selon lui se produisaient les enlèvements qu'il avait réussi à capter grâce à ses caméras de chasse. Après environ une quinzaine de minutes de voiture, nous nous sommes arrêtés. Il y avait beaucoup d'eau dans le chemin, et à moins d'avoir un 4X4 on risquait de s'enliser. Nous avons dû marcher un peu pour nous y rendre, car la route n'était plus praticable en véhicule. Il s'agissait d'une petite clairière plane située près d'un marais et bordée de forêt. J'ai pu voir l'endroit où étaient installées les fameuses caméras de chasse ainsi que l'état général des lieux. Il y avait un bloc de sel au centre de la clairière, lequel servait à attirer les orignaux. C'était sur ce bloc de sel particulier que, selon lui, se retrouvait la preuve tangible des enlèvements d'orignaux. Le bloc de sel était presque neuf, mais on pouvait y voir de petites cannelures incisées sur une de ses faces (figure 6). Selon le témoin, ces cannelures n'étaient rien d'autre que des prélèvements faits par les extraterrestres pour savoir ce dont avaient besoin les orignaux pour survivre. Le sel étant facilement soluble à l'eau, je demandai au témoin s'il avait plu dernièrement. Il me répondit qu'effectivement il y avait eu de violentes averses dans le secteur. D'ailleurs, l'eau dans le chemin était également un bon indice qu'il y avait eu beaucoup de pluie au cours des derniers jours. Il était donc plus probable selon moi que ces cannelures avaient été causées par la pluie plutôt que par des analyses extraterrestres, mais je continuai tout de même à écouter l'ensemble de l'argumentaire du témoin avant de me prononcer.

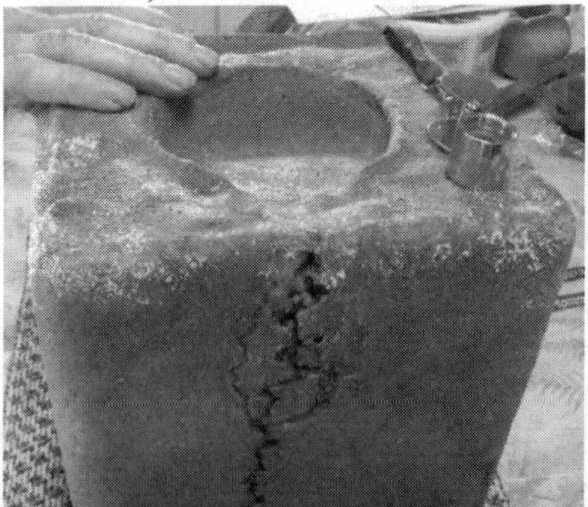

Figure 6. Photo du bloc de sel du cas des Etchemins.

Après cette brève excursion, nous sommes retournés à la demeure du témoin et avons discuté encore quelques instants. Je lui ai dit à ce moment que j'allais vérifier l'ensemble de son témoignage et lui revenir sous peu avec mes conclusions. Toutefois, étant donné que j'avais plus de cinq heures de route à faire sur le chemin du retour, j'eus amplement le temps de revenir dans ma tête sur chacun des éléments de cette enquête pour déterminer qu'il s'agissait d'une méprise, et que le témoin avait été influencé malgré lui par ce qu'il avait lu ou entendu sur le sujet. Pour ce qui est des photos qu'il m'a montrées, j'ai fait une petite recherche dans les jours qui ont suivis se rapportant aux caméras de chasse et aux photos infrarouges. J'ai également contacté un de mes collègues ufologues qui avait une bonne expertise en la matière pour bien comprendre les différents phénomènes optiques associés à ce type d'appareil. Je pouvais maintenant tirer des conclusions éclairées grâce aux informations que j'avais amassées et conclure l'enquête. Par respect pour le témoin, même s'il s'était trompé sur toute la ligne, je devais lui partager mes conclusions, dont en voici une partie :

Conclusion de l'enquête envoyée au témoin par courriel

Salut, en premier lieu j'aimerais te dire que j'ai été content de te rencontrer et de découvrir ce beau petit coin de pays. Maintenant, j'aimerais te dire exactement ce que je pense de toute cette histoire avec un peu plus de recul et de réflexion. Je sais que tu ne seras pas d'accord avec mon interprétation des « faits », mais même si je ne suis pas un spécialiste dans le domaine de la chasse à l'orignal je le suis dans le domaine de l'ufologie. Le phénomène observé sur les cams de chasse que tu appelles « pisteurs » n'est quant à moi que des phénomènes d'anomalies optiques causés par le temps d'ouverture de l'objectif de la caméra. Il s'agit sans aucun doute d'objets solides et réels qui passent devant la caméra, mais je ne crois pas que ce soit associé à la venue d'extraterrestres ou à tout autre phénomène paranormal.

Malgré cela, je ne suis pas déçu d'y avoir été, car j'ai appris de nombreuses choses qui me seront utiles pour l'avenir. Tout d'abord, j'ai appris qu'un témoin « convaincu » pouvait influencer le jugement de tout bon enquêteur. Je t'avoue que j'y ai cru au moment où je suis parti de chez moi, mais qu'à mon retour sur la route lorsque tous les éléments se sont mis en place j'ai compris que toute cette histoire n'était qu'une formidable méprise. En science on apprend à être ouvert à tout, même à s'être trompé... Je vais donc te poser deux questions que j'aimerais que tu prennes le temps de bien mijoter avant de leur répondre :

1. Depuis le début de cette histoire jusqu'à maintenant as-tu considéré un instant que ce que tu as vu sur tes photos puisse être causé par un phénomène naturel ?

2. As-tu considéré le fait que l'histoire complète de l'enlèvement d'orignaux par des extraterrestres puisse être issue de ton imagination et que ton émotivité ait pris le dessus sur ton objectivité ?

J'imagine que tu vas m'en vouloir de te dire ça, mais c'est mon travail de découvrir ce qui est vrai de ce qu'il ne l'est pas dans ce domaine. Je suis toutefois convaincu de ton honnêteté et je ne crois pas que tu ais voulu mener qui que ce soit en bateau. Nous sommes des êtres émotifs et parfois l'émotivité nous fait perdre notre jugement.

Marc, 13 septembre 2013

Le témoin a droit au respect de son opinion, et ce, en dépit du fait que ce dernier puisse s'être trompé dans son interprétation des faits. Il peut arriver, comme ce fut le cas ici, que les conclusions d'une enquête soient en totale contradiction avec celles du témoin. Et même après avoir détaillé chacun des arguments en faveur de celles-ci il est possible que le témoin refuse de les accepter. Ceci est son choix et on ne peut rien y faire, hormis de le traiter avec respect. Le fait de demander un avis extérieur, tel qu'à un enquêteur-ufologue, est souvent un signe de bonne foi, mais il arrive parfois que des témoins fassent affaire à des ufologues pour donner de la crédibilité à leur récit. Lorsque celui-ci n'est pas fondé sur des éléments factuels, mais plutôt sur un scénario inventé de toutes pièces, l'enquêteur doit être extrêmement prudent et émettre clairement ses conclusions pour éviter toute ambiguïté. L'idée est de ne pas se faire entraîner dans des histoires qui finalement, pourraient s'avérer désastreuses pour la crédibilité de l'enquêteur une fois celles-ci rendues publiques.

La crédibilité est une des choses les plus importantes dans le domaine de l'ufologie, mais c'est également son talon d'Achille. Il m'est arrivé d'entendre plusieurs histoires où des enquêteurs de terrain s'étaient retrouvés dans de telles situations malencontreuses. Certains parfois étaient allés jusqu'à insulter le témoin au moment de donner leurs conclusions. Ces façons d'agir maladroites, n'étaient selon moi pas digne d'un enquêteur de terrain et nuisaient grandement à la réputation du métier d'ufologue.

Je commençais à prendre conscience de ces enjeux au fur et à mesure que j'avançais dans les dédales de la recherche sur les ovnis. Après des semaines de réflexion, j'étais arrivé à la conclusion qu'il ne s'agissait pas que d'enquêter avec sérieux pour obtenir de la crédibilité, mais en plus il fallait développer une méthodologie scientifique pour aborder les témoins selon la nature des observations. Il était également important d'établir un code d'éthique strict, lequel devait être suivi à la lettre par tous les enquêteurs de terrain représentant l'organisme où ils œuvraient. J'avais compris à quel point l'ufologie souffrait de mauvaise presse et qu'il n'était possible de renverser la vapeur qu'en appliquant quelques mesures concrètes. Un des buts de ces mesures était de démontrer au public que l'ufologie est bien une science et non pas un hobby ou une pseudoscience. J'étais donc très concerné pas l'image que projetaient mes collègues enquêteurs de terrain, car ce sont eux qui sont en première ligne.

Mon départ de l'AQU

En janvier 2013, j'ai fait parvenir des documents aux dirigeants de l'AQU, dans lesquels je proposais une série de mesures pour créer un organisme sans but lucratif pouvant générer des fonds qui serviraient à former chaque enquêteur de terrain selon des règles établies par un conseil exécutif. Il était question également de réunir toutes les associations ufologiques du Québec au sein d'une fédération, laquelle veillerait à uniformiser ces mesures à l'échelle de la province. Comme j'avais déjà fait de la politique à l'échelle provinciale à titre de conseiller et de vice-président de conseil exécutif, je connaissais bien les rouages d'une telle structure. J'étais convaincu qu'il s'agissait d'une excellente idée pour, non seulement redonner les lettres de noblesse à la profession d'enquêteur-ufologue, mais aussi pour créer une structure provinciale permettant de couvrir le Québec de façon efficace et professionnelle. Il était question également de générer des fonds pour payer les dépenses des enquêteurs de terrain, car ceux-ci devaient continuellement payer tous les frais encourus de leur poche. Ce qui selon moi n'avait pas lieu d'être, étant donné que l'enquêteur donne déjà beaucoup de son temps bénévolement.

Quelques mois plus tard, soit en mai 2013, n'ayant aucune réponse de leur part je développai davantage ces propositions en détail en y rajoutant des textes explicatifs ainsi que des diagrammes. J'avais également construit un programme complet avec des cours à suivre selon des niveaux d'apprentissages distincts. Bref, ce projet me tenait à cœur plus que tout et j'avais négligé mes propres enquêtes pour le réaliser. Toutefois, à ma grande déception je n'eus aucune réponse de la part des dirigeants de l'AQU, ni même un message pour m'annoncer un refus. Cette situation fût à l'origine de mon départ de l'AQU et en juin 2013 j'annonçai officiellement ma démission.

La Minerve *10 juin 2013*

Démission du directeur régional des Hautes-Laurentides

Par la présente, je vous informe que je n'occuperai plus le poste de directeur régional des Hautes-Laurentides pour l'AQU en tant que membre de l'association, et ce, en date d'aujourd'hui. À partir de ce jour, je serai ufologue indépendant ne représentant aucun organisme. Je tiens à préciser que cette décision n'empêche aucune collaboration de ma part vis-à-vis tout organisme ufologique quel qu'il soit. Je compte continuer à œuvrer dans le domaine encore longtemps et j'ai plusieurs projets que j'aimerais réaliser d'ici les années à venir. Je crois cependant qu'il sera davantage facile de les accomplir si j'ai toute la latitude de mouvement nécessaire. Les raisons ayant motivé ma décision sont diverses, mais les principales sont assurément, un manque flagrant de communication entre la direction et moi ainsi qu'une incompatibilité dans la vision à long terme du développement de l'ufologie québécoise.

Au cours des deux dernières années, j'ai tenté de nombreux rapprochements avec la direction, mais le mutisme absolu que l'on m'a passivement signifié ainsi que quelques commentaires que j'ai pu réussir à obtenir après maints efforts, m'ont fait comprendre que l'AQU n'était pas un organisme où les membres avaient leur mot à dire dans les décisions se rapportant à cette association. Être membre d'une association sans pouvoir interagir dans son fonctionnement n'est donc plus possible pour moi, car je crois que de nombreux changements sont nécessaires et qu'il devient très frustrant de ne pouvoir les partager.

Mon départ ne signifie aucunement une coupure totale de communication ni un arrêt de collaboration. Je serai heureux de continuer de collaborer avec l'AQU et ses membres au même titre qu'avec tout autre organisme ufologique lorsque cela sera possible. Je tiens tout de même à vous remercier pour votre accueil au sein de l'association et je vous souhaite une bonne continuité dans vos projets futurs.

Au plaisir de se revoir sur la scène ufologique,

Marc St-Germain

L'AQU a été en quelque sorte une école pour moi tout comme peut l'être n'importe quelle association ufologique qui met l'accent sur le partage d'informations. Le fait de rencontrer des gens et d'échanger avec eux permet d'approfondir les sujets grâce en partie aux divergences d'opinions. La diversité des idées est importante en ufologie et c'est être naïf que de croire que tous ceux qui s'intéressent aux ovnis pensent pareil. Il n'y a pas vraiment de consensus dans ce domaine, ni même au sein des organisations ufologiques. C'est ce qui fait que ces rencontres sont des occasions pour faire avancer ses idées en les confrontant à celles des autres pour voir si cela fait du sens ou non. Au cours des années qui suivirent, j'organisai plusieurs conférences et événements dans différentes régions du Québec et de plus en plus de gens y participaient. Par-dessus tout, je rencontrais de nouveaux témoins qui venaient me voir durant les pauses pour me raconter leurs expériences en privé.

---

[1] Duncan J.A. DAY, Psychological Correlates of the UFO Abduction Experience: The Role of Beliefs and Indirect Suggestions on Abduction Accounts Obtained During Hypnosis, Concordia University, 1998.

[2] Ibid., p. 238-239.

[3] Ibid., p. ii.

[4] Johannie BEAULIEU et Louis PARENTEAU, Laboratoire de Richard Carignan, Station de biologie des Laurentides, Université de Montréal, juin 2009.

[5] Roger MARSH, UFO Cases of Interest – 2018's best reports from the Field Investigators of the Mutual UFO Network, 2019 Edition, p. 232.

CHAPITRE II
LE NOUVEAU-MEXIQUE
TERRE DE L'ENCHANTEMENT

En juillet 2013, ma conjointe Annie et moi avons pris deux semaines de vacances et nous n'avions pas vraiment planifié ce que nous allions faire mis à part aller visiter les États-Unis. Comme j'avais déjà visité Washington D.C. étant jeune et que j'avais aimé l'endroit à l'époque, nous avons décidé de nous rendre là comme point de départ de notre *road trip*. Après avoir visité le Capitole, le *Air Space Museum* et les environs de la ville, nous avons commencé à chercher une autre destination. Nous n'étions là que depuis deux jours, mais nous voulions vivre un dépaysement, voir des paysages… C'est à ce moment que ma conjointe me dit : « J'aimerais voir le Grand Canyon! ». Sur le coup je trouvais cette suggestion un peu irréaliste en raison de la distance à parcourir, mais l'idée me plaisait quand même, car nous commencions à peine nos vacances. Nous nous sommes couchés sans prendre de décision en nous disant que serions plus alerte après une bonne nuit de sommeil pour analyser la question.

Personnellement, visiter le Grand Canyon m'intéressait, mais pas autant que la ville mythique de Roswell où un ovni crashé aurait été récupéré par l'armée américaine en juillet 1947… Comme j'avais fait de nombreuses recherches à ce sujet pour l'écriture d'un de mes livres, je trouvais qu'il était de circonstance de visiter les lieux où s'était produit un incident de cette ampleur. Peut-être que je pourrais même rencontrer des témoins de l'incident? Finalement, je trouvais l'idée d'aller dans cette région des États-Unis vraiment excitante. Le lendemain matin, j'ai suggéré à Annie de faire d'une pierre deux coups en lui disant : « Tant qu'à aller dans le Sud-Ouest américain pourquoi ne pas en profiter et passer par Roswell au Nouveau-Mexique? C'est sur notre chemin. » Elle trouva l'idée intéressante et nous avons commencé à tracer un itinéraire de Washington D.C. jusqu'à Roswell et ensuite jusqu'au Grand Canyon. Nous avons aussi calculé le nombre de kilomètres à parcourir par jour ainsi que les différentes escales pour nous reposer en chemin. Nous devions inclure l'itinéraire de retour dans nos calculs, même s'il nous restait tous près de deux semaines. En faisant environ 1000 kilomètres par jour lors de nos journées de déplacement, nous étions en mesure de rester deux jours à Roswell et deux jours au Grand Canyon. Cela était plus que suffisant pour nous convaincre tous les deux que ce serait un voyage génial. De plus, nous avions la chance de parcourir les trois quarts des États-Unis sur sa largeur et de voir plusieurs villes et différents paysages. Pour ce qui était de la distance à parcourir, étant donné que dans le passé nous avions déjà traversé tout le Canada d'est en ouest en voiture en moins d'une semaine, nous savions à quoi nous attendre.

Avec moins de 2000 kilomètres à faire pour nous rendre à Roswell ceci signifiait que nous serions à notre première destination en deux jours. Avec des températures diurnes dépassant parfois les 40° Celsius en cette période de l'année, nous savions que dans ces conditions l'air climatisé n'était pas un luxe, mais bien une nécessité. Notre déplacement vers Roswell s'est effectué sans embûche, mis à part le fait qu'à Forth Worth au Texas, nous ayons dû nous rendre au garage pour faire un changement d'huile. Le garagiste était désemparé de voir que le tableau de bord électronique était en français et que l'odomètre était en km/h et non pas en miles/h. Nous avons dû lui expliquer que nous venions du Québec (au Canada) et que cette partie du pays était majoritairement francophone.

Ceci a semblé le perturber encore plus… Je savais d'expérience qu'une très grande majorité des Américains croient que le Canada est un état américain. Ce garagiste ne faisait pas exception à la règle et j'étais bien content de lui avoir appris cette petite leçon de géographie. Après cette brève escale, nous avons continué notre route vers l'ouest et peu à peu le paysage commençait à changer. La ville de Fort Worth était en quelque sorte là où commençait notre petite expédition ufologique.

Fort Worth était le siège de la 8e *Army Air Force* auquel le 509e *Bomb Group* situé à Roswell dépendait.[1] C'était de cet endroit que le général Ramey et le colonel Dubose posèrent devant les restes d'un ballon météo pour faire taire les rumeurs d'un disque volant qui serait tombé près de Roswell (figure 7).

The Washington Post

WASHINGTON: WEDNESDAY, JULY 9, 1947

Wash Post 7/9/47 pg 8

AAF Flying Saucer Exposed As Box-Kite Weather Balloon

of the world. But under the personal direction of Lieut. Gen. Hoyt Vandenberg, acting AAF chief, who dropped into the Washington AAF public information headquarters in the midst of the excitement, they burned up the wires to Texas and New Mexico . . .

They got from Brig. Gen. Roger Ramey, Eighth Air Force Commander a description of the object. It was "of very flimsy construction—almost like a box-kite", made of wood and with a cover "like tin-foil". . .

Ramey said he hadn't actually seen it himself as yet. He went to take a look, and called back that it was about 25 feet in diameter. He said he was shipping it on to Wright Field, Ohio, but would have one of the meteorological officers look at it first. . . .

Story Falls Flat

That's when the story fell flat, with a thud heard 1300 miles away in The Post city room.

Warrant Officer Irving Newton, a forecaster at the Fort Worth Army base weather station, stepped up, and identified the object as part of a weather balloon. It was of a type used by United States Weather Bureau and AAF meteorologists to determine the direction and velocity of winds at high altitudes.

He said it could have come from any one of 80 weather stations in the United States using such equipment.

Newton said the object, a ray wind target, was used "because they can go so much higher than the eye can see." A radar set is employed to follow the balloon and through a process of triangulation the winds aloft are charted, he

land three weeks ago. He bundled the tinfoil and broken wooden beams on the kite and the torn synthetic rubber remains of the balloon together and rolled it under some brush, according to Maj. Jesse A. Marcel, Houma, La., 509th Intelligence officer at Roswell, who brought the device to Forth Worth.

Goes to Sheriff

On a trip to town at Corona, N. Mex., Saturday night, Brazell heard the first reference to the flying disks, Major Marcel related.

Brazell hurried home, dug up the remnants of the kite and balloon on Sunday and Monday headed for Roswell and the sheriff's office.

This resulted in the Army entering the case.

Col. William H. Blanchard, 509th commanding officer, reported the incident to General Ramey. Incident to General Ramey. Blanchard, according to news services, specifically called it a "flying disc."

At that time, Lieut. Warren Haught, public information officer at the Roswell Field, announced that a "flying disk" had come into possession of the Army Air Forces.

Lieutenant Haught said in a statement to newsmen that "the many rumors regarding the flying disk became a reality yesterday when the Intelligence Office of the 509th (atomic) Bomb Group of the Eighth Air Force, Roswell Army Airfield, was fortunate enough to gain possession of a disk through cooperation of one of the local ranchers and the sheriff's office.

Later, in clamping a temporary news blackout at Roswell, officers

As it turned out, they were absolutely right.

Thus the mystery, which began June 27, is still unsolved. Kenneth Arnold, first to report the saucers, said he saw nine. According to reports since then they have been seen all over the world.

Press associations gave these as the latest reports:

International News Service said a Shreveport, La., auto salesman found a spinning gadget of aluminum about 16 inches in diameter containing wires and turned it over to intelligence officers at Barksdale Field.

INS said the White House officially announced that President Truman doesn't know anything about the saucers.

Rear Admiral Blandy, who commanded the Bikini atom bomb tests, was skeptical the disks ex-

be blamed for them.

A Roanoke, Va., toy maker, Kyle Walker, said the saucers were rubber rings his sales crew is using to promote a new game in which aluminum rings are thrown at posts in the ground.

Walker said he told his salesmen to fill the rubber rings with helium so they would blow about and create interest.

Blows Sky-High

AAF 'Flying Saucer' Proves Box-Kite Meteorology Balloon

In Fort Worth, Tex., Gen. R. M. Ramey (left) and Col. T. J. Dubose examine high altitude weather device, mistaken for a flying disc

Figure 7. Photo d'un article du Washington Post daté du 9 juillet 1947. Le général Ramey (à gauche) et le colonel DuBose (à droite) sont posés devant des débris d'un ballon météo. Photo prise au *Roswell International Museum*.

Contrairement au général Ramey qui maintint sa position tout au long de sa carrière, le colonel DuBose revint sur sa déclaration en 1991. Alors âgé de 89 ans et retraité depuis 1959, DuBose profita de l'inauguration du Musée international de Roswell pour déposer un affidavit dans lequel il écrivit tout ce qu'il savait à propos de débris qui avaient été transportés de Roswell à Fort Worth. Le document mentionnait également que l'opération de transport des débris du crash s'était passée dans le plus grand secret. Quant aux photos du ballon météo, il mentionnait à ce propos dans son affidavit : « Le matériel montré dans les photographies prises dans le bureau du brigadier-général Ramey était un ballon météo. L'explication du matériel de ballon météo était une histoire inventée pour détourner l'attention de la presse. »[2]

Le Musée international de Roswell

Nous sommes arrivés à Roswell en soirée, juste à temps pour prendre les clés de notre chambre d'hôtel et ensuite casser la croûte dans un des nombreux restaurants de la rue principale. Nous pouvions voir des décorations d'ovnis et d'extraterrestres dans presque tous les commerces du coin. Il faut dire que cela ne faisait que deux semaines que cette ville du Nouveau-Mexique avait vu passer des milliers de visiteurs venus pour célébrer le Festival annuel de Roswell. Un festival unique essentiellement axé sur la thématique du crash de Roswell. Après le repas, nous avons marché un peu le long de l'artère principale et prenions en note les endroits que nous visiterions le lendemain. Le premier endroit de la liste fut le Musée international de Roswell, qui, comme son nom l'indique reçoit des milliers de visiteurs de partout dans le monde chaque année. Avant même l'ouverture du musée, nous étions déjà là à attendre impatiemment de pouvoir enfin visiter cette Mecque de l'ufologie. En entrant, nous pouvions voir une grande carte du Monde sur laquelle des centaines de *pins* étaient épinglés.

Ces *pins* représentaient le lieu de provenance des visiteurs et on nous invita à en épingler une sur cette carte. J'étais impressionné de voir que ce musée recevait autant de visiteurs, mais ce qui m'étonnait encore plus c'est qu'il y avait une enseigne au bas de la carte qui disait : « Les pins sur cette carte sont celles du mois courant. Elles sont enlevées le dernier jour de chaque mois. » (figure 8)

Ce musée unique, qui accueille en moyenne 150 000 visiteurs chaque année, est séparé en plusieurs sections thématiques : zone d'exposition, mur des célébrités, bibliothèque des chercheurs et bien évidemment une boutique souvenir. Au fur et à mesure que nous avancions dans l'allée, nous étions inondés d'informations. Une section particulière attira mon attention, celle où les murs étaient tapissés de dizaines d'affidavits et de déclarations de témoins de l'incident de Roswell, de journaux de l'époque qui avaient fait paraître des articles sur le crash, et de photos des principaux intéressés. À défaut d'avoir le temps de lire tout ce qui était affiché sur les murs, je pris plusieurs photos, lesquelles pourraient sûrement m'être utiles plus tard au cours de mes recherches.

Figure 8. Mappemonde avec les *pins* indiquant les lieux de provenance des visiteurs du musée.

Il y avait même un coin où jouait en boucle une dépêche radiophonique authentique de l'événement avant qu'il ne soit discrédité par l'armée quelques jours plus tard. Bien évidemment, comme dans tout bon musée qui se respecte, on ne peut pas tout voir et tout lire en raison de la quantité importante d'artéfacts, à moins d'y passer des jours… Et comme nous avions à peine une journée, nous avons dû faire comme la plupart des visiteurs et survoler les présentoirs en ne lisant que les grandes lignes. Toutefois, en passant devant la section des affidavits, je ne pouvais m'empêcher de prendre le temps de les lire, car j'étais bien conscient de leur valeur d'un point de vue historique. Il s'agissait des déclarations faites sous serment de personnes ayant été témoins d'une partie de l'incident de Roswell racontant une histoire bien différente de la version officielle.

Ce musée n'a toutefois pas la prétention de prouver que l'incident de Roswell était de nature extraterrestre, mais met à la disposition des visiteurs toutes les informations pertinentes qu'elle reçoit de ses donateurs. En plus des déclarations officielles de témoins affirmant qu'un disque volant d'origine inconnue, ainsi que ses occupants, ont été récupérés par l'armée après qu'ils se soient écrasés, on y retrouve les « preuves » des trois différentes versions de l'armée de l'air expliquant ce qui se serait vraiment passé. Les visiteurs sont donc appelés à user de leur propre jugement pour décider par eux-mêmes ce qu'ils pensent être la véritable histoire du crash de Roswell.

Mais après avoir lu certains des affidavits qui, soit dit en passant, sont de véritables documents légaux ratifiés devant notaires, il est difficile d'accorder du crédit à la version officielle des militaires. Surtout après que ceux-ci aient changé deux fois d'idée en cours de route. Ils sont passés du ballon météo au projet top-secret *Mogul*, pour terminer quelques années plus tard à des tests avec des mannequins de bois parachutés des airs… Après quelques heures à avoir flâné un peu partout dans le musée, l'appel du large commençait à se faire sentir. Comme nous avions rajouté d'autres points d'intérêt à notre expédition, nous devions quitter assez tôt si nous voulions avoir le temps de nous y rendre. En cours de route, nous avons modifié légèrement notre itinéraire et avons décidé de ne rester qu'une seule journée à Roswell. Même si cette ville et ses attraits étaient divertissants à maints égards, je voulais fouler le sol d'autres sites de la région ayant joué un rôle important dans les événements de Roswell. Parmi ceux-ci il y avait la base aérienne d'Holloman, le site d'essais balistiques de White Sands et le village de Corona. Nous avions devant nous une journée bien remplie car, de plus, nous devions parcourir près de 400 kilomètres de route pour visiter chacun de ces endroits.

Le parc national de White Sands

Mise à part le fait d'avoir prévu à l'avance de nous rendre à cet endroit, nous n'avions rien planifié de bien précis en ce qui concerne ce que nous allions y faire. La décision de venir dans le sud-ouest des États-Unis s'était prise à l'improviste et nous avons continué notre voyage en improvisant selon l'énergie du moment. C'est ce qui rendait ce voyage vraiment particulier selon moi. Par manque de temps, nous n'avons pas pu visiter le musée de White Sands, ni de la base aérienne d'Holloman, car à l'extrémité sud du site se retrouvait un parc national ouvert aux visiteurs qui avait attiré notre attention.

Ce parc avait de particulier que son sol est constitué majoritairement de sulfate de calcium hydraté, plus communément appelé gypse. Le sol était donc d'un blanc éclatant avec la granulométrie du sable. Toutefois, étant donné la présence d'eau dans la formule chimique du gypse, celui-ci reste frais lorsqu'on y marche pieds nus même en pleine chaleur d'après-midi. La sensation est des plus plaisantes lorsqu'on cherche un endroit pour se dégourdir les jambes et relaxer un peu.

Malgré qu'il s'agissait d'un endroit assez achalandé, nous avons pu trouver des lieux à l'écart qui nous donnaient l'impression d'être seuls au monde. Ceci est en raison de ses nombreuses dunes et de sa grande superficie qui occupe près de 600 kilomètres carrés. Lorsqu'on marche sur le dessus des dunes de gypse, on peut voir des chaînes de montagnes à l'est et à l'ouest, ce qui donne un effet de profondeur important et qui rajoute au charme de l'endroit.

Figure 9. Ma conjointe Annie au parc national de White Sands.

Même s'il s'agissait d'un détour qui rallongeait un peu notre route, cela en valut la peine, ne serait-ce que pour l'état de bien-être que cela nous a procuré. Nous y avons donc passé une bonne partie de l'après-midi, avant de reprendre la route et nous diriger vers Corona, notre dernière destination ufologique. C'est en effectuant des recherches pour l'écriture de mon livre *Les Gardiens du Silence* que j'ai appris que le véritable site du crash, qui a eu lieu en juillet 1947, était situé tout près du village de Corona et non pas à Roswell. L'origine de cette appellation vient du fait que ce sont les militaires du 509e groupe de bombardement de Roswell qui se sont occupés en premier lieu de la récupération des débris, de sécuriser les lieux, puis d'émettre un communiqué de presse aux médias. Je voulais vraiment explorer ce lieu mythique, même si je savais qu'il était situé en plein désert, et qu'il n'y avait probablement pas grand-chose à voir.

À partir du parc national, nous avons pris la route qui longeait le site d'essais balistiques de White Sands. C'est de cet endroit que fut testée la première bombe atomique, mais c'est également là que l'on testait différents aéronefs, missiles, et selon certains documents classifiés, des prototypes issus de la rétro-ingénierie de disques volants récupérés antérieurement. Le crash de 1947 n'était donc pas le premier à avoir eu lieu dans cette région, ni le dernier. C'est d'ailleurs ce que me racontera Chuck Wade au cours de notre rencontre.

Ma rencontre avec Chuck Wade

Nous étions un peu en retard sur notre itinéraire, et à notre arrivée à Corona il commençait à faire nuit. Nous n'avions pas réservé de chambre, car nous ne savions pas encore où nous allions dormir ce soir-là, mais il ne nous a pas été très difficile de trouver le motel de ce petit village d'à peine 200 habitants. Toutefois, à notre grand regret, le propriétaire des lieux nous a annoncé à notre arrivée qu'il n'y avait plus de place disponible pour la nuit. Devant notre désarroi, il nous a dit que si on était prêt à attendre un peu, il pourrait nous en préparer une ayant été libérée dans l'après-midi.

Nous avons accepté sa proposition, car nous avions fait suffisamment de route pour la journée, et la prochaine ville où nous pouvions trouver une chambre était située à plus de 150 kilomètres. De plus, nous ne voulions pas passer par Corona sans prendre le temps d'investiguer les lieux. Pendant que je recevais les clés de la chambre, je demandai au propriétaire s'il savait quelque chose en lien avec le crash de 1947 et où les lieux de l'incident se situaient. Il me répondit qu'il ne savait pas grand-chose à ce propos, mais qu'il connaissait quelqu'un qui faisait de la recherche dans le domaine. Il s'agissait du frère d'un de ses amis proches qui vivait tout près. Il savait que son frère, qui demeurait à Gallup, était venu le visiter dernièrement, mais ne savait pas s'il était toujours là. Je lui ai demandé si c'était possible d'entrer en contact avec lui, et il décrocha immédiatement le téléphone pour composer le numéro de son ami. Il me dit en me passant le téléphone : « C'est ton jour de chance, il est encore ici. »

J'ai pris le combiné et nous nous sommes présentés. Je lui ai alors mentionné de mon intention de visiter le site du crash de 1947, ce à quoi il me répondit : « Désolé ça ne sera pas possible. C'est sur une propriété privée et les propriétaires n'aiment pas qu'on y aille. Par contre, aimeriez-vous voir des débris du crash et entendre toute l'histoire derrière ça? » Sur le coup, je ne croyais pas bien avoir entendu et je lui dis : « Pardonnez-moi, mais vous avez bien dit que vous pouviez me montrer des débris? » Il répondit : « Oui, et je les ai maintenant en ma possession si tu veux les manipuler. » J'étais quelque peu fébrile à l'idée de pouvoir rencontrer ce chercheur qui semblait non seulement en connaître long sur l'incident de Roswell, mais qui en plus, détenait des artéfacts authentiques de cette époque.

Comme il se faisait tard et que nous voulions être en forme pour cette rencontre, nous avons convenu de nous voir le lendemain matin et de déjeuner ensemble au restaurant d'à côté. Je n'avais pas vraiment d'attentes, car bien qu'il m'ait dit son nom, je ne le connaissais pas. Je devais attendre jusqu'au lendemain et le rencontrer en personne pour me faire une idée du personnage. À notre arrivée, Chuck Wade et sa femme étaient déjà là et nous attendaient. Nous nous sommes présentés et je lui ai demandé si je pouvais filmer l'entrevue. Il accepta sans problème, mais m'a suggéré de nous déplacer dans une section plus à l'écart du restaurant pour ne pas être dérangés. De stature imposante, ce septuagénaire natif de Corona était d'une extrême bonté et très généreux de sa personne. Nous avions en commun le fait d'être tous les deux d'anciens militaires et nous avons parlé un peu de nos métiers respectifs. C'est lors de cette première rencontre que j'ai appris que Chuck Wade avait servi 14 ans au sein du Corps des Ingénieurs Civils de la US Navy. Il était très fier de sa carrière et il aimait bien raconter quelques anecdotes en lien avec celle-ci. Cependant, il savait que nous n'étions que de passage, et que ce qui nous intéressait au plus haut point était l'histoire du crash de 1947.

Les sept crashs d'ovnis du Nouveau-Mexique

Pendant que Nancy, sa conjointe, prenait grand soin de disposer les fruits de leur recherche sur la table, il commença à me raconter tout ce qu'il savait à propos de cet incident, lequel disait-il ne consistait pas en un seul événement, mais en plusieurs. Pour que je comprenne bien le contexte géographique et historique de ce qu'il me partageait, il dessina une carte du Nouveau-Mexique à l'échelle avec détail et précision, le tout à main levée (figure 10). Je compris rapidement qu'il avait fait de nombreuses recherches et qu'il avait eu accès à des témoignages de première main. Je n'aurais pas pu tomber mieux pour ce qui est d'obtenir un récit chronologique détaillé de l'un des événements les plus controversés de l'histoire de l'ufologie. D'entrée de jeux, il me raconta comment son père avait été impliqué directement dans cette affaire.

Chuck Wade me raconta qu'en raison de la situation géographique du bar de son père, il y avait beaucoup de gens de la région qui venaient y prendre un verre (figure 11). Il y en avait certains parmi ceux-ci qui avaient été témoins d'événements en lien avec des crashs de disques volants ainsi que de leur récupération. Bien que ces personnes aient tous été tenues au secret, il semble que le besoin de parler ait été plus fort que les conséquences, car il est arrivé que certains d'entre eux se confient à Jesse Wade, le père de Chuck. Ces témoins avaient tous en commun le fait qu'on les avait avertis qu'ils feraient face à de lourdes conséquences s'ils révélaient ce qu'ils avaient vu. Avant de confier leurs secrets, toutes ces personnes demandaient donc à Jessie Wade de leur promettre de ne rien révéler à quiconque de ce qui lui sera raconté. Ce propriétaire de bar avait l'habitude des confidences et avait acquis avec le temps la réputation d'être quelqu'un à qui on pouvait confier un secret. Au fil des années, à partir des révélations de nombreux témoins, Jesse Wade vint à connaître une grande partie des événements que les militaires se donnaient tant de mal à étouffer et qui s'étaient déroulés au Nouveau-Mexique de 1945 à 1948.

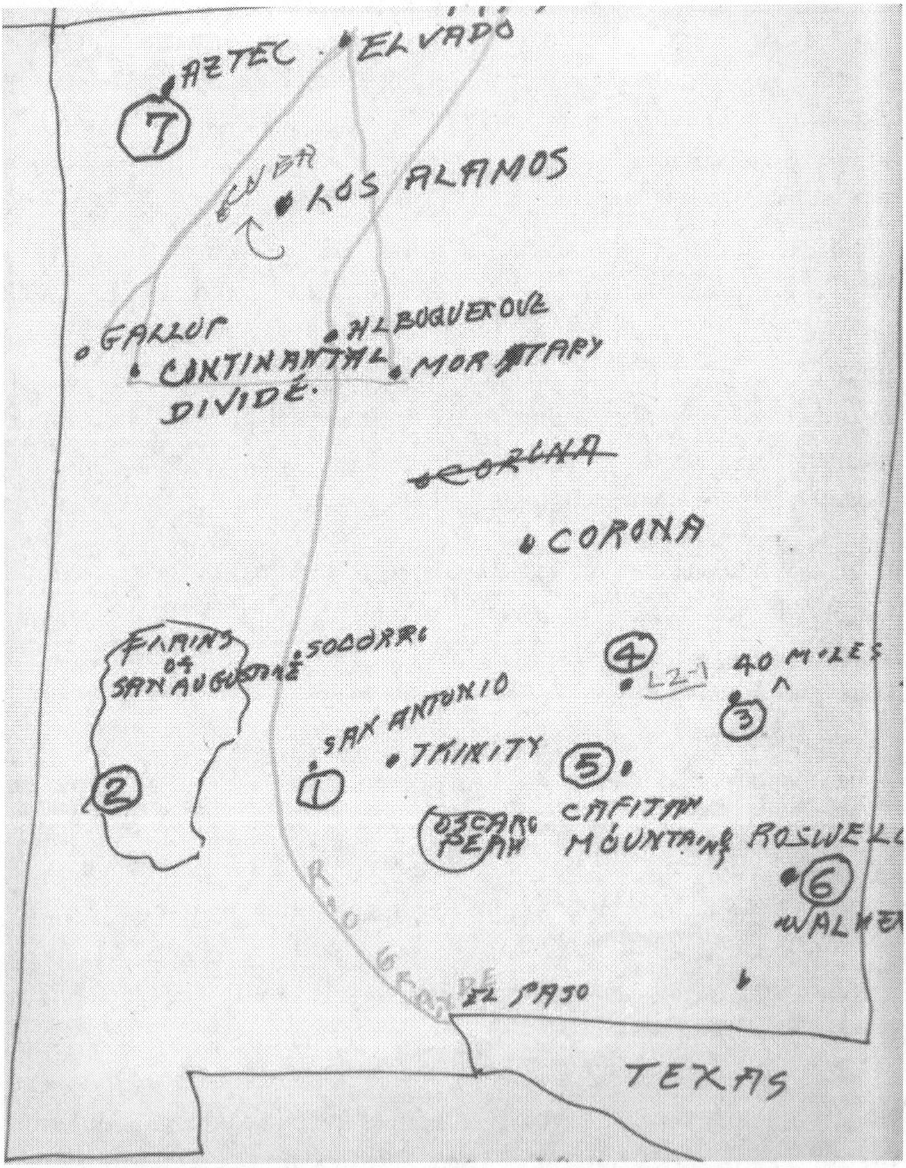

Figure 10. Carte du Nouveau-Mexique dessinée par Chuck Wade.

Figure 11. Le *Wade Bar* à Corona au Nouveau-Mexique.

Dès son enfance, Chuck Wade était au courant que son père en savait beaucoup plus à propos des incidents de Roswell qu'il ne lui en avait dit. Il avait sept ans lorsque tous les médias de la région ont annoncé que les militaires de la base de Roswell avaient récupéré un disque volant. Il se doutait bien que des personnes ayant été témoins des événements s'étaient confiées à son père, et à quelques reprises il lui demanda de lui raconter ce qu'il avait entendu. Malgré l'insistance de Chuck, son père refusait catégoriquement d'aborder le sujet, en lui disant qu'il avait promis de ne rien révéler à personne.

Une fois sur son lit de mort, le père de Chuck Wade accepta d'aborder le sujet des événements de Roswell. Il respecta sa parole de ne rien raconter de ce qu'on lui avait confié, mais donna à son fils les noms de toutes les personnes qui lui avaient partagé des histoires en lien avec le crash de Roswell. Chuck devait donc rencontrer lui-même chacun de ces individus et leur demander s'ils voulaient partager ce dont ils avaient été témoin. Après le décès de son père, Chuck Wade entreprit ainsi un long travail d'enquête de terrain qui se déroula sur plus de 35 ans. Il rencontra plusieurs témoins directs de ces incidents particuliers s'étant produits dans les années 1940. Ses recherches révélèrent que le fameux crash du 4 juillet 1947 près de Corona n'était qu'un événement parmi d'autres, et que les militaires étaient directement impliqués dans ces écrasements, dans la récupération de débris, d'humanoïdes et de vaisseaux entiers.

Il y avait même des individus mandatés spécifiquement de faire taire les témoins et de les menacer suffisamment pour qu'ils gardent le silence. À partir des informations provenant de différents témoignages, Chuck Wade avait été en mesure d'identifier sept sites de crashs d'ovnis dans le seul état du Nouveau-Mexique. Sans trop entrer dans les détails, car chacun d'eux peut faire l'objet d'un livre à lui seul, nous allons regarder brièvement chacun de ces événements dans l'ordre chronologique.

#1. Le crash de San Antonio – août 1945

Le premier crash serait survenu près d'un ranch à San Antonio, une ville située à une cinquantaine de kilomètres du site Trinity, lieu du test de la première bombe atomique en juillet 1945. Les témoins, Reme et Jose, avaient respectivement 7 et 9 ans au moment de cet incident, qui aurait eu lieu en août 1945. Sur le site de l'écrasement, les deux garçons ont vu un vaisseau de forme ovoïde d'une dizaine de mètres de longueur, ainsi que deux humanoïdes. L'ufologue Paola Harris a enquêté sur cette affaire et a partagé les informations qu'elle avait amassées dans le livre *Born on the Edge of Ground Zero, Living in the Shadow of Area 51.*[3] En juillet 2021, soit vingt ans après la publication de cet ouvrage, Paola Harris se joint au scientifique français Jacques Vallée et ils publient, *TRINITY: Le secret le mieux gardé.*[4] Voici un court résumé de ce livre :

Deux chercheurs expérimentés – Paola Harris et Jacques Vallée – ont reconstitué l'histoire de l'accident qui a causé la découverte d'un engin endommagé sur un ranch du Nouveau Mexique un mois après l'explosion de la première bombe atomique et deux jours après la reddition du Japon qui mit fin à la Seconde Guerre Mondiale. Leur analyse, basée sur des interviews détaillées avec trois témoins et sur des éléments extérieurs qui démontrent l'authenticité des rapports, explique comment le cas a pu rester secret pendant 65 ans. Son étude sur le terrain et en laboratoire conduit à une profonde révision de l'histoire contemporaine. Elle invite à de nouvelles interrogations sur les intentions de nos « visiteurs » et la nature de leur extraordinaire technologie.

#2. Le crash des plaines de San Augustin – 1er juillet 1947

Le second s'est produit dans les plaines de San Augustin le soir du 1er juillet 1947. Il y avait plusieurs témoins répartis en trois groupes : un archéologue et ses cinq étudiants, la famille Anderson composée de cinq personnes, et Barnet Barnett du Service de Conservation des Sols. Le vaisseau légèrement endommagé d'une fissure mesurait environ 10 mètres de diamètre. Il y avait quatre humanoïdes : un vivant, un blessé et deux morts. Jusqu'en 2004 Art Campbell était un des enquêteurs principaux de cette affaire jusqu'à ce que Chuck Wade et sa femme se joignent à lui. Chuck Wade, à l'aide de l'équipe qu'il avait constituée, a fait en tout neuf expéditions de fouille dans les plaines de San Augustin.

Ce dernier a donné plusieurs présentations et a créé un site web pour partager les informations qu'il avait tirées de ses recherches. Lorsque j'ai rencontré Chuck la première fois et qu'il m'a accordé une entrevue, celle-ci portait presque exclusivement sur ce site particulier. Il en sera question un peu plus loin. Quant à Art Campbell, ce dernier a écrit un livre entier sur l'histoire du crash des plaines de San Augustin et des analyses des débris récupérés sur ce site : *Finding the UFO Crash at San Augustin: Isotopic Metal Analysis Not of This World.*[5]

#3. Le crash de Roswell – 4 juillet 1947

Le troisième, nommé Haut/Corso par les chercheurs, se serait produit le 4 juillet 1947 à 23h17. D'après Chuck Wade, c'est ce site qui aurait fait la une des journaux locaux après que Walter Haut, alors officier des relations publiques de la base de Roswell, eut reçu l'ordre de publier un communiqué dans lequel il était inscrit que l'armée avait récupéré un disque volant. Sur les instructions du colonel Blanchard, Haut aurait transmis personnellement le communiqué de presse à deux stations de radios en premier, et à deux quotidiens par la suite. Ce dernier est venu confirmer ces informations grâce à deux affidavits, un signé en 1993 et l'autre signé en 2002.

Dans le premier, on y retrouve les informations décrites précédemment, et Haut y exprime sa conviction que le matériel récupéré proviendrait d'un vaisseau de l'espace.[6] Dans le second affidavit, lequel n'a été rendu public que quelques années après le décès de Walter Haut, à sa demande, on y retrouve beaucoup plus de détails. Il était question notamment d'une réunion s'étant tenue le 8 juillet 1947, où lui, Jesse Marcel, les colonels Blanchard et DuBose, le général Ramey ainsi que trois autres officiers discutaient de l'immense champ de débris situé à environ 75 miles au nord-ouest de Roswell (site #4). Des artéfacts provenant de ce site étaient distribués aux officiers présents afin qu'ils les manipulent et donnent ensuite leur opinion.

Aucun d'entre eux n'a été en mesure d'identifier ces débris, dont certains affichaient des inscriptions inconnues et démontraient des propriétés physiques non communes. Il était également question d'un second site d'écrasement situé cette fois-ci à seulement 40 miles au nord de la ville (site #3). Voici un bref extrait de l'affidavit de Walter Haut où il raconte que le colonel Blanchard lui aurait montré ce qu'ils avaient récupéré sur ce deuxième site :

(12) Avant de quitter la base, le colonel Blanchard m'a amené personnellement au Building 84, un hangar de B29 situé du côté est du tarmac. En approchant de la bâtisse, j'ai remarqué que celle-ci était sous étroite surveillance, autant de l'extérieur que de l'intérieur. Une fois à l'intérieur, on m'a permis de regarder à distance l'objet qu'on venait juste de récupérer au nord de la ville. Il avait approximativement entre 12 et 15 pieds de long, un peu moins large, environ 5 pieds de haut et plutôt en forme d'œuf. L'éclairage était faible, mais la surface semblait métallique. Il n'y avait pas de vitre, hublot, aile, queue ou train d'atterrissage visible.

(13) Toujours à distance, j'ai été en mesure de voir quelques corps sous des bâches en toile. Seules les têtes sortaient de la couverture et je n'ai été capable de discerner aucun détail. Les têtes semblaient plus larges que la normale et le contour du canevas sur les corps laissait entrevoir la taille d'un enfant de dix ans. À une date ultérieure dans le bureau de Blanchard, il a étendu son bras à environ quatre pieds du sol pour indiquer la taille.[7]

Pour ce qui est du crash comme tel, selon le témoignage de deux autres personnes qui étaient des enfants à l'époque, il y aurait eu trois flashs dans les airs à environ trois secondes d'intervalle, suivis de trois crashs distincts. Ils étaient dans une voiture en direction nord au moment de l'incident et arrivaient de Carlsbad. Toujours selon ces témoins, l'intensité des flashs lumineux était telle qu'elle illuminait toute la plaine et les montagnes environnantes. Les sites #3, #4 et #5 sur la carte à la figure 10 seraient les lieux où se seraient écrasés simultanément les trois ovnis.

#4. Le champ de débris de Corona – 4 juillet 1947

Le site #4 fait partie des trois sites où trois ovnis se sont écrasés simultanément. Il s'agit également de l'endroit où le responsable du Ranch Foster, Mac Brazel serait tombé sur une immense étendue de débris mesurant environ 200 mètres de large par 1200 mètres de long. Ce site était situé à moins de 50 kilomètres du village de Corona. En plus d'une importante quantité de débris, un vaisseau en forme de disque de 30 mètres de diamètre aurait été récupéré à cet endroit. Chuck Wade avait déjà produit un affidavit en lien avec cet incident qui était exposé parmi d'autres au musée de Roswell, et dont voici un extrait traduit:

Mon nom est Charley E. (Chuck) Wade. Je suis né le 23 octobre 1939. Mon père, Jesse Wade, était propriétaire du Wade Bar à Corona, Nouveau-Mexique, pendant 42 ans jusqu'à sa retraite en 1976. Toute ma vie mon père m'a relaté l'histoire suivante plusieurs fois jusqu'à son décès le 13 avril 1978. Mon père était seul dans son bar, debout devant la porte regardant la rue principale de Corona, quand Mac Brazel est arrivé à bord de sa vieille camionnette. Mac a dit à mon père que quelque chose s'était écrasé près du ranch où il travaillait et a demandé à mon père de fermer le bar et d'aller avec lui pour voir ce que ça pouvait être.

Mac disait que ce qui était là était différent de tout ce qu'il avait vu jusqu'à présent. Mon père a refusé malgré la persistance de Mac et lui a suggéré qu'il rapporte cette information aux militaires de Roswell. Peu de temps après que Mac eut parlé du crash à mon père, mon père a vu Mac qui conduisait une camionnette neuve, et après ça il a quitté le ranch Foster et s'est acheté une boucherie à Alamogordo. Mon père se demandait si le gouvernement l'avait payé pour son silence, car avant le crash il n'avait jamais un rond devant lui. Mac n'a jamais parlé du crash à mon père après son retour de Roswell.

#5. Le témoignage de Jim Ragsdale – 4 juillet 1947

Le cinquième incident a été observé par Jim Ragsdale et sa copine dans la soirée du 4 juillet 1947. Il s'agirait du troisième crash ayant eu lieu dans la soirée du 4 juillet à être lié à l'observation des trois flashs décrits plus haut. Ces deux témoins auraient vu un immense flash de lumière dans le ciel dont la luminosité était comparable à celle d'un arc électrique de soudure.

Ensuite, ils ont vu un objet descendre en laissant une grande trainée incandescente derrière lui, et finir sa course en s'écrasant au sol. Ils se seraient immédiatement rendus sur les lieux de l'écrasement et y auraient vu un vaisseau en forme de disque d'environ six mètres de diamètre ainsi que quatre humanoïdes morts à l'intérieur. Ce site est situé à environ 85 kilomètres à l'ouest de Roswell au pied de Capitan Mountains. L'ovni aurait été récupéré la nuit même par des militaires. Le témoignage de Ragsdale a été enregistré par sa fille quelques jours avant son décès et a ensuite été rendu disponible en format vidéo avec pour titre *Roswell - The Naked Truth: The Jim Ragsdale Story.*[8] Comme plusieurs témoins des événements entourant les crashs du Nouveau-Mexique, des détracteurs ont tenté de discréditer Jim Ragsdale et son histoire.

#6. Le site alternatif – 4 juillet 1947

Le site #6 est appelé site alternatif par les enquêteurs. Les enquêteurs sur ce cas sont Chuck Zukowski et Debbie Ziegelmeyer du MUFON. Ils ont filmé le témoignage d'une dame qui disait avoir déménagé à Roswell la fin de semaine du 4 juillet. Selon ce témoin, il y avait beaucoup de militaires sur sa propriété cette fin de semaine-là, mais ils n'ont jamais voulu dire ce qu'ils y faisaient.[9]

L'objet récupéré à cet endroit serait de forme ovoïde et mesurait environ 7.5 mètres de longueur avec cinq occupants décédés à son bord. Un certain Frank Kaufman aurait également transmis des informations sur ce site, mais celles-ci sont contradictoires. Kaufman aurait travaillé pour le contre-renseignement militaire à l'époque et il est possible que ses informations n'aient servi qu'à semer la confusion parmi les chercheurs, ce qui est chose courante dans le domaine. Kaufman n'aurait pas été témoin de cet événement, mais ne rapportait ce qu'il avait entendu. Il est décédé en février 2001.

#7. Le crash d'Aztec – 25 mars 1948

Ce septième et dernier crash serait survenu à Hart Canyon, à environ six kilomètres au nord de la ville d'Aztec. Des militaires venus du Colorado y auraient récupéré un vaisseau en forme de disque de 30 mètres de diamètre ainsi que seize humanoïdes.[10] Cet incident a donné lieu à un premier livre dès 1950, *Behind The Flying Saucers: The Truth About The Aztec UFO Crash*.[11] En janvier 2011, un second livre a été publié par Scott et Suzanne Ramsey, avec pour titre : *The Aztec UFO Incident.*[12]

Une entrevue improvisée

Il semblait excité de me montrer les morceaux qu'il avait lui-même récupérés au cours d'une expédition sur l'un des sites de crash. Je n'étais pas vraiment préparé, car je n'avais pas prévu filmer d'entrevue lorsque nous avons décidé de partir en voyage aux États-Unis. Nous nous sommes débrouillés avec les moyens du bord, et j'ai filmé l'entrevue à l'aide de mon ordinateur portable. La qualité de l'enregistrement vidéo était très médiocre, mais je savais que je n'arriverais pas à tout retenir en prenant des notes tant il y avait de l'information.

Aujourd'hui, sept ans après cette entrevue, je suis bien content d'avoir pu en filmer une partie, car avec le temps la mémoire peut nous faire défaut et il est important dans ce domaine de rapporter les faits avec le plus d'exactitude possible. De plus, le récit de Chuck Wade est des plus passionnants et mérite qu'on s'y attarde un peu, ne serait-ce que pour comprendre que le secret sur la réalité ovni n'est pas chose récente, et comprendre ses origines permet d'aborder avec plus de clarté la situation actuelle en lien avec ces observations. Voici un extrait de l'entrevue de Chuck Wade à Corona le 28 juillet 2013 :

Chuck Wade – *Je suis né ici dans le petit village de Corona, Nouveau-Mexique en 1939, j'avais donc 7 ans en 1947 lorsqu'un ovni s'est écrasé à environ 30 miles au sud-est de ce village. Mon père est arrivé à Corona en 1912, au moment où le Nouveau-Mexique est devenu un état américain. Il est né au Texas le 2 février 1902. Il est venu au Nouveau-Mexique dans un charriot couvert et il est resté dans un hôtel à environ 20 miles à l'est de Corona. Il a ensuite déménagé ici à Corona et il a acheté le bar du village qu'il a opéré pendant 42 ans.*

Donc, mon père savait absolument tout! Mais il ne disait rien à personne, il n'en a jamais parlé. Ce que je suis sur le point de te dire est la chose qu'il ne m'a jamais dite. Mais il savait tout, parce que les gens sous l'effet de l'alcool ont tendance à parler. Mon père avait comme politique de ne rien partager de ce qu'il avait entendu. Mon père est décédé en 1978 et le livre L'incident de Roswell *est sorti en 1980. Si mon père avait lu ce livre, il aurait pu remplir de nombreux trous.*

De mon point de vue, ce livre est carrément à côté de la plaque, totalement imprécis, mais ceci était le commencement et les auteurs devaient avoir une théorie. Leur théorie ne tenait pas la route, mais ils n'ont jamais voulu la changer. Il y a eu deux crashs, mais pas dans la même journée! Ils disaient qu'un s'était écrasé près d'ici à Corona et le second dans les plaines de San Augustin. Parce qu'ils avaient trouvé un gars qui était au courant du crash dans les plaines de San Augustin. Ils n'en savaient pas beaucoup, mais ils étaient au courant. Donc, leur théorie était que deux d'entre eux sont entrés en collision; un est allé s'écraser à Corona et l'autre dans les plaines de San Augustin.

J'explore les plaines de San Augustin depuis 2004. J'ai été là neuf fois et nous avons déterré et récupéré des artéfacts de ce vaisseau. Trois fois j'ai été là sur les plaines de San Augustin avec monsieur Gerald Anderson. Et Gerald Anderson avait cinq ans en 1947. Et il était un témoin de cet ovni abattu. Il a vu ça et dans l'image que j'ai ici (figure 12), *c'est une reproduction d'artiste de ce qu'avait l'air l'endroit d'après Gerald Anderson. Ça ne provient pas de l'imagination de l'artiste, c'est la reproduction de ce que Gerald Anderson avait vu.*

Figure 12. Reproduction de la scène du crash de San Augustin.

On y retrouve un vaisseau avec une fissure et quatre extraterrestres en dessous; un qui était totalement vivant, un blessé et deux morts. Il y avait plusieurs personnes présentes et il s'agissait de la famille Anderson. Gerald avait un cousin environ du même âge que lui, son frère ainé était là, il avait environ 18 ou 19 ans, son père et le frère de son père aussi étaient là. Ils étaient tous là et ils arrivaient d'Albuquerque. Et aussi, il y avait un groupe d'archéologues qui travaillaient sur un site appelé Bat Cave. Et Bat Cave est situé à environ 10 miles à l'est de ce site d'écrasement. Et ces archéologues ont vu ce qu'ils croyaient être une météorite tomber vers onze heures le soir du 1er juillet 1947, mais c'était celui-ci [l'ovni des Plaines de San Augustin]. *Mais* [l'armée] *ne l'a trouvé que le 2 juillet en avant-midi.*

Marc St-Germain – *Donc, ils savaient.*

CW – *Ils savaient qu'ils étaient pour le faire tomber. Ils étaient donc prêts à le récupérer. Nous ne savons même pas d'où ils provenaient* [les militaires]. *Ils ne provenaient pas de ce secteur, mais je vais émettre l'hypothèse qu'ils provenaient de la base de l'armée de l'air Edwards en Californie. J'ai entendu dire qu'un vaisseau était arrivé là, mais qu'il n'y était resté que quelques jours pour ensuite être envoyé ailleurs, mais je ne sais pas où c'est allé. Et je ne sais pas où aucun d'eux n'est allé et un de mes buts est de découvrir ce qu'il en est advenu.*

Donc, celui des plaines de San Augustin s'est écrasé le 1er juillet 1947 et a été trouvé le 2 juillet 1947, mais il ne s'agissait pas du premier vaisseau. Reculons jusqu'au tout début quand tout ceci a commencé. Et je crois que le commencement de toute cette histoire s'est produit à un endroit nommé San Antonio au Nouveau-Mexique. Et San Antonio est très près du site Trinity où il y a eu l'essai de la première bombe atomique. Ce qui est arrivé c'est que la première bombe atomique fût testée le 16 juillet 1945 et quoi que ce soit qui s'est produit à Trinity, il y avait un autre endroit appelé Oscuro Peak situé au sud.

MSTG – *Oui je l'ai vu quand nous étions sur la route hier. Nous nous y sommes arrêtés pour prendre quelques photos, car dans un des documents ils utilisent Oscuro Peak comme point de référence pour aider à localiser un des sites de crashs.*

CW – *Ah Ok. Ils avaient un visuel, mais ils avaient également un des premiers systèmes radars là-bas.*

MSTG – *Là sur cette montagne?*

CW – *Oui, sur Oscuro Peak. Donc, environ un mois plus tard en août 1945 il y avait un ovni qui se promenait autour du site Trinity, et ce que je crois qui est arrivé c'est que cet ovni s'est fait toucher par le faisceau du radar et s'est écrasé. Cela a eu pour conséquence d'apprendre au gouvernement des États-Unis que les ovnis pouvaient être descendus avec des radars.*

Donc le premier a été descendu au mois d'août 1945 et il y avait deux jeunes garçons, un de sept ans l'autre de neuf ans, qui ont été témoins de la scène. Ils étaient en train de chercher une vache qui était sur le point d'accoucher lorsqu'ils ont entendu un bruit assourdissant comme une explosion. Ils se sont donc rapprochés de l'autre côté de la montagne pour voir ce que c'était. Ils ont vu un vaisseau de forme ovoïde qui s'était écrasé ainsi que deux petits êtres. Ils sont ensuite partis pour aller avertir leur père qui à son tour a averti les militaires. Les militaires étaient là peu de temps après et ont tout emporté la semaine suivante. Les deux garçons se sont faufilés et ont été en mesure d'observer les militaires qui nettoyaient la zone. Un des deux garçons est décédé au mois de juin cette année.

Ce qui est arrivé ensuite est qu'ils ont construit trois radars haute-portée. Deux d'entre eux étaient fixes et l'autre était mobile. Maintenant ce que je vais dire est hypothétique, car honnêtement je ne sais pas. Il n'y a aucune façon de savoir. Ils savaient qu'ils pouvaient les descendre, ils ont donc pris l'unité mobile qu'ils avaient conçue au site d'essais balistiques de White Sands et ils l'ont amenée aux plaines de San Augustin. Les plaines de San Augustin est un ancien lit lacustre d'environ 500 miles carré avec de grandes montagnes tout autour, et si on monte sur l'une de ces montagnes on y voit toutes les plaines et on a une vue de presque 360 degrés, et toute cette zone couvre environ entre 1200 à 1400 miles carrés. C'est plus grand que l'état du Rhode Island et je crois que le gouvernement savait qu'il y avait un ovni qui se trouvait souvent à l'intérieur de cette zone. Mais ils avaient des radars à White Sands et à la base aérienne de Kirtland. Ensuite le président a dit : « Descendez-en un. » Ils ont donc pris cette unité mobile, l'ont amené là-bas et ont descendu ce vaisseau.

Et ils l'ont fait tomber à 11 heures le soir le 1er juillet 1947. Et pourquoi je peux dire ça, c'est parce que les archéologues qui travaillaient là à Bat Cave le 1er juillet, à leur réveil le lendemain matin le soleil reluisait sur tous les débris d'aluminium. Des milliers et des milliers de morceaux d'aluminium qui reluisaient, donc ils ont marché au travers, mais ne savaient pas ce que c'était. Et ensuite la famille Anderson d'Albuquerque était là et Gerald Anderson a dit qu'il avait scruté le site et qu'il avait même touché un des extraterrestres. Il avait cinq ans, il croyait qu'il s'agissait d'une poupée jusqu'à ce qu'il y touche... Puis il a regardé autour et il y avait plein de bouts de ce qui était en fait de la fibre optique, mais il croyait qu'il s'agissait d'une queue de cheval et s'est dit : « Comment ont-ils pu faire entrer un cheval dans cette chose? »

Peu de temps après, l'archéologue de *Bat Cave* et ses cinq étudiants arrivèrent sur les lieux du crash. Barney Barnett du Service de Conservation des Sols est arrivé presque au même moment en camionnette. Toutes ces personnes ont commencé à discuter ensemble avec la famille Anderson autour des débris et du vaisseau jusqu'à ce qu'un véhicule militaire arrive suivi d'un camion rempli de polices militaires. Ceux-ci ont débarqué du camion et ont ensuite encerclé le groupe en leur disant de quitter les lieux sur un ton menaçant. Les policiers militaires leur ont également dit de ne rien dire de ce qu'ils avaient vu en les menaçant de mort s'ils venaient à parler.[13]

Les artéfacts du crash de San Augustin

Vers la fin de notre repas, Chuck Wade et moi nous sommes dirigés vers une autre table où sa conjointe Nancy avait étalé des artéfacts et des documents. Annie prenait des photos tandis que je manipulais les items un à un en écoutant les explications de Chuck.

CW – *Celui-là, nous l'avons trouvé en avril l'année passée* [figure 13 – item B]. *Je suis convaincu que ça provient d'un ovni. Et celui-ci, c'est Gerald Anderson, le gars qui était là en 1947, qui l'a découvert. Il opérait le détecteur de métal et il a trouvé un point chaud, donc Nancy et moi étions à genou pour fouiller le sol, il y avait également une botaniste avec nous et elle l'a déterré* [figure 13 – item A]. *Ensuite, un photographe professionnel était là pour photographier tout ça.*

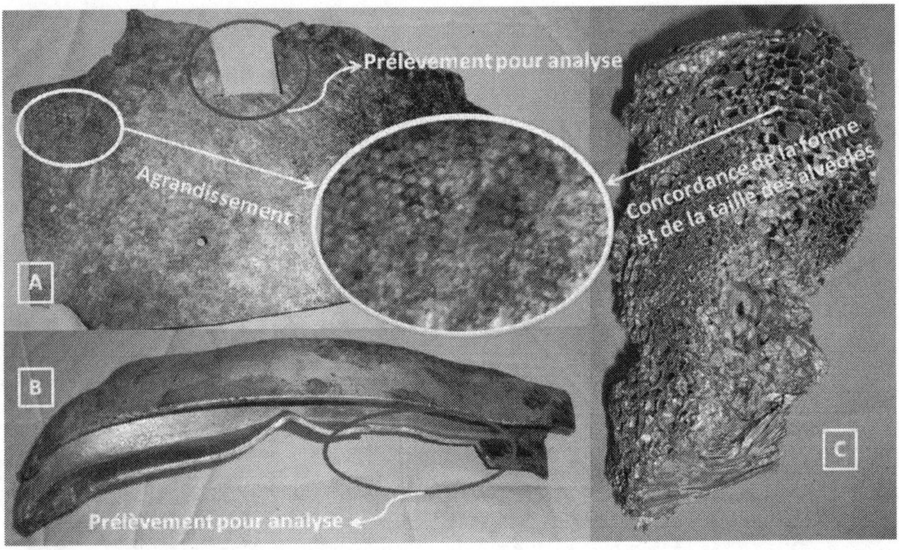

Figure 13. Photos prises lors de l'entrevue de quelques artéfacts récupérés par Chuck Wade et son équipe sur les plaines de San Augustin. Item A) : découvert en 2011, B) découvert en avril 2012, C) découvert en 2011. Crédit photo : Annie Desgagné.

MSTG – *Donc, tous ces artéfacts proviennent des plaines de San Augustin?*

CW – *Oui, de San Augustin. Et lorsque tu prendras des photos de ça, tu verras que cette chose est courbée, elle a donc un rayon* [item B].

MSTG – *Est-ce que ceci fait partie de la structure?*

CW – *Oui, ça fait partie de la structure.*

MSTG – *Oh celui-ci est léger!*

CW – *Oui, ce morceau provient de l'intérieur de la coque* [item C]. *La paroi externe a environ 1/8e de pouce d'épaisseur* [item A], *mais cette chose-là* [item C], *je crois que ça fait partie du système de propulsion. Il a des trous à six côtés et chacun d'eux a un couvercle auquel sont attachés cinq petits fils. C'est absolument magnifique quand tu regardes avec une loupe.*

MSTG – *Celui-là vous l'avez trouvé en 2011?* [item A]

CW – *Oui.*

MSTG – *Et pourquoi c'est également inscrit 5 décembre 2012?*

CW – *C'est la journée que nous l'avons découpé.*

MSTG – *Pour analyse?*

CW – *Oui, à chaque fois que nous les découpons nous enregistrons la date dans une base de données.*

MSTG – *Ah très bien, et où les avez-vous envoyés pour analyse?*

CW – *À plusieurs endroits, à des laboratoires.*

MSTG – *Et avez-vous eu des retours d'analyses?*

CW – *Oui nous en avons eu. Je dois dire que c'est extrêmement complexe. Chacun d'eux est extrêmement complexe et constitué de plusieurs éléments.*

Nous avons ensuite regardé les différents rapports d'analyses dont Chuck Wade disposait et j'étais bien content d'avoir des connaissances de base en chimie isotopique, car je n'aurais probablement pas été en mesure de confirmer que certains des éléments constitutifs de ces artéfacts ne pouvaient provenir de la Terre tant le facteur différentiel était grand. Il y avait également la façon dont les trois items, étant donné leur taille et leur forme, semblaient déjà avoir été réunis ensemble. Ils pouvaient provenir du même « aéronef » quoiqu'il fût à l'origine. Mais l'item C était à la fois le plus énigmatique et le plus révélateur, car en analysant ses composantes il était assez facile de comprendre qu'il s'agissait d'un emplacement où passait du courant électrique. Chaque alvéole de l'item C, qui sont tous reliés entre eux par une mince paroi métallique de l'épaisseur d'une feuille d'aluminium, font environ de 5 mm de diamètre par 45 mm de longueur. Cet item à lui seul représente une incroyable complexité en termes de propriété physique et de composition chimique. Mais ce qui est encore plus incroyable c'est lorsqu'on l'analyse d'un point de vue technologique. Toutes les cellules en forme d'alvéoles étaient, semble-t-il, traversées par cinq minuscules fils métalliques, lesquels étaient fixés à chacun des bouts grâce à un bouchon fait de plastique ou de résine (figure 14). Lorsqu'on regarde l'item A de la figure 13, ainsi que l'agrandissement correspondant, on peut voir que l'item C était fixé directement sur cette paroi métallique.

Ce qui veut dire que, peu importe ce qui était l'engin ou le vaisseau d'origine, toute sa coque était reliée par un réseau électrique complexe qui permettait des fonctions technologiques dont aucun aéronef connu n'est doté actuellement. Pour bien comprendre la complexité de cette technologie, il faut prendre note qu'il y avait un fil à presque chaque 2 mm carré de la paroi externe du véhicule, et que chacun de ces fils, qui devaient avoir une fonction spécifique, était nécessairement connecté vers un réseau interne pour contrôler le tout. Si, comme le disait Wilbert Smith,[14] ces vaisseaux fonctionnent sur des principes électromagnétiques et qu'ils génèrent un intense champ électromagnétique autour d'eux lorsqu'ils sont en fonction, il est fort probable qu'une partie de leur structure externe soit en mesure de recevoir du courant électrique pour générer un tel champ tout autour d'eux.

Figure 14. Agrandissement de l'item C.

Étant donné que l'électromagnétisme est directement lié au champ gravitationnel, cette technologie permettrait d'utiliser l'électromagnétisme à des fins de propulsion. Il s'agirait en fait d'un principe similaire à celui de la planète Terre, qui grâce à son noyau interne et à sa rotation génère un immense champ électromagnétique autour d'elle. En dépit du fait que notre planète se déplace à 100 000 km/h autour du Soleil à l'intérieur d'un système qui se déplace encore plus rapidement, nous n'avons aucun effet de ce déplacement, car tout ce qui se retrouve à l'intérieur de son champ électromagnétique devient « inerte » d'un point de vue de l'accélération.

C'est probablement pour cette raison que les ovnis peuvent avoir des performances de vol incroyables sans que ses occupants ne soient pulvérisés sous la force d'accélération. Les occupants de ces vaisseaux seraient donc à l'intérieur d'un champ électromagnétique généré par le vaisseau lui-même, qui servirait à la fois de système de propulsion et de protection contre les accélérations. Les recherches subséquentes que j'ai faites pour déterminer si cet objet provenait d'une technologie connue m'ont convaincu que rien en ce moment dans les domaines aéronautique ou aérospatial ne s'en rapproche de près ou de loin en termes de complexité technologique. Il est vrai cependant que ces artéfacts peuvent provenir de véhicules d'essais des programmes spatiaux clandestins, mais même si c'était le cas, la question demeure la même : comment expliquer les anomalies de ratios isotopiques des éléments retrouvés dans ces débris?

Tout comme Chuck Wade le mentionnait au cours de l'entrevue, il est possible que ceci fasse partie du système de propulsion de l'ovni qui s'est écrasé le 1er juillet 1947 dans les plaines de San Augustin. Pour ce qui est de la composition chimique du métal de l'item C, les conclusions des analyses sont assez éloquentes : « Les ratios isotopiques de trois éléments de l'échantillon W-1 (antimoine, cuivre et nickel) étaient extrêmement anormaux comparés à leurs ratios terrestres et il est donc fortement probable que ces échantillons soient de source extraterrestre. Ces résultats d'écarts isotopiques extrêmes sont similaires à ceux obtenus de soi-disant implants extraterrestres et d'une pièce supposée provenir de débris du crash de Roswell, laquelle a été analysée par le Dr Russel Vernon Clark ».[15]

En dépit de la solidité de ces preuves plus que substantielles, Chuck Wade a été attaqué à de nombreuses reprises par des détracteurs. Ceci semble être la norme dans le domaine de l'ufologie, et il existe très peu de cas d'envergure qui n'ont pas été la cible d'individus dont le mandat est de discréditer ceux et celles qui se rapprochent un peu trop de la vérité.

Ce petit arrêt imprévu à Corona ainsi que notre rencontre avec Chuck Wade furent le couronnement de cette petite expédition ufologique au Nouveau-Mexique. J'étais tout à fait comblé d'avoir rencontré cet individu ainsi que sa conjointe, lesquels ont été d'une gentillesse incroyable. Nous devions toutefois continuer notre route, car nous avions encore beaucoup de chemin à faire pour nous rendre au Grand Canyon et encore plus pour revenir à la maison. Mais malgré toutes ces longues journées sur la route, nous avons tant aimé ce voyage et les surprises que cela nous a apportées que nous avons reproduit l'expérience deux ans plus tard. Ce second *road trip* nous amena cette fois aux limites de la Zone 51 au Nevada.

Cette rencontre me motiva encore plus à continuer mes recherches et à enquêter sur le phénomène ovni. Comme je tenais également à partager le plus rapidement possible ces nouvelles informations, j'organisai une nouvelle conférence que je présentai dans ma localité. Cette conférence me fit rencontrer de nouveaux témoins d'observation qui n'avaient jamais parlé de leur expérience auparavant, sauf à des proches. Petit à petit, les gens du coin commençaient à s'ouvrir et me racontaient non seulement leur observation, mais me donnèrent les noms d'autres personnes ayant eu des expériences similaires. Je n'étais pas natif de la place et j'étais loin de me douter que cette région avait été l'hôte de tant d'événements de nature ufologique. S'agissait-il d'un lieu plus propice à ce genre d'événements ou était-ce quelque chose qui se produisait à grande échelle? Tant de questions nécessitaient qu'on y réponde… Les années qui suivirent furent plus fécondes en termes de témoignages et d'informations partagées que je ne l'aurais jamais imaginé.

---

[1] David RUDIAK, Roswell Proof, 2011. http://www.roswellproof.com/

[2] Brigadier-général (ret.) Thomas J. DUBOSE, Affidavit, Roswell, Nouveau-Mexique, 16 septembre 1991.

[3] Remigio BACA, Born on the Edge of Ground Zero, Living in the Shadow of Area 51, Independant Publisher Services, 8 juin 2011.

[4] Jacques F. VALLÉE et Paola HARRIS, TRINITY: Le secret le mieux gardé, 31 juillet 2021.

[5] Art CAMPBELL, Finding the UFO Crash at San Augustin: Isotopic Metal Analysis Not of This World, 15 décembre 2013.

[6] Karl T. PFLOCK, Roswell in Perspective, Fund for UFO Research, 1994.

[7] Thomas J. CAREY & Donald R. SCHMITT, Witness to Roswell, pp. 285-286, 2009.

[8] Roswell - The Naked Truth: The Jim Ragsdale Story, 22 septembre 2004.

[9] Chuck WADE, Seven UFO Crashes & Retrievals in New Mexico 1945-1948, Lecture Presented to Highlands Ranch Historical Society, June 17, 2017.

[10] Project Camelot - Chuck Wade: Beyond Roswell, 29 mars 2012, https://www.youtube.com/watch?v=YoilYmYd1EA.

[11] Frank SCULLY & Sean CASTEEL, Behind The Flying Saucers: The Truth About The Aztec UFO Crash, 1950.

[12] Scott & Suzanne RAMSEY, The Aztec UFO Incident : The Case, Evidence, and Elaborate Cover-up of the Most Perplexing Crashes in History, 21 December 2015.

[13] Chuck WADE, Seven UFO Crashes & Retrievals in New Mexico 1945–1948, Lecture Presented to Highlands Ranch Historical Society, June 17, 2017.

[14] Wilbert SMITH, Géomagnétisme-Mémo au Contrôleur des Télécommunications, page 1, 21 novembre 1950, boîte # 1126.2, Fonds Arthur Bray #X30-3, Archives et collections spéciales, Université d'Ottawa.

[15] Steve COLBERN, Analysis Report on Metal Samples from the 1947 UFO Crash on the Plains of San Augustin, New Mexico, 14 October 2010, p.33.

CHAPITRE III
OBSERVATIONS D'OVNIS À LA MINERVE DU 1ER AU 4E TYPE

La Minerve est un petit village bucolique situé à la limite nord-ouest de la MRC des Laurentides. Bien que la population de ses résidents permanents ne soit que d'un peu plus de 1200 habitants, celle des villégiateurs y est de près de 8000 en période estivale.[1] C'est probablement en raison de ses nombreux lacs et de l'immensité de son territoire qui fait plus de 328 km^2 que tant de gens y viennent pour vivre l'expérience de la vie en forêt. À titre comparatif, la superficie du territoire de La Minerve est de 1.33 fois celle de l'île de Laval, qui fait 246.14 km^2 au total.[2] Pour ce qui est de la densité de population, La Minerve compte environ quatre habitants au km^2 contre 1795 habitants au km^2 pour la Ville de Laval.[3] De plus, la portion ouest du territoire de La Minerve est bordée par la Réserve faunique Papineau-Labelle, qui compte également une immense superficie boisée à très faible densité de population. Étant donné l'immensité du territoire, ses habitants ont pris pour habitude de séparer celui-ci en secteurs délimités par des lacs majeurs : lac Minerve, lac Désert, lac Chapleau, lac-à-la-truite, lac aux castors, etc. Même si cette façon de diviser le territoire de La Minerve n'est visible sur aucune carte officielle, elle est utilisée systématiquement par la très grande majorité de ses habitants.

Outre ces détails démographiques et géographiques, La Minerve compte de nombreux témoins d'observation d'ovni. Il est difficile pour l'instant de savoir si ce nombre de cas d'observation est supérieur à la moyenne régionale ou provinciale, car le fait que j'habite moi-même la région a certainement contribué à augmenter les données statistiques liées à ceux-ci. Il est possible que la proportion des cas d'observation d'ovni soit semblable d'une région à l'autre, mais il faudrait réaliser une enquête statistique poussée pour réussir à le déterminer avec davantage de certitude. Dans un cas comme dans l'autre, il est cependant évident qu'il y a beaucoup de témoins d'observation d'ovni qui ne prendront pas la peine de rapporter leur expérience à un organisme qui collecte ce type d'information. La plupart du temps, ces personnes ne savent pas que de tels organismes existent et le facteur « peur du ridicule » contribue également à restreindre les cas qui leur sont rapportés.

J'ai eu la chance d'obtenir plusieurs témoignages de résidents de La Minerve en partie grâce à des événements que j'y ai tenu, mais aussi par le bouche-à-oreille. Les gens du coin avaient enfin quelqu'un pour écouter leur histoire sans craindre d'être ridiculisés ou d'être pris pour fous. Quand j'ai commencé à écouter les récits de toutes ces personnes, j'ai réalisé rapidement qu'il y avait beaucoup plus de témoins d'observation d'ovni que je ne le croyais. Je fus surpris de voir l'ampleur du phénomène dans cet endroit où j'avais décidé d'élire domicile en 2005. Étant donné qu'il arrivait parfois que je reçoive les informations en lien avec une observation d'une tierce personne et non pas du témoin lui-même, je m'assurais par la suite de rencontrer moi-même ces personnes pour obtenir leur version des faits. Voici donc quelques-uns des récits d'observation d'ovni s'étant produit sur le territoire minervois et reproduits tel qu'ils m'ont été partagés.

Les systèmes de classification

Avant d'entamer ce chapitre où il sera question de différents types de cas d'observation d'ovni, il est nécessaire d'expliquer brièvement comment ceux-ci sont classifiés. Le professeur J. Allen Hynek fut un des premiers scientifiques à développer une méthodologie de recherche des cas d'observation d'ovni et à instaurer une classification permettant de distinguer des types particuliers.[4] Cet astronome, qui fut conseiller scientifique des projets *Sign* et *Blue Book*, avait le mandat de trouver des explications astronomiques pour certains rapports d'observation d'ovni reçu par l'armée de l'air des États-Unis dans les années 1940, 1950 et 1960.[5] Après avoir épluché des centaines de rapports d'observation et rencontré autant de témoins, le professeur Hynek n'eut d'autre choix que de constituer des catégories afin d'y voir un peu plus clair. En premier lieu, ce dernier divisa les observations selon qu'elles aient été faites à grande distance, de nuit ou de jour : ce sont les *lumières nocturnes* (LN) et les *disques diurnes* (DD). En second lieu, si l'ovni a été vu à la fois par un radar et par un témoin oculaire, il s'agit de *radar optique* (RO). Et en dernier lieu, les rencontres rapprochées du 1er au 3e type, qui sont : 1er type – si un ovni a été vu à 150 mètres ou moins; 2e type – si un ovni a affecté l'environnement lors de son passage, et 3e type – si des entités ont été vues. Concernant les expériences de rencontres rapprochées, voici les explications du professeur Hynek à leur sujet :

Rencontres Rapprochées du Premier Type : dans cette catégorie se place la Rencontre Rapprochée simple, au cours de laquelle l'O.V.N.I. est vu de près, mais sans qu'il y ait interaction avec l'environnement (à l'exception du choc émotionnel que subit l'observateur).

Rencontres Rapprochées du Second Type : elles sont semblables aux premières, mais il s'y ajoute des effets physiques sur l'entourage, vivant ou inanimé. Il est souvent indiqué que la végétation a été écrasée, brûlée ou roussie; des branches d'arbres sont brisées; des animaux s'effraient au point même de se blesser. Des objets inanimés, principalement des automobiles, tombent momentanément en panne, le moteur s'arrête, la radio se tait, les phares faiblissent ou s'éteignent. Il est indiqué, dans ces cas précis, que dès la disparition de l'O.V.N.I. les véhicules fonctionnent à nouveau normalement.

Rencontres Rapprochées du Troisième Type : ce sont les rapports mentionnant la présence d'« occupants » dans ou autour de l'O.V.N.I. Le Troisième Type de Rencontres Rapprochées caractéristique a pour témoins les mêmes catégories de personnes que celles dont émanent les autres observations d'O.V.N.I., et correspondent donc au même éventail de la population. Pour ces témoins, l'expérience est aussi soudaine et étonnante que pour les observateurs des autres Rencontres. Ces témoins n'ont rien de « spécial ». Ce ne sont pas des fanatiques religieux, mais on trouvera plutôt parmi eux des agents de police, des hommes d'affaires, des instituteurs et autres citoyens respectables.[6]

Le fameux film de Steven Spielberg, *Rencontres du troisième type*, fait état de cette dernière catégorie de la classification d'Hynek. Pour ce qui est du 4e type ou des enlèvements (abductions) à proprement parler, le professeur Hynek, même s'il était au courant que des témoins avaient rapporté avoir vécu de telles expériences (voir le cas de Betty et Barney Hill, 1961), ce dernier n'en fit pas une classification à part entière pour autant. Il se contenta d'intégrer ces témoignages comme rencontres rapprochées du 3e type étant donné que des entités avaient été observées au cours de l'expérience.

Toutefois, Jacques Vallée, un scientifique français ayant travaillé un certain temps au côté du professeur Hynek, a développé sa propre classification en adaptant celle de son mentor à sa propre compréhension du phénomène. Vallée a ainsi constitué un tableau avec cinq classes : 1ere, observation; 2e, effet physique; 3e, observation d'entités; 4e, transformation de la réalité; et 5e, blessure ou mort. Il a également pris en considération le déplacement et la proximité des objets ou des phénomènes observés en les divisant en quatre types: anomalies, *flyby*, manœuvres et rencontres rapprochées. C'est à partir de la classification de Vallée que sont catégorisés les cas au sein du MUFON (*Mutual UFO Network*).[7] Le MUFON étant l'organisme d'enquête ufologique où j'œuvre depuis 2014.

Avec le temps, une troisième classification s'est créée, laquelle emprunte des éléments aux classifications d'Hynek et de Vallée, tout en rajoutant le phénomène des contactés. Il s'agit d'une classification pouvant être qualifiée d'« usuelle », car c'est celle qui est d'usage courant au sein de la communauté ufologique à l'échelle internationale. Il ne s'agit pas d'un système de classification officielle, mais plutôt d'une convention tacite. La classification usuelle est plus complète que celle d'Hynek et plus intuitive dans son application que celle de Vallée. C'est pour cette raison qu'elle est utilisée systématiquement par la majorité des ufologues. Afin d'alléger le contenu de cet ouvrage, c'est la classification usuelle qui sera utilisée. Les tableaux des trois différentes classifications sont reproduits à l'annexe I.

Mme S. : rencontre rapprochée du 3e type

En dehors des histoires de Chuck Wade, celle de Mme S. est la plus ancienne à m'avoir été rapportée. Cela s'est produit en 1947 dans le secteur du lac Bélanger, dans la municipalité de Labelle. Étant donné que le territoire de Labelle est limitrophe à celui de La Minerve et que Mme S. est une résidente de La Minerve, j'ai donc inclus son témoignage dans ce chapitre. J'ai interviewé cette dame de 80 ans le 10 août 2014, soit le lendemain d'une conférence que j'avais donnée à La Minerve. Jean-Charles Moyen, qui était un des conférenciers, s'était joint à moi cette journée-là pour m'assister dans mes enquêtes et filmer les témoins le cas échéant. Comme j'avais obtenu de nouveaux témoignages après cette conférence, j'avais décidé de prendre la journée suivante pour rencontrer ces personnes et consigner leur témoignage.

Toutefois, le cas de Mme S. ne m'était pas venu durant cet événement, mais le lendemain alors que Jean-Charles et moi dinions au restaurant du village. C'est son fils qui en premier nous raconta brièvement cette histoire particulière que sa mère lui avait partagée et qui à première vue semblait incroyable. Sa mère n'aurait vu rien de moins qu'un extraterrestre! Comme je voulais entendre cette histoire de sa bouche, je lui demandai s'il était possible pour nous de la rencontrer. Il me demanda d'attendre un instant le temps qu'il l'appelle et voir si elle voulait bien nous recevoir. Après quelques minutes, le fils de Mme S. revint et nous donna ses coordonnées en nous souhaitant bonne chance dans nos recherches. Comme Mme S.

n'habitait pas loin d'où nous étions et que nous avions du temps, nous nous sommes rendus directement chez elle avant d'aller rencontrer d'autres témoins. À notre arrivée chez elle, Mme S. nous attendait sur la galerie à l'arrière de sa maison comme son fils nous l'avait dit. Nous nous sommes présentés et nous lui avons demandé si nous pouvions filmer ou enregistrer l'entrevue, ce à quoi elle refusa catégoriquement. Mme S. a également demandé à garder l'anonymat. Nous avons respecté ses demandes et j'ai pris des notes écrites de notre entrevue dont voici un extrait :

Ça s'est passé au printemps 1947, en avril ou en mai. Il était environ 9 heures le soir. Je m'en rappelle comme si c'était hier. Le tas de fumier était gelé et je m'étais fait mal à l'épaule en jouant. J'avais 13 ans à l'époque et je vivais au lac Bélanger dans une maison qui n'avait pas l'électricité. Nous avions un gramophone dans le salon et comme je voulais écouter de la musique, j'y suis allée pour le mettre en marche. Le gramophone était situé directement à côté de la fenêtre du salon.

En installant l'aiguille, j'ai regardé par la fenêtre et là j'ai vu un être lumineux avec une grosse tête et des yeux noirs en amande. Il devait mesurer environ trois pieds de haut. Il était tellement près de moi que je pouvais voir la texture de sa peau qui ressemblait un peu à celle d'un crapaud. J'ai eu très peur et en un instant je me suis retrouvée à l'autre bout de la pièce comme si j'avais été projetée. Ça s'est passé très rapidement. J'ai ensuite crié à mon frère qui est venu sur le champ et je lui ai raconté ce que j'avais vu. Il a ensuite pris son fusil et a tiré un coup dehors en direction d'où j'avais vu l'être. Il n'y avait déjà plus rien à l'extérieur quand mon frère est sorti, mais il n'a pas pris de chance et a quand même tiré un coup avec son fusil.

L'histoire de Mme S. est connue de quelques résidents de La Minerve et la crédibilité de cette dame âgée n'est pas à débattre. Avec un peu de recul et en regardant ce récit d'un point de vue historique, on ne peut que constater le lien entre les événements de

Roswell de juillet 1947 et l'histoire de Mme S. Il y a concordance tant au niveau de la date qu'au niveau du type d'être observé. Ce n'est que plusieurs années après ces événements que l'on entendit parler pour la première fois de petits êtres semblables à celui de Mme S., lesquels avaient été retrouvés dans les débris de crashs.

Pour ce qui est de la date, il semble que la vague d'observations d'ovnis de ces années-là n'ait été circonscrite qu'aux États-Unis, car le Canada aussi a été survolé par ces objets inconnus venant d'on ne sait où. En raison de mes recherches antérieures sur le projet *Magnet* (une étude secrète du gouvernement canadien sur les ovnis), je savais déjà que les années 1940 et 1950 avaient été très fécondes en termes d'observations d'ovnis. Le témoignage de Mme S. venait simplement s'ajouter à une liste déjà longue d'histoire du genre. L'expérience de Mme S. de 1947 ne fut toutefois pas la seule. C'est à la toute fin de l'entrevue alors que nous étions sur le point de quitter qu'elle nous dit :

Il s'est passé autre chose aussi. C'était durant la nuit en février 1992, je demeurais à La Minerve cette fois. Il y a eu de la lumière qui a envahi ma chambre à coucher. Tout est devenu clair comme en plein jour et il n'y avait aucun bruit. Cela a duré quelques secondes et ça s'est arrêté aussi vite que ça a commencé. Le lendemain j'en ai parlé à ma voisine et elle m'a dit qu'elle aussi avait vu cette lumière.

Cette histoire n'est pas sans nous rappeler celle d'Alain et Marie-France (chapitre 1) où une lumière bleutée a envahi leur chambre avant que tous les deux s'endorment. Quant à la date, même si les deux incidents ne se sont pas produits au cours de la même année; 1992 pour Mme S. et autour de 1995 pour Alain et Marie-France, ceci est tout de même un autre cas qui vient s'ajouter à une liste déjà longue d'événements ufologiques ayant eu lieu dans les années 1990 au Québec.

L'observation de Raymond B.

La toute première fois que Raymond me raconta son histoire fut durant une conférence que j'avais organisée à La Minerve le 5 octobre 2013. Cet événement fut mémorable à plusieurs points de vue : premièrement, la majorité des personnes qui étaient venues y assister me connaissaient personnellement, et deuxièmement certains des participants étaient sous l'effet de l'alcool… Comme on dit, nul n'est prophète en son pays, mais malgré quelques accrocs mineurs la soirée s'est tout de même bien déroulée. L'important était de partager les informations que j'avais et de présenter certaines de mes théories en lien avec les ovnis. Il s'agissait d'une conférence somme toute assez générale sur le sujet et je n'entrai pas trop dans les détails.

Durant la pause, Raymond s'approcha de moi et commença à me raconter son histoire. Je connaissais bien Raymond pour avoir déjà travaillé avec lui dans le domaine de la foresterie quelques années plus tôt. Il s'agissait de quelqu'un qui était très énergique et extraverti. Malgré tout, Raymond ne m'avait jamais raconté cette histoire avant cette soirée. D'ailleurs, il prit grand soin de ne pas être entendu par les autres lorsqu'il entreprit de me raconter son observation. Il baissait même un peu la voix pour s'assurer que personne d'autre que moi n'entende ce qu'il me disait, ce qui était assez inhabituel chez lui. Il commença par me dire : « Tu vas probablement penser que je suis fou, mais j'ai déjà vu ça près de chez moi. » Je lui assurai que quoiqu'il me raconte je n'étais pas là pour le juger ni le discréditer et que j'étais curieux d'en savoir plus. Raymond me dit ensuite :

Ça s'est passé au Lac-à-la-Truite en 1999, j'écoutais une joute de hockey à la télévision avec mes parents. Lorsqu'on est assis dans le salon on peut voir dehors tout en regardant la télé, car il y une grande fenêtre style bay-window *à l'arrière. Donc ma mère, mon père et moi on regardait le hockey et à un moment donné j'aperçois une lumière vert fluo vers la droite et là je me demande ce que ça pouvait bien être. Ma mère qui le voyait aussi s'est levée et s'est dirigée à l'extérieur. Je l'ai suivi en continuant de regarder par la fenêtre, mais mon père lui, n'a jamais bougé de sa chaise. Et là ce qu'on voit c'est immense, c'est plus gros qu'une maison. Ma maison fait 40 pieds de long et ça, c'était plus gros d'environ 20 pieds de plus. Ça a passé lentement juste au-dessus des arbres de l'autre côté du lac. La « machine » était à environ 100 mètres de nous quand on l'a aperçu en premier et s'est déplacée lentement jusqu'à ce qu'on la perde de vue.*

Plus tard, je voulais m'informer pour voir s'il y avait eu d'autres personnes qui avaient vu la même chose que nous, et j'ai demandé à une de mes voisines si elle avait déjà vu ça [un ovni] *sans lui dire ce qu'on avait vu et elle m'a répondu : « Ben voyons donc! Ça n'existe pas ces choses-là! » J'ai donc arrêté ça là.*

Comme je manquais de temps étant donné que j'animais cette conférence et que la pause tirait à sa fin, je dis à Raymond que je le recontacterai plus tard pour continuer cette conversation. J'eus la chance de rencontrer Raymond dans les semaines qui suivirent et il me raconta son histoire en détail. L'objet qu'il avait vu avec ses parents était en forme de disque légèrement bombé sur le dessus et avait environ 60 pieds de diamètre. La couleur était gris métallique foncé comparable à l'avion furtif américain *Night Hawk*. Toutefois, l'ovni qui ne faisait aucun bruit n'avait aucun joint, boulon ni hublot. Il n'y avait que la lumière qui faisait un petit cercle tout le tour en dessous et qui irradiait vert fluo. L'objet était à environ 100 mètres de distance au début de l'observation et s'est éloigné lentement au-dessus de la cime des arbres. Selon la trajectoire rectiligne de l'objet, celui-ci aurait passé presque au-dessus de leur maison pour se diriger au-dessus de la maison d'un voisin de l'autre côté du lac, jusqu'à ce que sa mère et lui le perdent de vue (figure 15). L'observation aurait duré en tout environ 20 secondes. En retournant dans la maison,

Raymond aurait dit à sa mère : « T'as bien vu la soucoupe? » et elle lui répondit frénétiquement : « Oui, mais c'est impossible! Ça ne se peut pas ces choses-là! » Quant à son père, il était sous le choc et ne disait pas un mot.

Figure 15. Point de vue de la galerie de Raymond B.

Par la suite, Raymond n'aurait entendu son père reparler de cet événement qu'une seule fois lorsqu'il s'était confié à un de ses cousins. Mais à chaque fois que Raymond abordait le sujet devant d'autres personnes et que son père était là, celui-ci lui disait de se taire et de ne pas en parler de peur qu'ils passent pour des fous. Raymond m'a également dit que l'événement l'avait profondément marqué et que sa vision de la réalité avait changé totalement après celui-ci. Il avait fait la remarque que normalement il avait tendance à inscrire tous les événements d'importance sur son calendrier, mais que cette fois-ci il n'avait pas pensé à le faire tant cela l'avait perturbé.

Plus tard, Raymond commença à venir à presque tous les événements que j'organisais dans le coin et il finit par parler ouvertement de son observation avec d'autres personnes. Il me fit réaliser à quel point ces rencontres pouvaient avoir un effet bénéfique sur les témoins d'observation rapprochée, car cela leur permettait de voir qu'ils n'étaient pas seuls à avoir vécu de telles choses. Je me promis d'organiser éventuellement des rencontres régulières réservées aux témoins d'expériences ufologiques. Ces événements auraient une double utilité : un lieu de rencontre permettant aux témoins d'échanger entre eux sans craindre d'être ridiculisés, ainsi qu'une banque d'informations de première main. Quoi de mieux que des témoins directs d'expériences ufologiques pour apprendre sur le sujet?

À la toute fin de cette conférence, pendant que nous démontions le matériel de projection, d'autres personnes sont venues me rencontrer et me partager des bribes de leurs expériences, mais comme je n'avais pas autant de temps que je l'aurais voulu pour écouter chacune d'elles et de les consigner par écrit, je pris les coordonnées de ces nouveaux témoins en note en leur disant que je les recontacterais. J'étais surpris de voir la quantité de témoins d'observation d'ovni dans un aussi petit village que celui de La Minerve qui ne comptait qu'un peu plus de 1200 habitants. C'était comme si tout le monde ici connaissait quelqu'un qui avait vu quelque chose, car quand j'ai commencé à rencontrer ces témoins, ceux-ci me référaient les noms d'autres personnes ayant vécu aussi une expérience en lien avec les ovnis. Il y avait bien évidemment parmi eux quelques cas dont je ne pouvais pas tirer grand-chose, mais plusieurs d'entre eux étaient des histoires extraordinaires qui méritaient qu'on s'y attarde. La très grande majorité de ces témoins sont des personnes respectées de la communauté, et certaines d'entre elles occupent des fonctions suffisamment élevées pour qu'on les prenne au sérieux lorsqu'elles racontent leur expérience. Tous ces témoignages proviennent d'individus sincères et, comme la plupart du temps en ce qui a trait aux témoignages d'observation d'ovni, ils ont beaucoup plus à perdre qu'à gagner.

Danielle B. : comme un zeppelin

J'avais croisé Danielle à plusieurs occasions dans le village de La Minerve et elle abordait souvent la question des ovnis ainsi que celle de sa propre expérience sans que cela ne la gêne. Elle savait, comme tout le monde dans le village d'ailleurs, que ceci m'intéressait et que j'enquêtais sur le phénomène. À chaque fois que nous nous voyions j'en profitais pour lui demander qu'elle me raconte son observation, mais les lieux de rencontre ne s'y prêtant pas, je ne réussissais jamais à obtenir l'intégralité de son histoire. De mon côté, j'avais également une vie et un travail, et même si j'aurais aimé passer plus de temps à faire des enquêtes de terrain, j'avais aussi d'autres priorités.

Ce n'est qu'en 2019, au cours d'un événement que j'avais organisé spécifiquement pour les personnes ayant eu des expériences ufologiques, que Danielle finit par me raconter son observation en détail. Il y avait d'autres participants et chacun racontait son expérience à tour de rôle. Même si les témoignages pouvaient être très différents d'une personne à l'autre, le fait de pouvoir écouter d'autres personnes ayant vécu quelque chose de similaire permet de créer une ambiance propice à l'échange et au partage d'informations.

L'atmosphère de ces rencontres était bien différente de celle des conférences, et je m'assurais de créer un environnement où les témoins se sentaient à l'aise de s'exprimer sans aucune contrainte. La plupart du temps les témoignages étaient filmés, car je trouvais important de consigner ces informations quelque part, et cela aurait été trop ardu de prendre des notes par écrit. Sans doute était-ce parce que je la rencontrais souvent et que je me disais qu'elle resterait toujours disponible pour une éventuelle entrevue formelle, le fait est que finalement, je n'avais jamais rempli de rapport en bonne et due forme pour le cas de Danielle B.

En fouillant toutes mes notes pour l'écriture de ce livre, je n'en ai trouvé aucune en lien avec son histoire. Pourtant, je commençais à la connaître assez bien étant donné qu'elle m'en avait raconté des bouts ici et là au cours de nos multiples rencontres. Par chance, j'avais un enregistrement vidéo du témoignage qu'elle avait donné dans le cadre d'une fin de semaine ufologique. Dans ce cas-ci, on dirait que les paroles sont restées, mais ce sont les écrits qui se sont envolés… Voici une retranscription du témoignage de Danielle B. donné le 31 août 2019 :

C'est bizarre je n'ai pas pris la date en note… Je suis avec mon fils qui était dans son berceau, dans sa chambre. Moi je suis au bout de la table dans la salle à manger qui est entièrement vitrée. Donc, je suis en train d'écrire et là j'ai une drôle de sensation. Je sais que si je me lève la tête et que je regarde vers la montagne, je vais voir quelque chose. Et effectivement, en regardant au-dessus de la montagne il y avait quelque chose qui ressemblait à un ballon dirigeable, mais sans la nacelle ventrale ni la queue caractéristique des zeppelins. L'avant et l'arrière étaient arrondis, c'était de forme ovale et de couleur gris anthracite. C'était là au-dessus de la montagne sans bouger. Je suis donc sortie à l'extérieur et il n'y avait aucun bruit.

Comme il n'y avait [à sa surface] *aucun logo, symbole ou autres et que ça flottait en plein milieu de la forêt, j'ai exclu la possibilité qu'il puisse s'agir d'un ballon publicitaire. Je l'ai donc regardé pendant quelques instants après quoi j'ai décidé d'aller chercher mes lunettes d'approche. Je suis retournée dans la maison, mais les lunettes d'approche n'étaient pas où elles étaient normalement. Je les ai donc cherchées un peu et quand je suis ressortie ça n'était plus là. Je ne l'ai donc pas vu arriver et je ne l'ai pas vu repartir. Je regrette de ne pas être restée là pour continuer à l'observer, car ça m'aurait donné d'autres indices pour m'aider à déterminer ce que c'était. C'était tout de même une observation assez particulière.*

À la suite de cette observation quelques années plus tard, j'avais acheté le Journal de Montréal pour consulter un cahier spécial. Après avoir lu celui-ci j'ai continué à le feuilleter et vers la fin il y avait une section dédiée aux phénomènes étranges. J'ai commencé à lire les multiples articles dont certains étaient en lien avec les ovnis et il y en avait un qui se rapportait exactement à ce que j'avais vu. Il était question de deux femmes qui avaient observé la même chose que moi cette journée-là et c'était à La Minerve. Il s'agissait donc de la même observation que la mienne. Chose bizarre, j'ai tendance à conserver beaucoup d'articles de journaux qui m'interpellent. J'en ai des boîtes pleines.

Étonnamment, je me suis débarrassée de cet article-là, de façon inconsciente j'imagine, car normalement je l'aurais gardé. Par la suite et par deux fois, je suis allée faire des recherches à la Bibliothèque nationale pour tenter de retrouver l'article, mais je ne l'ai jamais retrouvé. Je sais que l'article existe, mais étant donné qu'il est sorti plusieurs années après l'observation et que je l'avais lu il y a également plusieurs années, c'est difficile de tomber sur la journée exacte de sa parution. Autant pour l'observation que pour la sortie de l'article, je ne me souviens pas de la date exacte. J'ai fait l'observation au début des années 1990 et j'ai lu l'article au moins une dizaine d'années plus tard. Cette expérience m'a inspiré l'écriture d'un roman jeunesse. J'y ai intégré cette histoire afin de la partager.

Danielle dira à la fin de son récit qu'elle ne craint pas de parler de son observation, car elle sait ce qu'elle a vu et qu'elle n'a pas à se cacher pour raconter la vérité. « Les gens en penseront ce qu'ils voudront, moi je sais ce que j'ai vécu. » A-t-elle dit au cours de cette discussion. S'il lui est arrivé dans le passé d'avoir droit à des petits sourires sceptiques de la part de certaines des personnes à qui elle avait partagé son histoire, le fait d'en parler ouvertement lui a quand même permis de découvrir d'autres témoins d'observation dans la communauté minervoise et d'ailleurs. Après avoir terminé de raconter son observation, Danielle commença à identifier d'autres témoins qui lui avaient partagé des expériences semblables dans le secteur de La Minerve. Même s'il ne s'agissait pas de témoignages de première main, j'écoutais ces autres cas avec intérêt, car je pouvais toujours communiquer avec ces nouveaux témoins plus tard pour qu'ils me racontent eux-mêmes leur récit.

Christiane Lacaille : observations multiples

La première en liste était une certaine Christiane, cette dame ainsi que d'autres témoins avaient vu un vaisseau au-dessus du lac Labelle alors qu'ils se déplaçaient en voiture sur le chemin de La Minerve. Le vaisseau, qui était à la hauteur de leur voiture, était si près d'eux qu'ils pouvaient voir de la lumière sortir des hublots de l'engin. Quelqu'un aurait demandé à Christiane, qui conduisait la voiture, d'arrêter pour mieux voir, mais elle aurait refusé car elle avait trop peur. Ce qui est une réaction assez fréquente lorsqu'il est question d'observations rapprochées. Je n'avais jamais eu la chance de rencontrer cette dame ni d'entendre son récit, mais je me promettais de le faire quand j'en aurai l'opportunité. J'avais de nombreuses questions en lien avec cette histoire et la meilleure personne pour y répondre était le témoin lui-même.

Le 16 janvier 2021, j'ai pris contact avec Christiane pour la première fois et Danielle B. l'avait avisé que je voulais lui parler personnellement, car je trouvais son récit intéressant. Elle ne fût donc pas surprise de cet entretien téléphonique ainsi que la raison de mon appel. Après les présentations d'usage elle me dit qu'elle avec vu « ça » plus d'une fois, en parlant des ovnis, et qu'elle était contente que quelqu'un prenne le temps d'écouter ce qu'elle avait à dire à ce sujet. Elle avait déjà tenté d'entrer ses observations dans la base de données du MUFON, mais en raison de la complexité et de la quantité d'informations demandées elle avait changé d'idée. Il est vrai que le CMS (*Case Management System*) du MUFON est assez contraignant pour quelqu'un qui n'a que des informations approximatives, car cette base de données est conçue pour obtenir un maximum d'informations précises avant que le cas ne soit transféré à un enquêteur de terrain. De plus, ce ne sont pas tous les témoins qui sont prêts à passer près d'une heure devant leur ordinateur pour répondre à des dizaines de questions et remplir presqu'autant de cases. J'étais très conscient du problème, car j'avais déjà abordé la question avec les dirigeants du MUFON au cours d'une rencontre annuelle des directeurs, aux États-Unis. Malheureusement, le MUFON est un très gros organisme et ça prend beaucoup de temps pour y apporter des changements. Bref, j'étais bien content de pouvoir m'entretenir avec cette dame qui semblait avoir eu de multiples observations.

Dès le début de l'entrevue, je lui ai demandé, comme je le fais pour chaque nouveau témoin, si elle désirait rester anonyme et elle me répondit que non. Elle parlait déjà ouvertement de ses observations à tout le monde et même s'il y en avait parmi eux « qui trouvaient ça drôle », elle savait qu'elle disait la vérité et que ce qu'elle avait vu n'était pas de ce monde. Étant donné qu'il semblait y avoir plus d'une observation, je lui ai demandé de commencer avec la première et de continuer dans l'ordre chronologique autant que possible.

Christiane Lacaille – J'ai vu des choses quatre ou cinq fois. La première fois dans un champ et j'ai vu un faisceau de lumière au-dessus des arbres. Je n'ai pas pris le temps de regarder d'où ça venait, mais je n'aimais pas ça et je suis rentrée tout de suite dans la maison.

Marc St-Germain – C'était où et quand?

CL – C'était à La Minerve, sur le chemin des Fondateurs en face de chez nous. C'était durant un été dans les années 1970.

MSTG – Donc, vous n'étiez pas en voiture?

CL – Non, j'étais assise dans le champ. Je méditais et quand j'ai levé la tête et que j'ai vu le faisceau de lumière je me suis dit : « Je ne reste pas là. » et je suis rentrée chez moi. Je n'aimais pas ça.

MSTG – C'était le jour, le soir?

CL – C'était le soir, un peu après souper, mais il ne faisait pas noir. La seconde fois, c'était dans les années 1980. Je m'en allais au lac Castors chez des amis. C'était une semaine ou deux avant Noël. Il y avait quelque chose dans le ciel qui était plein de lumières, c'était loin et ça s'en allait en tourbillonnant. Je ne savais pas ce que ça pouvait être.

MSTG – Vous étiez en voiture?

CL – Oui.

MSTG – C'était vous qui conduisiez?

CL – Non, c'était mon mari.

MSTG – Vous étiez deux?

CL – Oui.

MSTG – Et l'objet il était où?

CL – Il était en avant de nous.

MSTG – Est-ce que ça bougeait?

CL – Oui, c'était plein de lumières et ça tourbillonnait sur lui-même.

MSTG – Est-ce que c'était seulement de la lumière ou il y avait une forme comme un objet solide?

CL – Ça remonte à longtemps. Je ne pourrais pas vous dire s'il y avait une forme, mais je peux vous dire qu'il y avait plein de lumières.

MSTG – C'était de quelle dimension?

CL – C'est dur à dire, mais c'était un peu comme les capsules spatiales que les astronautes prennent pour revenir sur Terre et qui tombent dans la mer. C'était comme ça, mais avec plein de lumières qui tournoyaient.

MSTG – Ça s'en allait dans les airs où…?

CL – Ça se promenait dans le ciel en allant vers notre gauche. La fois suivante, c'était dans les années 1980-90 durant l'été. Je m'en allais à Labelle avec ma mère, mon frère et ma sœur. Ma mère conduisait et mon frère qui était assis à l'avant de la voiture avait remarqué un point rouge qui se promenait dans le ciel depuis un bon bout de temps. On était sur le chemin de La Minerve en s'en allant vers Labelle dans le coin du lac des Cannes et là tout d'un coup, et là c'était gros, c'était rond, il y avait de la lumière rouge et de la lumière bleue, ça tournait en boucle.

MSTG – Est-ce que ça bougeait ou c'était stationnaire?

CL – C'était fixe. Il n'y avait pas de bruit, rien.

MSTG – C'était au-dessus d'un lac?

CL – C'était au-dessus de la montagne. Ma mère voulait arrêter pour regarder ça, mais moi je ne voulais pas.

MSTG – Votre frère, lui ?

CL – Lui aussi il voulait arrêter. Je crois que s'ils lui avaient demandé d'embarquer avec eux qu'il y serait allé.

MSTG – Il était curieux?

CL – Oui, il est très intrigué par tout ça. Et je vais vous dire, depuis ce temps, à toutes les fois que je passe là je regarde. Et ce qui est drôle, c'est qu'à chaque fois que c'est arrivé je n'ai jamais pris la date en note. C'est tellement surprenant de voir ces choses-là qu'on ne pense pas à prendre la date en note, mais on n'oublie pas ce qu'on a vu. Cette fois-là j'avais appelé le gouvernement et je leur ai dit que ce n'était sûrement pas la Sûreté du Québec qui était dans les airs.

MSTG – Qui exactement aviez-vous appelé?

CL – C'était le ministère de la Défense et le monsieur m'avait demandé si j'avais bu, si j'avais fumé et je lui avais répondu non. Après ça on m'a transféré à une autre place et l'autre a confirmé qu'on avait bien vu un ovni. Est-ce qu'il m'a dit ça pour se débarrasser de moi? Je ne sais pas.

MSTG – Après ça vous a-t-il dit ce qu'il faisait avec cette information.

CL – Non, mais le lendemain je descendais au village [de La Minerve] à pied et il y avait des avions noirs au-dessus du lac Chapleau. Ça m'a frappé. Et je me suis dit : « Ils ont envoyé quelqu'un. »

MSTG – Selon vous ça avait un lien avec votre observation?

CL – Moi je pensais que ça avait un lien ou peut-être pas. Je ne sais pas.

MSTG – Est-ce que vous aviez vu ces avions là avant ou après?

CL – Non jamais.

MSTG – Il y en avait combien?

CL – Il y en avait quatre. Après ça la quatrième fois, c'était le soir à la brunante en revenant de Labelle, à la hauteur du lac Labelle. Il y avait quelque chose un peu au-dessus de l'eau, mais ça ne touchait pas à l'eau. C'était tout éclairé, il y avait plein de lumière là-dedans, on voit des fenêtres…

MSTG – Sur le chemin de La Minerve?

CL – Tu sais le pont nord-est? Le pont entre le lac Alphonse et le lac Labelle? Hé bien c'était là.

MSTG – C'était dans cette baie-là?

CL – Oui. Moi j'arrivais de Labelle et c'était à ma gauche. C'était encore en été dans les années 1980-90.

MSTG – Vous étiez combien?

CL – J'étais avec mon conjoint et mes enfants, mais eux étaient jeunes. Et il y avait de la lumière là-dedans c'était incroyable, mais on n'arrivait pas à voir s'il y avait des gens à l'intérieur. C'était en forme de dôme et ça ne bougeait pas.

MSTG – Vous n'avez pas arrêté pour voir ce que c'était?

CL – Non, non!

MSTG – Et les lumières?

CL – C'était à l'intérieur. Il y avait plein de lumières à l'intérieur, mais il n'y en avait pas à l'extérieur.

MSTG – Et la dimension de l'objet?

CL – Un peu plus petit qu'un autobus et ce n'était pas un ponton.

MSTG – La couleur de l'objet?

CL – Je dirais gris métallique, mais c'est difficile à dire parce que c'était à la brunante.

MSTG – Et est-ce que vous avez parlé de ce quatrième événement avec d'autres?

CL – Oui, j'en ai parlé, mais les gens ne croient pas à ça.

MSTG – C'était quoi leur réaction?

CL – Ils trouvent ça drôle. Sauf que mon frère lui ne trouve pas ça drôle parce qu'il en a été témoin. Et la dernière fois, ça s'est passé il y a trois ou quatre ans, je revenais du travail et c'était l'été, il faisait beau soleil, avec quelques nuages et là j'ai vu quelque chose passer très vite. C'était comme s'il y avait quelque chose de couleur dorée dessus, mais c'est passé en vitesse. J'ai dit à mon mari : « Hey! J'ai vu quelque chose. » Ça c'était la dernière fois. [Voir l'observation de Rock du 18 mars 2016, chapitre 1.]

Comme on a pu le voir dans le témoignage de Christiane, celle-ci a eu la chance (ou la malchance) de faire plusieurs observations d'ovni, alors que la majorité des gens n'en verront jamais au cours de leur vie. Même s'il s'agit d'une improbabilité statistique, on ne peut rejeter ce témoignage simplement pour cette raison. L'étude d'un phénomène tel que celui des ovnis, mérite que l'on ne néglige aucune piste, même si parfois les données que l'on reçoit sont contraires à certaines normes établies. Dans le cas de Christiane, la problématique étant davantage dans le nombre d'observations qu'elle a eues et non pas sur la nature ce celles-ci.

Personnellement, je crois que lorsque l'on rejette délibérément des récits parce que ceux-ci ne cadrent pas avec notre vision de la réalité, nous nous empêchons volontairement de voir une partie du phénomène qui pourrait nous aider à le comprendre dans son ensemble. C'est comme mettre des barrières tout autour de ce qui est connu afin de cacher l'inconnu. Toutefois, si on veut pénétrer à l'intérieur de la réalité qui se cache derrière le phénomène ovni, il faut être prêt à s'ouvrir à autre chose que ce qui est connu et conventionnel. Dans le cas contraire, on ne fait que tourner en rond et on ne peut rien apprendre de nouveau. Étant donné que le cas de Christiane n'est pas unique et que le sujet des observations multiples est souvent débattu dans les milieux ufologiques, j'y ai consacré une section entière un peu plus loin dans ce chapitre où quelques hypothèses sont présentées.

Rémi : pris en chasse par un ovni?

La seconde histoire que Danielle raconta était à propos d'une expérience que son beau-frère aurait vécue alors que lui et un de ses amis étaient en voiture sur le chemin de La Minerve. Ils se seraient fait suivre par une boule lumineuse qui se déplaçait à grande vitesse et Rémi, qui conduisait la voiture, aurait accéléré pour s'en débarrasser. Malgré cette augmentation de vitesse, la lumière a quand même continué à suivre la voiture pendant un bref moment et serait ensuite repartie en direction du ciel aussi vite qu'elle était apparue. Le 25 janvier 2021, j'ai pris contact avec Rémi pour qu'il me raconte lui-même son expérience. Comme Danielle l'avait déjà mis au courant que je le contacterai ainsi que la raison de mon appel, nous avons commencé immédiatement à parler de son observation. Celle-ci s'était passée au début des années 1980 alors qu'il était en voiture sur le chemin de La Minerve.

C'était par une nuit fraîche sans nuage, ni lune, et le ciel était très étoilé. Rémi était âgé d'une vingtaine d'années à l'époque (il a maintenant 58 ans). Lui ainsi que son ami François revenaient de St-Jovite et étaient en direction de La Minerve lorsqu'ils ont vu une lumière semblable à une étoile se positionner à leur droite à la hauteur de la fenêtre de leur véhicule. Comme cette boule de lumière se déplaçait à la même vitesse qu'eux, ils avaient le sentiment que cette chose les suivait. Étant donné qu'ils ne savaient pas ce que c'était et qu'ils n'avaient pas envie de le savoir, Rémi, qui conduisait la voiture, s'est mis à accélérer. La lumière les a suivis sur quelques centaines de mètres, et lorsqu'ils se sont mis à descendre, la lumière a remonté jusqu'à la hauteur des fils électriques pour complètement disparaître de leur vue.

Rendus à la hauteur du lac Labelle ils ne voyaient plus la lumière, mais une fois passé le pont nord-est elle est réapparue devant eux. Il me dira qu'à ce moment-là ils étaient paniqués, car après avoir exclu toutes les possibilités rationnelles, telles que réflexions des lumières de l'intérieur de sa voiture, d'étoiles, etc. ils se sont rendus à l'évidence que la lumière qui les suivait depuis maintenant quelques kilomètres n'était pas une réflexion lumineuse ni un phénomène naturel. Il s'agissait d'un objet qui semblait doté d'intelligence ou contrôlé par des êtres intelligents, et quiconque était au contrôle semblait s'intéresser à eux. Lorsque la lumière est réapparue devant eux, Rémi a immobilisé son véhicule et s'est mis à faire des signaux en direction de la lumière avec ses phares. Étant donné que l'événement s'est produit il y a plus de 35 ans, Rémi ne se rappelle plus exactement si la lumière avait réagi ou non aux signaux, mais il se rappelle qu'à la fin de l'observation la lumière est repartie rapidement en direction du ciel. Il m'a dit qu'il n'avait pas eu de temps manquant ni de perte de mémoire en lien avec cette observation et qu'ils sont arrivés à la maison à l'heure à laquelle ils étaient censés arriver. Toutefois, Rémi me référa le nom d'une autre personne à qui une expérience de temps manquant était arrivée en lien avec une expérience similaire.

En terminant notre conversation, Rémi me raconta qu'il avait eu une autre expérience du genre l'année suivante. Cette fois-ci, il était à pied dans la région de Mont-Tremblant et il faisait du pouce en direction de St-Jovite. C'était durant une nuit d'hiver et il a remarqué une lumière dans le ciel se diriger d'ouest en est. Il trouvait ça bizarre et s'est mis à la suivre des yeux. La lumière se déplaçait un peu comme un satellite, mais rendue au-dessus de la montagne elle a plongé vers le sol en faisait un virage à 90 degrés de sa trajectoire initiale. Il a ensuite perdu la lumière de vue, mais étant donné sa taille et sa façon de se déplacer il en avait conclu qu'il s'agissait probablement de la même chose qu'il avait vue l'année précédente. Les observations de Rémi sont importantes, car elles permettent de corroborer d'autres témoignages semblables où des individus ont vu des « étoiles » ou des lumières afficher des manœuvres inhabituelles. Daniel Beauchamp est un de ceux-ci et son histoire à ce sujet est des plus intrigantes.

Jean Houlé : une rencontre rapprochée du 2e type

Encore une fois, c'est Danielle B. qui m'avait parlé de l'histoire de Jean Houlé. Toutefois, contrairement aux autres récits, elle ne m'en a glissé un mot qu'au mois d'octobre 2021, alors que je terminais l'écriture de ce livre. Danielle voulait me rencontrer en personne pour discuter du texte que j'avais écrit à propos de son histoire et c'est durant cette rencontre qu'elle m'a demandé si je connaissais l'histoire de Jean Houlé. Étant donné que je n'en n'avais jamais entendu parler, je lui ai demandé de me la raconter. C'est en effectuant des recherches sur internet qu'elle a appris que Jean avait vécu une expérience hors du commun alors qu'il était adolescent. Il semblerait que Jean n'abordait que très rarement le sujet avec son entourage, mais il avait commencé à en parler ouvertement sur les réseaux sociaux.

Bien évidemment, il s'agissait de groupes de discussion essentiellement ufologique où on pouvait y lire plusieurs témoignages en lien avec les ovnis. Quand Danielle a pris connaissance de l'expérience de Jean, un résident de La Minerve qu'elle connaissait très peu, elle a communiqué avec lui. Les deux ont ensuite échangé brièvement en racontant leur expérience respective. Étant donné que, selon Danielle, il s'agissait d'un récit digne d'intérêt, elle me conseilla de le contacter pour écouter cet autre récit. Après plusieurs essais infructueux (il faut préciser que Jean est plombier et il était passablement occupé à cette époque de l'année), je finis par prendre un rendez-vous pour conduire une entrevue vidéo chez lui, dont voici une retranscription.

Marc St-Germain – Donc vous, vous avez vécu une expérience? Moi j'ai entendu les grandes lignes. C'est Danielle qui m'avait parlé de ça.

Jean Houlé – Oui, oui! Ça fait des années. Qu'est-ce qui est arrivé au début… Au début de toute mon histoire c'est qu'après l'école, j'avais deux *chums*. On se pratiquait pour le *baseball*. Parce que c'était bien populaire dans ce temps-là le *baseball* à La Minerve.

MSTG – Vous aviez quel âge à l'époque?

JH – Une quinzaine d'années, peut-être quatorze ans. C'était en 65, j'en ai 70. Tu peux calculer ça vite fait. Ça fait que c'était en 65. Moi, j'avais l'autorisation de mes parents de jouer… parce que mon père travaillait au Lac-à-la-Truite. Mon père faisait de la construction avec Armand Bruneau dans le temps. Il travaillait au Lac-à-la-Truite, puis il me ramassait en revenant. Ça fait qu'il dit : « Tu peux y aller. Tu peux pratiquer. Je vais te ramasser en passant.»

MSTG – Et ça c'était où?

JH – Où est présentement le centre communautaire.

MSTG – Ok, anciennement c'était le terrain de balle ça?

JH – Oui c'est ça. Mais là, ils l'ont avancé un peu en arrière le *back stop* qu'on appelle… C'était là. Ça fait que là moi, mes deux *chums* partaient pour aller souper. Ça fait qu'ils m'ont laissé tout seul. Moi je lançais la balle sur le *back stop*. Juste pour frapper. Puis là, j'ai comme… C'est là que ça commence. J'ai comme senti quelque chose derrière moi. Je sais pas pourquoi. Je l'ai peut-être vu de côté… Sans bruit. Rien. C'était assez grand. Ça avait d'après moi une trentaine de pieds [de rayon]. Quelque chose comme ça. C'étais gris. Un gris semblable à ça [en montrant l'étui de son téléphone cellulaire], mais plus pâle un peu. C'était en suspension peut-être à… je dis à peu près ça de haut [en mettant sa main à environ 4 pieds du sol]. Parce qu'il y avait du foin. C'était où il y a maintenant le [terrain de] tennis. Exactement les derniers au bout. Exactement là. Puis ça flottait. Ça ne menait pas de train. Rien.

MSTG – Puis c'était à quelle distance de vous à peu près?

JH – De moi? Ça pouvait être à peu près à cent pieds de moi.

MSTG – Ok, c'était pas loin.

JH – Non. Moi, comme jeune homme ne connaissant rien dans le temps, sans formation, rien, je pensais que c'était l'armée. L'armée qui faisait des tests ou quelque chose. Je sais pas. Ça fait que, je suis pas peureux, je n'ai jamais été peureux. Ça m'a été reproché d'ailleurs que j'étais pas assez peureux. Surtout quand j'ai eu mon entrainement à Régina [pour être enrôlé dans la GRC]. Alors là, je me suis approché tranquillement, mais je me suis approché assez près. Assez près, comme d'ici au bureau, une dizaine de pieds. Puis là, ç'a resté là. Je peux pas dire combien de temps que ç'a demeuré là, mais disons peut-être dix minutes. Ça passe vite des fois quand t'es curieux, peut-être quinze minutes. De dix à quinze minutes. Un moment donné c'est parti pareil comme si je fermais les yeux et qu'en les ouvrant il n'y avait plus rien. *Pfiou*! Une ligne, c'est tout. C'est parti aussi vite que ça, mais c'est pas là que l'histoire finit. Après cet événement-là, je suis arrivé chez nous, mon père m'a ramassé puis je suis arrivé chez nous. Ma mère m'a dit : « Jean où t'as été? T'as attrapé un coup de soleil! » J'étais rouge, rouge, mais pour le moment ça ne brûlait pas. Il n'y avait pas de crème [pour ça] dans ce temps-là, ça fait qu'elle a pris du *Noxema,* puis elle m'a beurré partout pour m'empêcher de *pleumer*, la face aussi. Mon père s'était pas aperçu de ça.

MSTG – Est-ce que vous avez parlé de l'observation?

JH – Non. J'en n'ai jamais parlé. Parce que mon père m'aurait dit : « Arrête avec tes maudites niaiseries. » Puis ma mère aussi de toute façon. C'est la génération [qui est] comme ça. On recule là. On recule de soixante ans. Ensuite de ça, le lendemain, j'avais tout perdu mes cheveux. Ils étaient tous sur la taie d'oreiller. C'est arrivé pareil, pareil… Il y a dix ans j'ai eu de la chimio… [C'était] la même affaire. J'ai tout perdu mes cheveux. C'est exactement pareil comme si j'avais eu de la chimio. J'ai tout perdu mes cheveux, complètement. Ç'a repoussé, mais ç'a pris du temps. Puis, j'ai commencé à avoir des douleurs à l'estomac, des douleurs violentes. Mon père a été obligé de m'amener chez le médecin. Puis le médecin m'a bourré de *Maalox*. Dans ce temps-là y'avait juste ça de toute façon. J'ai souffert toute ma vie de ça. J'ai été opéré deux fois. Ils m'ont enlevé pratiquement tout l'estomac. Je sais pas si ça l'a un lien? Mais c'est drôle, parce que j'ai perdu mes cheveux le lendemain matin puis j'ai commencé à avoir des douleurs [à l'estomac]. Puis j'en ai eu toute ma vie des douleurs à l'estomac. Maintenant, je sais personnellement que c'était pas l'armée, mais enfin, je pense pas. J'ai une certaine expérience maintenant que je peux mieux analyser ça. Dans ma tête c'est un ovni. Un objet [volant] non identifié. Je sais pas si c'est arrivé dans d'autres histoires que les gens ont eu des séquelles comme moi j'ai eu, mais enfin, c'est ça qui est mon histoire. C'est court un peu. C'est pas excitant. J'ai rien vu là-dessus. C'était lisse. C'était gris.

MSTG – À quelle hauteur c'était du sol?

JH – Quatre pieds à peu près. Puis l'herbe, ce que je trouve comique, l'herbe ne bougeait pas. Le foin ne bougeait pas du tout. Ça je l'ai remarqué. Ça c'est la première chose que j'ai remarqué. Parce que je me disais dans ma tête : « S'il y a un moteur, faut que l'herbe fasse ça [se déplace]. » J'ai eu le temps de me poser la question.

MSTG – Est-ce que vous avez vu des hublots? Des lumières?

JH – Pas du tout. C'était lisse. C'était un disque…

J'ai demandé ensuite à Jean de faire un croquis de l'objet. Il s'agissait d'un ovni discoïdal avec le dessus bombé et le dessous plat, mais légèrement concave. L'objet ne comportait aucune lumière, ni porte ni suture. Il disait qu'au cours de l'incident, sa première idée était de s'en approcher suffisamment pour le toucher, mais pour une raison inconnue, Jean s'est avancé jusqu'à une distance de dix pieds environ et s'est immobilisé. Ce qui l'intriguait le plus dans cette observation, c'était que ça puisse flotter dans les airs sans qu'il y ait de déplacement d'air apparent. Et le fait que l'ovni puisse partir de façon quasi instantanée l'a encore plus surpris. Il est allé voir l'endroit où se tenait l'ovni immédiatement après que celui-ci fut parti, mais n'a pas été en mesure d'observer quoi que ce soit de particulier. L'herbe n'était pas couchée et ne comportait aucune trace de brûlure quelconque. Il y est même retourné quelques jours après, mais il n'y avait eu aucun changement.

Nous avons ensuite discuté de ce qui s'est passé durant les années qui ont suivi cette expérience, et Jean, comme la majorité des témoins d'observation rapprochée, avait commencé discrètement à faire de la recherche sur le sujet. Toutefois, il n'a commencé que tout récemment à en parler à sa famille et à ses amis proches. Le fait qu'on en parle de plus en plus actuellement, disait-il, l'a encouragé à partager ce qu'il a vécu sans craindre d'être rejeté ou ridiculisé. Cette ouverture l'a amené à entendre le témoignage d'autres personnes ayant vécu des expériences ufologiques, dont celui de Danielle B. ainsi que celui d'un de ses amis de Ste-Véronique (ce dernier aurait vu un ovni descendre au-dessus d'un feu de camp autour duquel lui et son fils étaient assis).

Vers la fin de l'entretien, Jean m'a confié que ça lui faisait du bien d'en parler, après avoir gardé ça pour lui pendant toutes ces années (il n'a commencé à en parler qu'une trentaine d'années après l'incident). En dépit du fait que cette expérience l'a rendu malade à un certain point, il se sent tout de même privilégié d'avoir pu faire une telle observation. Afin d'expliquer les différentes réactions physiologiques qu'il a eues après s'être approché de l'ovni, il a émis l'hypothèse que l'objet devait émettre une forme de radiation. Il en a pour preuve la similitude des effets qu'a eu sur lui un traitement de radiothérapie qu'il a reçu il y a une dizaine d'années pour guérir un cancer des ganglions. Pour ma part, je voyais une similitude frappante entre son histoire, et celle de Monsieur Latendresse qui s'était retrouvé à l'hôpital après qu'un ovni soit passé au-dessus de lui.

Comme j'étais curieux d'en savoir davantage sur les effets de l'exposition aux radiations, j'ai fait une brève recherche sur la question. * Il est évident selon moi que la réaction physiologique de Jean face à son observation d'ovni (brûlure cutanée, perte de cheveux, trouble aux organes internes) est directement liée aux radiations. Dans les informations que l'on retrouve se rapportant aux rayonnements ionisants et à leurs effets sur l'organisme humain, on apprend que dans le cas d'une exposition à une forte dose de radiation, des rougeurs peuvent apparaître sur la peau.[8] Ces brûlures cutanées figurent parmi les principaux effets immédiats d'une irradiation aiguë aux rayons ionisants. Les organes internes peuvent être également endommagés lorsqu'ils sont soumis aux mêmes conditions.

Pour ce qui est des effets à long terme provoqués par une forte dose de rayonnement, il y a l'apparition de cancer ou de leucémie, lesquels pouvant n'apparaître que plusieurs années après l'exposition.[9] À la lumière de ces informations, il semble tout à fait logique de croire que les problèmes de santé qui ont suivi l'observation de Jean Houlé étaient directement liés aux rayonnements ionisants générés par l'ovni situé à environ dix pieds de lui. En dépit du fait que Jean ne distinguait aucun signe visible qui aurait pu lui indiquer qu'il y avait un danger imminent pour sa santé, il a tout de même eu « l'instinct » de ne pas toucher l'ovni et de s'en tenir à l'écart. C'est ce comportement instinctif qui lui a probablement permis de survivre à cet incident et de le partager aujourd'hui.

*Il est à noter ici que tout enquêteur de terrain du MUFON est informé des dangers associés aux différents types de radiation étant donné qu'il est possible d'être en présence de radioactivité lors d'enquêtes de cas récents où un ovni a été vu près du sol.

Même si aujourd'hui, des analyses de radioactivité *in situ* étaient faites à l'endroit exact où s'est produit l'observation, il est peu probable que quelque chose ait subsisté en termes de signature radioactive. Il semble que dans la très grande majorité des cas, les types de radiations générées par des ovnis ayant été vu près du sol, sont celles qui se désintègrent rapidement.[10] Jean a terminé l'entrevue en disant qu'il souhaitait que son témoignage puisse aider d'autres témoins d'observation rapprochée à se sentir moins seuls et exclus. Ceci est l'une des raisons pour laquelle il ne désire pas garder l'anonymat.

Daniel Beauchamp : comment garder son calme durant un enlèvement

Cet entrepreneur de la région de Montréal assistait à presque tous les événements que j'organisais. Notamment, les conférences, les séminaires et les soupers ufologiques. En dépit de sa stature imposante, il était à la fois calme et discret. Avec le temps, son assiduité finit par l'intégrer à l'intérieur du cercle rapproché des enquêteurs du MUFON. Il était comme un membre de la famille et je commençais à me douter au fil du temps que son intérêt pour l'ufologie prenait source dans une expérience personnelle. Comme c'est souvent le cas pour les personnes qui suivent de près ce qui se passe dans le monde de l'ufologie, Daniel avait vécu une expérience en lien avec les ovnis étant jeune. Il avait abordé la question quelques fois avec Éric Tessier, alors enquêteur du MUFON et Raymond B. le témoin de l'ovni du Lac-à-la-Truite. Ces derniers me disaient régulièrement : « Tu devrais écouter l'histoire de Daniel, c'est vraiment quelque chose. », mais mon emploi du temps déjà chargé faisait que je remettais constamment cette rencontre à plus tard.

Étant donné que je voulais prendre le temps de faire les choses correctement, j'attendais le moment propice pour le rencontrer et faire une entrevue. Toutefois, les séminaires et les conférences ne sont pas les meilleurs endroits pour conduire des entrevues de ce genre, car il y a trop de distraction et étant donné que j'étais à la barre de ces événements, je n'avais jamais de temps à consacrer pour ce type d'activité. C'est donc pour cette raison que j'avais mis sur pied les fins de semaine ufologiques, car il s'agissait d'événements qui étaient essentiellement consacrés à l'écoute des témoins dans un environnement convivial. Tout comme plusieurs témoins d'observation rapprochée, Daniel m'avait longuement étudié ainsi que mon approche avec les témoins avant de prendre la décision de s'ouvrir à moi.

Raconter ce genre d'expérience peut s'avérer très désagréable lorsque l'on est face à quelqu'un qui n'a pas d'ouverture d'esprit et qui est prompt à juger les gens. Les témoins d'observation ont souvent acquis une certaine méfiance avec le temps en raison de la réaction négative des gens face à leur récit. À la longue, je finis par comprendre ce mécanisme de « protection » et c'est pour cette raison que je préférais attendre que certains témoins soient tout à fait à l'aise avec moi avant de proposer une entrevue lorsqu'ils ne me le proposaient pas en premier.

C'est durant la première fin de semaine ufologique du MUFON Québec en novembre 2018 que Daniel accepta de raconter son expérience. Il y avait cela de particulier que celle-ci s'était passé à La Minerve il y a plusieurs années. Au début de l'entrevue, Daniel me dit qu'il était prêt à raconter son histoire devant la caméra et qu'il ne souhaitait pas garder l'anonymat. Chose qui était pour moi assez surprenante en raison de la nature de son travail, mais pour lui c'était une façon de donner de la crédibilité à son récit en aidant d'autres témoins d'observation à sortir de l'ombre. Je n'avais aucune idée sur la nature de son expérience hormis le fait que ça s'était passé à La Minerve dans les années 1970. Nous nous sommes installés dans un endroit à l'écart et nous avons commencé l'entrevue :

Marc St-Germain – Je sais que tu as vécu quelque chose, mais je ne sais pas quoi exactement. Je sais que c'est au lac Désert ici à La Minerve. Peux-tu parler de ce qui s'est passé?

Daniel Beauchamp – C'est un soir où nous étions en train de faire le tour d'une piste d'hébertisme.

MSTG – T'avais quel âge à l'époque?

DB – J'étais en secondaire un, j'avais donc onze ou douze ans parce que ma fête c'était au mois de décembre.

MSTG – Ça c'était quoi? Un camp d'été?

DB – C'était le camp d'été du Collège l'Assomption.

MSTG – OK. Et c'était la première fois que tu allais là?

DB – Oui, c'était la première fois. Il y avait une piste d'hébertisme et le soir comme initiation les guides nous faisaient faire le tour de la piste d'hébertisme et se cachaient pour faire peur aux élèves. Comme je n'ai jamais été de nature peureuse, je me suis dit : « Je vais y aller en premier. » Ils nous ont dit : « Faites le tour de la piste et lorsque vous serez rendus à la clairière attendez-nous là. » J'ai fait toute la piste en courant et quand je suis arrivé dans la clairière je me suis couché et j'ai regardé les étoiles parce qu'ici à La Minerve quand il n'y a pas de nuage c'est un tapis d'étoiles que tu vois. Sur ce tapis d'étoiles, et je dirais que je suis arrivé environ 10 à 15 minutes avant que d'autres commencent à arriver, j'ai vu une étoile bouger. Et je me suis dit : « Une étoile filante va tomber ici. » Après avoir dit ça, l'étoile que j'avais vu bouger était rendue en haut de la cime des arbres. Je dirais à environ 150 pieds [de distance]. Je l'ai vu arriver en plongeon et elle s'est stabilisée juste en haut des arbres. Pas de son, pas de fumée, pas de détail, mais très lumineux.

MSTG – C'était quoi la forme de l'objet?

DB – C'était comme un œuf étiré. C'était 50 ou 60 pieds [de long] et comme hauteur une quinzaine de pieds. Je ne l'ai jamais perdu de vue. Un moment donné ç'a tangué un peu et c'est reparti aussi vite que ta main peut partir. C'était phénoménal. Pas de son, rien. Il y avait d'autres élèves qui étaient là et à chaque fois qu'il y en avait un qui arrivait dans la clairière je lui demandais s'il avait vu quelque chose de spécial. Mais après avoir demandé à chacun d'entre eux j'ai réalisé que j'étais le seul à avoir vu ça. Le même soir, ceux qui sont restés à La Minerve doivent se rappeler de ça, c'étaient des petites huttes en bois avec un lit dans le fond, il y avait de petites tablettes et une porte en toile. Il n'y avait pas de fenêtre parce que c'était juste pour dormir. Dans la même soirée quand on s'est couchés, on est au mois de juillet, il y a des brindilles [au sol], de hautes herbes sèches. Un moment donné, j'entendais des brindilles s'abaisser sous des pas [comme quelqu'un qui s'approchait lentement en marchant]. Là je me suis dit : « Les guides veulent nous jouer un tour. » Et je me suis dit : « C'est eux qui vont se faire pogner. Parce que quand ils vont ouvrir la porte de toile, je vais m'assoir carré dans le lit et je vais prendre une grande respiration et je vais lui lâcher un méchant *wack* qu'il va en tomber sur le dos. » J'attendais et j'étais réveillé, j'entendais des pas. Un moment donné la toile a bougé et j'ai calculé que c'était le temps, et là je me suis assis carré prêt à lâcher un *wack*… Le *wack* n'est jamais sorti. Il y avait un petit bonhomme, je te dirais, pas plus de quatre pieds [de hauteur] et de son bras droit que je pouvais voir, il y a un éclair qui est sorti. L'éclair m'a frappé et je suis retombé, mais le temps que l'éclair parte du bras de ce petit bonhomme à aller à moi, j'ai mémorisé la forme du petit bonhomme. Ce petit bonhomme avait une tunique avec un capuchon, avec des manches.

Daniel a dit ne s'être réveillé que le lendemain matin avec pour seul souvenir le petit être en tunique qui l'a « assommé » avec un éclair. Selon lui, ce souvenir est une erreur de leur part, car normalement il n'aurait pas dû s'en rappeler. Il m'était déjà arrivé d'entendre le témoignage d'une personne disant avoir vu des êtres semblables au cours d'une rencontre de l'Association québécoise d'ufologie. Ce témoignage était en lien avec des enlèvements extraterrestres (voir aussi le cas de Catherine F. au chapitre IV). Plus tard en 2015, j'ai vu des croquis de ces mêmes êtres dans un symposium du MUFON en Californie. Ce croquis était une représentation de certaines entités présentes lors de rencontres rapprochées du 4e type ou enlèvements extraterrestres. Barbara Lamb, une spécialiste américaine des abductions, m'avait présenté ces images au cours d'une entrevue organisée à la dernière minute. Daniel démontrait donc plusieurs indicateurs portant à croire que ses expériences étaient directement liées à des enlèvements. La suite de son récit est venue renforcer cette hypothèse.

Il a raconté par la suite que quelques années après cette expérience, il s'était retrouvé dans une « pièce » avec un être non humain qui lui parlait télépathiquement. Cet être que Daniel surnommera « grand blanc » mesurait plus de 6 pieds de hauteur, avait de grands yeux noirs et avait la peau blanche matte (figure 16). L'essentiel de la conversation télépathique tournait autour du fait que l'être en question était surpris de voir que Daniel n'avait pas peur et n'était pas hystérique; chose qui semble-t-il, est assez courante lorsque des personnes se retrouvent dans un environnement totalement inconnu avec des entités non humaines dans un contexte d'abduction. Selon Daniel, c'était pour le récompenser de ce comportement inédit que l'être lui aurait laissé un bref souvenir de cette rencontre. Car toujours selon Daniel, ces êtres peuvent effacer tous les souvenirs de ces événements sans problème. Daniel a donc été en mesure de décrire la pièce dans laquelle il était durant cette expérience ; il y avait des machines avec des couleurs qu'il n'avait jamais vues auparavant, lesquelles disait-il avaient un effet calmant sur lui. Il y avait de grands écrans en suspension dans les airs et sur ces écrans on pouvait voir des labyrinthes à l'intérieur desquels étaient représentés un homme, une femme et un enfant. Je lui ai ensuite demandé ce qui lui faisait croire que ces symboles représentaient bien cela et il m'a simplement répondu qu'en les regardant c'était évident que c'était de ça qu'il s'agissait.

Figure 16. Représentation d'artiste d'un grand blanc.[11]

Daniel a dit avoir parlé de ces expériences avec son père, mais que ce dernier avait réagi très négativement face à ses propos. Ceci a fait en sorte que Daniel cessa totalement d'en parler à quiconque pendant des décennies. Ce n'est que tout récemment qu'il a commencé à s'ouvrir et partager ses expériences avec les autres. C'est en partie en raison des multiples témoins qui commencent à sortir de l'ombre que Daniel a senti qu'il était temps pour lui d'en faire de même et de partager son histoire. Il a dit vers la fin de l'entrevue, que le fait d'avoir communiqué télépathiquement avec cet être lui aurait permis d'accéder à d'autres potentialités de sa psyché et qu'il a développé du ressenti ainsi que de la prescience. Encore une fois, ceci est une chose assez courante chez les abductés que de développer certains dons psychiques après des contacts avec des entités. Il est possible que le simple fait d'être en contact direct avec certains êtres communiquant par télépathie soit suffisant pour débloquer certaines fonctions latentes de l'être humain. Daniel a conclu l'entrevue en disant que malgré le fait que ces êtres semblent l'avoir traité comme un cobaye, qu'il ne s'est jamais senti menacé ni maltraité. Il les voit comme des scientifiques faisant de la recherche sur notre espèce. Il terminera avec humour en disant: « Si on me demande s'il y a de la vie ailleurs je répondrais avec un gros ''Oui'', car je les ai rencontrés personnellement et je sais qu'ils existent. »

Les cas d'observations multiples

Pourquoi certaines personnes voient des ovnis et d'autres pas? Pourquoi certains font l'expérience de plusieurs observations alors que d'autres ne voient ça qu'une fois dans leur une vie? Il s'agit de questions qui pourraient perdre en conjecture même le plus aguerri des chercheurs. Plusieurs hypothèses ont été émises par les ufologues pour tenter de percer ce mystère, qui même s'il est de second ordre, mérite tout de même que l'on s'y attarde un peu. *L'hypothèse géographique* considère la possibilité que certains des ovnis observés proviennent de bases d'opération sur Terre et que leur location est située dans des lieux physiques bien spécifiques. Il serait normal que des observations soient faites régulièrement près de ces secteurs où les ovnis vont et viennent à partir de leurs demeures souterraines ou sous-marines, qu'elles soient permanentes ou temporaires. Et lorsqu'une personne demeure près d'une de ces zones, elle aurait logiquement plus de chance de faire des observations que quelqu'un qui demeure loin. Donc, l'aspect géographique peut être un des facteurs permettant à quelqu'un de faire plusieurs observations.

L'autre raison qui pourrait être à l'origine d'observations multiple chez un même individu est quand une personne a déjà fait une observation d'ovni et qu'elle scrute ensuite le ciel d'un œil plus attentif qu'elle ne le faisait auparavant. Ses chances de faire d'autres observations sont beaucoup plus grandes que quelqu'un qui reste toujours dans la maison sans jamais mettre le nez dehors. Ceci est *l'hypothèse statistique*, qui considère que des ovnis survolent régulièrement l'espace aérien de notre planète et que les chances de faire une observation sont plus grandes si vous passez plus de temps à l'extérieur à scruter le ciel, comparativement à quelqu'un qui serait cloitré chez lui. Ce qui est tout à fait conséquent d'un point de vue statistique.

J'ai déjà fait au moins trois observations d'ovnis avec d'autres personnes simplement en passant du temps à regarder le ciel par une nuit étoilée. Il est vrai que ces observations ne se sont pas toute produites la même soirée, mais j'ai tout de même été témoins de plus d'une observation dans ma vie simplement parce que j'ai passé du temps à l'extérieur à regarder le ciel. Même s'il s'agissait d'objets très hauts dans le ciel et qu'ils étaient à peine un peu plus gros qu'une étoile, leurs mouvements erratiques en *zigzag* ainsi que la façon qu'ils ont eu de disparaître ne laissaient aucun doute quant à leur nature exotique. S'il ne s'agissait pas d'un satellite, d'une météorite, ni de la station spatiale orbitale; qu'est-ce que c'était? Simplement un objet volant non identifié dont on ne peut expliquer l'existence par des interprétations conventionnelles. Il y a plusieurs cas d'observation d'ovni dont le témoignage débute par : « Je suis allé dehors pour fumer une cigarette… » ou encore « Je venais de sortir le chat (ou le chien) dehors quand j'ai aperçu ça... » Ou encore dans le cas du témoin de l'ovni de St-Adolphe d'Howard qui a fait plusieurs observations simplement parce qu'il était dans son spa à l'extérieur et regardait le ciel.

La troisième possibilité évoquée à l'occasion pour expliquer qu'une personne peut faire des observations multiples est en raison de l'imagination trop fertile de certains observateurs ayant le désir de voir « quelque chose » à tout prix. Le terme employé dans le jargon des enquêteurs de terrain est *prédisposition*. La prédisposition d'un témoin à voir des ovnis est quelque chose qui peut influencer suffisamment le jugement d'une personne au point où elle perd son objectivité. Si vous mêlez à ça très peu de connaissances astronomiques vous obtenez des personnes susceptibles de voir des ovnis où il n'y en a pas. J'avoue que cela m'est arrivé de rencontrer des témoins du genre et qu'il est difficile pour eux d'accepter que ce qu'ils croyaient être un vaisseau extraterrestre n'était en fait qu'un banal phénomène naturel. Un des plus fréquents d'entre eux est un effet d'optique nommé autocinétique où une planète ou une étoile observée à l'horizon semble bouger alors qu'elle est immobile. Il existe ainsi une panoplie de phénomènes naturels peu connus des gens et qui peuvent créer des effets visuels spectaculaires. D'ailleurs, tout enquêteur du MUFON doit apprendre à reconnaître les méprises avant de recevoir leur certification. Quand j'étais directeur du MUFON Québec je mettais un point d'honneur à ce que les enquêteurs soient bien formés à reconnaître les méprises rapidement, car celles-ci font partie d'environ 75% des rapports d'observation.

Ceci est donc important d'apprendre à les reconnaître rapidement, car moins de temps un enquêteur passe à régler une méprise plus de temps il pourra passer à enquêter sur les cas authentiques. Il m'est arrivé à quelques reprises de rencontrer des témoins qui avaient fait de multiples observations d'ovnis au cours de leur vie. Si en théorie il est facile de classer des témoins d'observations multiples en différentes catégories, dans la réalité cela est beaucoup plus complexe. Le facteur « chance » ou « hasard » qui semble également prendre part à l'équation est un élément trop volatile pour tenter de l'expliquer rationnellement. Toutefois, on ne peut négliger le fait que certains semblent être plus « chanceux » que d'autres quand il est question de voir des ovnis et cette chance n'écarte en rien la validité de ces observations. J'ai déjà vu des personnes rejeter du revers de la main des récits d'observation parce que le témoin avait dit qu'il avait vu ça plusieurs fois dans une rencontre de l'Association québécoise d'ufologie. L'argument de ces personnes était que c'était impossible pour quelqu'un de faire plusieurs observations d'ovni dans sa vie, donc quelqu'un qui affirme une telle chose ne peut dire la vérité…

Ceci est seulement un exemple qui démontre qu'à l'intérieur même des associations ufologiques il peut y avoir des idées préconçues qui empêchent de faire avancer la connaissance du phénomène. Pour ma part, la seule façon d'aborder l'ufologie est avec ouverture d'esprit. Il faut être prêt à remettre ses propres conceptions de la réalité en question. On doit prendre le temps d'écouter les témoignages qui nous sont transmis sans juger. L'enquêteur n'a pas à croire ou ne pas croire à un récit, il doit tout simplement collecter l'information qui lui est donnée avec objectivité et pragmatisme. Ce n'est qu'après avoir amassé suffisamment de données issues de ces témoignages que l'on peut être en mesure d'arriver à des conclusions basées sur des faits.

De ces témoins d'observations multiples on compte aussi les abductés qui occupent une catégorie à part entière. Il est assez fréquent chez les abductés d'avoir plusieurs expériences en lien avec les ovnis en raison que ces derniers subissent des enlèvements à intervalles plus ou moins réguliers, de l'enfance à l'âge adulte. D'après les témoignages que j'ai entendus ainsi que ceux qui m'ont été partagés par d'autres ufologues, il semble qu'il existe plusieurs programmes qui nécessitent que l'on enlève certaines personnes sur une base quasi périodique et autant d'espèces qui en sont à l'origine. Sans oublier les programmes humano-extraterrestres où des militaires en uniforme participent main dans la main avec des entités extraterrestres. La question des enlèvements est assez complexe et il est parfois difficile d'obtenir des informations de la part des abductés en raison de la peur que cela suscite.

Murielle : observations multiples au lac Bélanger

En février 2021, une dame me contacta via *Messenger* et me décrivit brièvement des expériences qu'elle et ses fils auraient vécu au lac Bélanger il y a quelques années. J'étais intrigué étant donné que l'histoire de Mme S. de 1947 s'était passée exactement à cet endroit-là. Je lui ai répondu presque immédiatement en lui demandant si elle était d'accord pour me partager ses expériences au cours d'un entretien téléphonique, ce à quoi elle accepta. Le lendemain je pris contact avec elle pour une entrevue d'une durée d'une heure dans laquelle elle me raconta ses expériences en détails. Toutefois, dès le début de l'entretien, Murielle me posa deux questions qui me firent rapidement comprendre que cette dame avait probablement été victime d'enlèvements :

« Est-ce qu'une personne peut être ciblée par eux autres? »

« Si on est ciblés cela veut dire qu'ils vont revenir? »

La première question indiquait que cette personne semblait avoir vécu plus d'une expérience et la seconde qu'il ne s'agissait pas d'expériences agréables selon son point de vue. Elle voulait donc que ces expériences cessent et me demanda d'entrée de jeu si on pouvait faire quelque chose pour ça. Je lui ai expliqué que moi je ne pouvais rien faire, mais que j'avais déjà discuté avec quelqu'un à ce sujet (Kathleen Marden, la directrice de l'*Experiencer Research Team*), et qu'il semblerait que si la personne en proie à ces expériences fait une demande claire pour les faire cesser, cela fonctionne dans la grande majorité des cas. Tout dépendamment de la croyance de la personne, qu'il s'agisse de Dieu, de guides spirituels, ou de proches défunts dont on sent une protection, il est possible de faire cesser les expériences négatives si la personne qui les vit exprime clairement son souhait en utilisant la foi ou une force spirituelle quelconque. Il semble donc y avoir à la fois une part de spiritualité dans ce processus ainsi qu'un ardent désir de reprendre son pouvoir en main. Après lui avoir expliqué brièvement comment les expériences négatives ont cessé chez certaines personnes, Murielle me lança une autre question : « Mais pourquoi ils nous feraient ça? »

Étant donné que je n'avais aucune idée de ce qui lui était arrivé exactement je lui ai demandé qu'elle me raconte ses expériences pour être en mesure de bien répondre à ses questions. Comme cela arrive souvent chez des témoins qui n'ont jamais eu la chance de s'exprimer librement à quelqu'un d'ouvert d'esprit et intéressé par ce genre de propos, elle me lança frénétiquement toutes ses histoires les unes après les autres comme elles lui venaient à l'esprit. À plusieurs reprises, je devais la ralentir et lui poser des questions pour comprendre le contexte ainsi que la chronologie en lien avec ses expériences. Après quelques minutes, elle comprit que cela ne servait à rien de se dépêcher, car j'allais prendre le temps nécessaire pour écouter chacune de ses histoires et tenter de répondre à ses questions. Je pouvais sentir dans sa voix qu'elle était à la fois fébrile et nerveuse, car cela faisait quelques années qu'elle voulait comprendre ce qui lui arrivait. Je lui demandai donc de commencer par le premier événement dont elle se souvenait.

Expérience de temps manquant – lac Bélanger, 1971

Elle commença par la première expérience dont elle a eu connaissance alors qu'elle avait environ neuf ans :

La première affaire bizarre qui m'est arrivé, ça fait longtemps. On jouait à la cachette le soir avec mes frères, puis je m'étais cachée près du camp en bois rond que mon père avait fait. Je m'étais cachée là, puis un moment donné j'ai entendu mon frère m'appeler, mais quand il m'a appelée je n'étais plus là. J'étais rendue plus haut que ça, mais le trajet de ça [pour se rendre là où elle était rendue] *je ne m'en souviens pas. Je me rappelle quand mon frère m'a appelée par mon nom : « Murielle! Murielle! Papa veut que tu rentres! » Il faisait noir. Je ne sais pas ce qui s'est passé entre ça. Ç'a été la première affaire bizarre qui m'est arrivée. Je me rappelle que quand j'ai entendu la voix de mon frère il faisait noir. Moi j'ai toujours été bien peureuse de la noirceur. Je suis partie à la course et je suis allée directement à la maison. Mon frère m'a dit : « Ça fait une secousse que je te crie après...!* »

On peut constater dans ce court extrait que Murielle a fait l'expérience d'un épisode de temps manquant quand elle et ses frères jouaient à la cachette peu de temps après souper. L'incident s'est produit durant l'été, il faisait donc encore jour quand elle est partie se cacher, mais quand elle a eu connaissance qu'un de ses frères la cherchait et l'appelait sur un ton inquiet il faisait déjà nuit. S'il est difficile de déterminer avec certitude pendant combien de temps Murielle a disparu, on peut supposer que celle-ci a été absente pendant au moins une heure, peut-être même plus, car son frère ne l'a retrouvé qu'à la tombée de la nuit. Ce qui était beaucoup plus tard que l'heure à laquelle elle était censée rentrer à la maison.

L'incident s'est produit dans les années 1960 à la demeure familiale située au lac Bélanger dans les Laurentides. Cette maison, qui avait appartenu à son grand-père à l'origine, est devenue la propriété de son père alors qu'elle était très jeune. Plus tard, soit de 1993 à 2018, Murielle deviendra elle-même propriétaire de cette demeure où plusieurs incidents bizarres se seraient produits.

Observation d'une sphère lumineuse – lac Bélanger, 1975

La deuxième fois que quelque chose anormal s'est produit à la maison du lac Bélanger, Murielle avait environ 14 ou 15 ans. Elle a observé une sphère lumineuse émettant des flashs de lumière de couleur qui se dirigeait vers un champ en passant au-dessus des arbres. Avant de disparaître de sa vue, l'objet s'est déplacé de droite à gauche et de haut en bas à plusieurs reprises jusqu'à ce qu'il descende complètement dans la forêt.

L'observation s'est produite en pleine nuit et Murielle était debout à ce moment-là en raison d'une rage de dents. C'est en regardant par la fenêtre qu'elle a aperçu l'objet faire des manœuvres avant de le perdre de vue à environ 500 mètres de sa position. L'observation a duré environ deux minutes en tout. Il n'y a rien eu d'autre de particulier en lien avec cette observation, mis à part que, dans les jours qui ont suivi, son frère aîné et des amis auraient entendu des cris effroyables de l'endroit où elle avait aperçu l'objet en allant dans la forêt. D'après Murielle, son frère était habitué aux bruits de la forêt et aux cris des animaux et ce qu'il aurait entendu n'avait rien de commun avec ce qu'il connaissait. Cette histoire reste tout de même anecdotique, car en dehors de l'observation d'ovni il n'y a pas d'éléments supplémentaires qui pourraient en dire davantage sur cet incident.

Rencontre rapprochée du 1er type – Labelle, 1985

Environ dix ans plus tard, soit autour de 1985, Murielle a fait une autre observation d'ovni. C'était le soir, mais cette fois-ci elle demeurait dans une maison en bordure de la route 117 à Labelle. Elle était à la cuisine, et en regardant par la fenêtre elle a vu un gros objet tout illuminé avec des lumières de couleurs qui tournoyaient. Étant donné que l'objet émettait une lumière intense, Murielle n'a pas été en mesure de distinguer sa forme exacte. Elle a toutefois pu estimer sa dimension assez précisément, en le comparant à celle d'une patinoire, car elle n'était qu'à une vingtaine de mètres de celui-ci. L'ovni qui flottait sans bruit au-dessus du moulin à scie de son beau-père s'est déplacé au-dessus de sa maison au même moment où elle est sortie à l'extérieur pour mieux le voir. À sa grande surprise, l'objet était maintenant directement au-dessus d'elle et l'entourait d'une lumière aveuglante. Elle disait qu'il faisait clair comme en plein jour, malgré que c'était le soir. Mis à part un léger sifflement, l'objet ne faisait aucun bruit. L'ovni est resté stationnaire pendant quelques secondes avant de se déplacer lentement vers l'ouest et disparaître. Ce qui a le plus impressionné Murielle dans cette observation c'est le fait qu'en dépit de sa taille imposante, l'objet restait stable et ne tombait pas. Comme Murielle était seule au moment de l'observation et qu'elle n'a pas de référence temporelle, il est difficile de savoir si elle a du temps manquant en lien avec cet incident.

Observation d'un flash lumineux – lac Bélanger, début 1990

La quatrième expérience vécue par Murielle s'est produite alors qu'elle était revenue habiter la maison familiale au lac Bélanger. Après avoir fait des courses avec son père, celui-ci l'a ramenée chez elle en voiture et est reparti chez lui ensuite. Comme elle vivait seule à ce moment-là, il était fréquent que son père vienne la chercher et la ramener chez elle quand c'était nécessaire. Après avoir déposé ses choses dans la maison, Murielle est allée à la boîte aux lettres pour récupérer le courrier. En se retournant elle a vu un gros *spot* de lumière venant du ciel qui l'a aveuglée pendant un bref instant et qui s'est éteint rapidement. Son père était déjà loin quand elle a observé cette lumière, et il n'y avait aucune autre voiture sur la route au moment de l'observation, il ne pouvait donc pas s'agir de phares de voiture. De plus, sa maison était située dans un endroit très isolé au pied d'une montagne, et la seule autre maison à proximité était un chalet dont les propriétaires étaient rarement là. Immédiatement après le flash, Murielle a regardé vers le ciel pour voir d'où la lumière provenait, mais n'a pas été en mesure de découvrir la source. Elle a eu peur et est rentrée immédiatement chez elle. Étant donné qu'elle vivait seule et qu'elle n'a pas porté attention à l'heure qu'il était quand elle est rentrée à la maison, il n'y a pas de façon de savoir si elle a fait une expérience de temps manquant en lien avec cette observation. Durant notre entretien, j'ai demandé à Murielle si elle connaissait Mme S. étant donné qu'elle aussi avait vécu dans ce coin-là et avait fait des observations. Elle me répondit que non, mais que son père lui avait déjà dit : « Tu vois fille? [en pointant la montagne] Cette montagne a quelque chose de spécial. Un jour je te dirai ce que c'est. »

Malheureusement son père est décédé avant d'avoir pu lui raconter de quoi il s'agissait exactement. Murielle m'a donc exposé brièvement son hypothèse pour tenter d'expliquer ces observations. Selon elle, il y avait quelque chose dans ce lieu précis qui attirait ces phénomènes inexpliqués. Toutefois, elle ne savait pas exactement pourquoi ce lieu semblait attirer la manifestation de tels phénomènes.

Observation d'une colonne de lumière – lac Bélanger, fin 1990

Vers la fin des années 1990, alors qu'elle demeurait toujours au lac Bélanger, Murielle a été témoin d'un autre incident pour le moins particulier :

Je remontais du village de Labelle, je m'en allais chez nous au lac Bélanger. Dans ce temps-là j'avais mes deux jeunes avec moi. Quand j'ai tourné le détour en approchant de la maison, dans le champ il y avait une grosse colonne rouge qui partait du ciel et allait jusqu'à terre. C'était gros ça. Et là j'ai eu peur et je n'osais pas parler dans l'auto pour ne pas effrayer les enfants puis j'ai regardé dans le rétroviseur et j'ai vu mon plus vieux à l'arrière. Je lui ai dit : « As-tu vu de quoi? » et il m'a dit : « Oui maman! » Rendu dans la cour je n'ai pas arrêté l'auto. J'ai tourné là tout de suite et j'ai été chercher mon frère au village. Je lui ai conté ça et je lui ai dit : « Viens! Viens! Viens! » Il est monté avec moi au lac et quand on est arrivés là il n'y avait plus rien. Mon frère a passé la nuit avec nous autres et le lendemain on a été voir, mais il ne semblait pas rien y avoir. Mon frère est parti et moi je suis restée là. Dans l'après-midi j'ai entendu des bruits. J'ai regardé par la fenêtre de la cuisine et il y avait trois hélicoptères noirs qui étaient au-dessus, où il y avait eu le gros rayon. Il y avait des militaires qui étaient habillés en noir et il y en avait un qui avait le pied sur le marchepied de l'hélicoptère, et il se tenait après, et il regardait en bas. Puis un moment donné il m'a regardé, puis il a fait un signe avec sa main, puis les hélicoptères sont partis. Ils ne sont pas venus me parler. J'en n'ai jamais entendu parler après.

La scène s'est déroulée dans un champ à proximité de la maison où Murielle habitait à seulement une trentaine de mètres de distance. Si je trouvais ce récit anecdotique, celui-ci m'avait quand même interpelé, car c'était la deuxième fois que j'entendais une histoire de colonne de lumière verticale venant du ciel dans cette région (voir le récit de Christiane Lacaille).

De plus, ce phénomène semble avoir attiré l'attention des plus hautes instances militaires pour prendre la peine d'envoyer trois hélicoptères noirs survoler la zone moins de 24 heures après l'incident. Est-ce que c'est le NORAD qui a donné l'ordre d'aller inspecter la zone ou un autre organisme paramilitaire? De quelle base provenaient ces militaires? Comment ont-ils été en mesure de capter le phénomène et de connaître la localisation exacte où ça s'est produit? D'où provenait la source de ce rayon lumineux? D'un vaisseau? De l'espace? Quel en était le but? Comme on peut le voir, cette observation soulève beaucoup de questions auxquelles pour le moment il est impossible de répondre en raison du manque d'information. La seule piste qu'il y a en ce moment est le fait que plusieurs observations d'ovnis ont été faites dans ce secteur depuis au moins les années 1940. On peut donc supposer que ce phénomène pourrait être relié à la présence d'ovnis. Quant au phénomène de colonne de lumière en lui-même, il est difficile d'en tirer des conclusions pour l'instant.

Sondés en pleine nuit – lac Bélanger, 1999

Un autre incident pour le moins intriguant s'est produit à la maison familiale du lac Bélanger. Murielle venait de se séparer d'avec son conjoint, et son plus jeune fils, âgé de six ans, dormait avec elle. Durant la nuit son fils s'est réveillé et a dit : « Maman! Maman! Regarde! » Il y avait un rayon rouge provenant de l'extérieur qui passait par la fenêtre, et qui le balayait de haut en bas comme l'aurait fait un *scanner*. Ensuite, le rayon a fait la même chose et a balayé le corps de Murielle. Étant donné que la source du rayon provenait de l'extérieur, Murielle s'est levée immédiatement et a regardé par la fenêtre. Le phénomène a cessé immédiatement et elle n'a rien vu à l'extérieur qui aurait pu être à l'origine de ce rayon lumineux. Cette histoire me faisait comprendre le sentiment de Murielle qui se disait « ciblée par eux autres ». Toutefois, d'autres événements se rajoutèrent à celui-ci et sont venus renforcer l'idée que Murielle et ses fils semblaient être suivis de très près par des visiteurs nocturnes.

Rencontre rapprochée du 3e type – lac Bélanger, 2006

Comme on peut le voir, Murielle a été témoin de nombreux phénomènes inexpliqués. Certains de ces phénomènes tel que le temps manquant, l'observation rapprochée d'ovnis, de faisceau de lumière aveuglante ou de rayons qui scannent le corps sont tous des indicateurs d'enlèvement. Parmi d'autres indicateurs d'enlèvement assez important figure l'observation d'humanoïdes ou rencontre rapprochée du 3e type. Il semble bien qu'en plus d'avoir été sondés par des rayons mystérieux, Murielle et son plus jeune fils ont vécu des expériences similaires en lien avec le 3e type. Elle m'en avait glissé un mot lors de notre première communication écrite via

Messenger et j'ai profité de cet entretien téléphonique pour en savoir davantage. Je lui ai demandé si elle pouvait m'en dire un peu plus à ce propos et voici ce qu'elle m'a dit :

En premier, ça été mon fils le plus jeune, dans ce temps-là il devait avoir 14 ou 15 ans. Il m'avait dit qu'il y avait des êtres qui étaient venus dans sa chambre, puis qu'il ne pouvait pas bouger et qu'il avait de la misère à respirer. Sur le coup je lui ai dit : « C'est sûrement un cauchemar. Des fois, un cauchemar on se réveille puis... » et il m'a répondu : « Non! Je ne dormais pas quand c'est arrivé. » Donc, c'est resté de même, puis un moment donné, je dis bonne nuit à mon garçon. Je pars, je m'en vais me coucher, j'embarque dans mon lit, je retrousse la couverte par-dessus moi, puis tout d'un coup je ne suis plus capable de bouger. Ça s'est fait aussi rapidement que ça. Puis là il y en avait... je pense qu'ils étaient quatre, des espèces d'êtres qui étaient là.

J'ai ensuite demandé à Murielle de me décrire les êtres qu'elle avait vu cette nuit-là, leur taille etc. :

Ils n'avaient pas plus de cinq pieds. Je suis couchée dans le lit et eux autres sont debout, ça fait que c'est assez dur à dire. Ils gesticulaient avec leurs mains et moi je n'étais pas capable de bouger du tout. Je paniquais puis pas à peu près, et dans ma tête je disais : « Seigneur aidez-moi! Aidez-moi! » Un moment donné je ne sais pas où ils sont partis. Il n'y avait plus rien. Je ne sais même pas comment ils sont arrivés. Je ne sais pas comment ils sont partis. La seule affaire qui s'est passé de bizarre, c'est que j'avais une tumeur au foie, et quand j'ai repassé mes examens quelques jours après, ma tumeur n'était plus là. Le spécialiste qui s'en était occupé me l'avait montré sur la télé. Puis quand j'y suis retournée, il disait : « Ben voyons! Ben voyons! » et je lui ai demandé : « Qu'est-ce qu'il y a? » Il m'a répondu : « Elle n'est plus là! Je ne peux pas vous expliquer pourquoi, mais elle n'est plus là. » Il n'y en avait plus. C'était parti.

On peut donc catégoriser cette expérience parmi les guérisons mystérieuses liées au phénomène ovni. Celles-ci sont assez communes et il y en a quelques-unes de rapportées dans cet ouvrage. Toujours dans le même entretien j'ai demandé davantage de détails à propos de l'apparence des êtres :

Ils avaient une grosse tête comparée au corps, mais leur couleur, c'est dur à dire, c'était sombre dans la chambre. Les bras étaient longs et leurs doigts aussi. Ça, je m'en rappelle parce qu'ils gesticulaient entre eux-autres avec leurs mains. Je ne sais pas si c'était leur manière de parler entre eux autres, mais une chose est sûre c'est que je ne dors pas s'il n'y a pas de lumière [depuis cet incident].

Je lui ai demandé si les êtres l'avaient touchée : « Pas à ma connaissance. Ils se faisaient aller les mains au-dessus de moi puis après ça ils bougeaient les mains comme ça entre eux autres, mais à ma connaissance ils ne m'ont pas touchée. » Il est possible, à la lumière de ce que nous a raconté Murielle, que ce soit les êtres qui sont venus la visiter cette nuit-là qui aient été responsables de cette guérison mystérieuse. Le fait d'avoir vu leurs mains passer au-dessus d'elle pourrait faire penser que ces êtres auraient utilisé une forme quelconque de technique de guérison énergétique comme le Reiki. Toutefois, Murielle a eu une peur épouvantable face à cette expérience dont elle n'avait aucune idée de la durée. Elle n'a pas senti qu'une communication avait été établie entre elle et les êtres. Immédiatement après l'incident, Murielle est allée voir son fils et lui a dit : « Je te crois maintenant. Je les ai vus. »

Observation d'une sphère blanche – lac Bélanger, 2010

Toujours au même endroit, mais vers 2010, Murielle a été témoin d'une autre observation (elle avait début cinquantaine). C'était durant une soirée d'été, elle était dans sa chambre et regardait les étoiles par la fenêtre, lorsqu'elle a vu une sphère de couleur blanche se diriger vers leur propriété, et se déplacer à toute allure en frôlant les bâtiments de ferme. Selon son estimation, la sphère devait avoir la taille d'un gros ballon de plage et circulait très rapidement en tournant sur elle-même. La trajectoire que l'objet dessinait durant sa course était en forme d'ellipse. Elle a été en mesure de la suivre du regard tout le temps qu'elle s'est promenée sur son terrain jusqu'à ce qu'elle remonte à toute vitesse vers le ciel. L'observation a duré un peu moins de cinq minutes en tout.

Conclusion

Les expériences partagées par Murielle démontrent de nombreux indicateurs d'enlèvements. À la lumière de ce qui a été dit dans son témoignage, il semble qu'elle et ses fils ont eu l'attention des visiteurs nocturnes plus d'une fois, mais sans davantage d'information pour appuyer cette hypothèse; ceci n'est que conjecture pour l'instant. Au début de notre entretien téléphonique, Murielle avait abordé la question de l'hypnose, car elle se doutait qu'il y avait beaucoup d'informations qui dormaient en elle.

Toutefois, comme elle avait vu le film *Le 4e type* et qu'elle croyait (à tort) que les séances se passaient comme dans ce film, elle avait très peur de le faire. Je n'ai donc pas proposé de conduire des séances d'hypnose à la fin de notre entretien, même si je savais très bien qu'il restait de nombreuses zones d'ombre dans ses souvenirs. En 2018, Murielle a quitté définitivement la maison familiale pour s'installer dans une autre région des Laurentides. Selon elle, le lieu où elle vivait avant avait beaucoup à voir avec ses nombreuses expériences. Depuis qu'elle vit dans ce nouveau village, elle n'a constaté aucun incident particulier en lien avec les ovnis.

Les observations multiples de Rock

Le fait d'observer des ovnis plusieurs fois dans sa vie ne fait pas nécessairement de vous un abducté. Il y a des témoins, qui sans être des abductés, ont la chance de faire plusieurs observations. C'est le cas ici de Rock, un ancien militaire résidant à La Minerve qui m'a rapporté plus d'une douzaine d'observations (figure 17). Rock et moi avons en commun d'avoir servi dans la même unité de parachutistes, soit le Régiment aéroporté canadien, mais comme lui était là quelques années avant moi nous n'avons pas eu la chance de travailler ensemble. Nous avions servi pour le même régiment, mais nous nous sommes rencontrés ici pour la première fois parce que ses observations s'étaient produites très près de chez moi à environ 3 kilomètres de distance.

Il est possible que certaines des observations rapportées par Rock soient des méprises de phénomènes naturels et d'objets communs, et même si cela pourrait s'avérer intéressant d'analyser chacune d'elles, cela prendrait presqu'un chapitre en entier pour le faire. Le but de ce livre n'est pas de former des enquêteurs de terrain, mais bien de présenter un maximum de cas d'origine inconnue. Je n'aborderai donc que les observations qui ont un degré de certitude suffisant pour être classées comme inconnues. Le croquis à la figure 17, qui a été dessiné par Rock, schématise sommairement plusieurs observations qui ont été faites à La Minerve en bordure de la Réserve faunique Papineau-Labelle entre le 4 mars et le 14 avril 2016.

Comme je l'ai dit plus tôt, certaines de ces observations peuvent êtres des méprises de phénomènes naturels tandis que d'autres sont de véritables inconnues. On observera dans ce croquis que la première observation listée, celle du 4 mars 2016, est celle d'un ovni argenté de grande dimension. À première vue, il ne peut s'agir d'une méprise en raison de la proximité de l'objet, de sa taille, ainsi que de sa forme qui exclut la possibilité qu'il puisse s'agir d'un objet conventionnel.

Cette première observation semble donc avoir suscité chez Rock un vif intérêt pour scruter le ciel de façon continue dans les jours qui ont suivi : il était à l'affût d'autres phénomènes semblables. Sa vigilance a porté fruit, car la semaine suivante, soit le 12 mars 2016, il a été témoin d'une autre observation pour le moins spectaculaire : il s'agissait d'un objet qui changeait de forme au fur et à mesure qu'il se déplaçait. Le lendemain, Rock a observé des lumières faisant des manœuvres inhabituelles, mais celles-ci étaient trop loin pour qu'il puisse en discerner les détails. Toutefois, cinq jours plus tard, un objet de forme cylindrique est sorti des nuages à toute allure et a traversé son champ de vision alors qu'il regardait le coucher de Soleil. Même si cette observation n'a durée qu'environ deux secondes, celle-ci a été suffisamment longue pour qu'il ait été en mesure de voir l'objet comme il faut. Rock a fait des croquis pour chacune de ces trois observations qui sont décrites en détail dans les pages qui suivent.

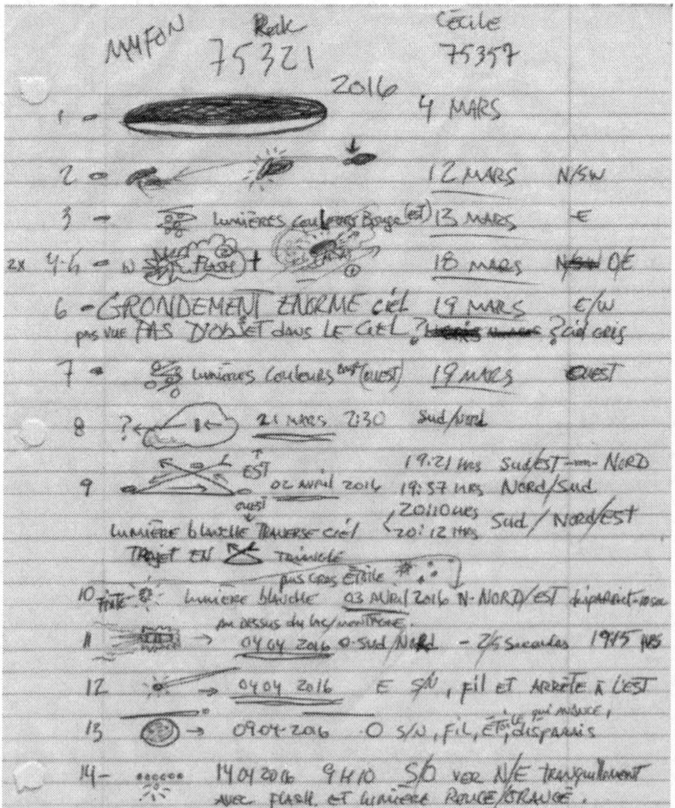

Figure 17. Un sommaire schématique des observations de Rock.

#1 : observation du 4 mars 2016

Le 4 mars 2016 vers 10h15 du matin, deux écureuils qui se chamaillaient dans un arbre en face de chez lui attirèrent son attention. Il était curieux, car il croyait qu'il s'agissait de deux espèces différentes : un écureuil noir et un écureuil gris qui se livraient une guerre de territoire. C'était une des premières fois que des écureuils noirs étaient observés dans la région. Il a donc pris ses jumelles pour voir s'il s'agissait bien de ça, mais derrière cette scène, un objet se déplaçant très lentement dans le ciel attira son regard.

De son point de vue, l'objet était en forme de cylindre allongé et de la même façon qu'un miroir le ferait, il reflétait la couleur de la neige en dessous, et celle du ciel au-dessus, au fur et à mesure qu'il avançait (figure 18). Quand je lui ai demandé si l'objet était en forme de cigare, il m'a répondu que de son point de vue c'était difficile à dire, car il le voyait de côté. Il m'a donné l'exemple d'un couvercle de casserole qu'on regarderait de côté. L'objet aurait donc tout aussi bien être un disque plat ou un cigare allongé, mais il n'avait aucune autre information visuelle supplémentaire pour l'aider à déterminer sa forme réelle. Pour ce qui est de sa couleur, celui-ci était blanc et bleu, mais simplement parce qu'il reflétait la couleur de son environnement.

Figure 18. Reproduction de Rock de l'observation du 4 mars 2016.

Sa couleur réelle était plutôt gris métallique poli, aussi reluisant qu'un miroir. Toujours à l'aide de ses jumelles, Rock a remarqué que le contour de l'objet était un peu embrouillé, tout comme de l'asphalte par une journée chaude d'été. Ce phénomène particulier de flou autour des ovnis est rapporté à l'occasion par des témoins d'observation, et selon moi, ceci peut indiquer que l'objet pouvait soit produire de la chaleur ou qu'il émettait un champ énergétique autour de lui.

La trajectoire de l'ovni qui était rectiligne allait du nord vers le sud. L'objet ne faisait aucun bruit et se déplaçait très lentement un peu plus haut que la cime des arbres. Au début de l'observation, Rock a dit à sa conjointe qu'il y avait quelque chose de spécial à l'extérieur et de venir voir, mais elle lui a simplement répondu qu'elle était occupée. Sa conjointe qui travaillait à l'ordinateur était loin de se douter que la chose spéciale que Rock observait était un ovni.

Étant donné qu'il n'est pas d'un naturel nerveux, il semble que même la vue d'un ovni n'était pas suffisant pour qu'il démontre de l'excitation devant sa conjointe. Rock, qui avait observé l'objet de l'intérieur de chez lui, est ensuite sorti sur la galerie pour mieux voir, mais il a perdu l'objet de vue après que celui-ci se soit dirigé vers sa droite derrière des arbres en direction du lac Preston. L'observation, qui a duré environ dix secondes en tout, aurait été suffisamment longue et faite d'assez près pour qu'il réussisse à déterminer avec certitude qu'il ne s'agissait pas d'un avion ou tout autre aéronef conventionnel.

Étant donné que Rock avait entendu parler de moi dans les journaux locaux au cours des mois précédents, il a fait une brève recherche sur internet et a vu mon nom apparaître dans les enquêteurs de l'Association québécoise d'ufologie. Il a donc contacté l'AQU dimanche le 20 mars 2016 pour que je m'occupe de son cas, mais comme je ne faisais plus partie de l'organisation à l'époque on lui a référé un autre enquêteur. Rock a quand même raconté son observation à l'enquêteur assigné à ce cas et celui-ci a été classé dans la base de données de l'AQU.

Désormais sur le qui-vive, Rock scrutait maintenant le ciel avec une vision tout à fait différente qu'avant cette observation. Il semble que le fait de garder l'œil ouvert aura porté fruit, car quelques jours plus tard, il fit une deuxième observation à partir de chez lui. Cette fois-ci Rock a rapporté son observation directement au MUFON, mais comme j'étais très occupé à l'époque, car j'étais à la barre du MUFON Québec, les cas d'observations qui entraient via le CMS (*Case Management System*) étaient directement assignés à des enquêteurs de terrain par le directeur des enquêtes. Simon Hébert, alors chef enquêteur des affaires autochtones, fut assigné à ce cas après qu'il eut été retiré à un autre enquêteur qui n'avait pas eu le temps de s'en occuper dans les délais prescrit.

Tout dépendamment de la priorité donnée à un cas, un enquêteur a entre 24 et 72 heures pour établir un premier contact avec le témoin. Ce premier contact, qui peut se faire par courriel ou par téléphone, sert à signifier au témoin que son cas a bien été reçu et qu'un enquêteur de terrain travaille dessus. Simon prit donc contact avec le témoin quelques temps après l'observation du 12 mars, mais depuis ce temps Rock avait fait d'autres observations. Simon me contacta peu de temps après pour me dire qu'il semblait y avoir beaucoup d'activité près de chez moi et que je devrais peut-être m'impliquer dans cette enquête. Il me fit une brève description des observations de Rock et pour être tout à fait franc j'étais un peu perplexe devant toute cette histoire. S'agissait-il vraiment d'un cas d'observations multiples ou de quelqu'un à l'imagination débordante? Je pris donc contact avec Rock et écouta sa version des faits.

Toutefois, même si les observations de Rock n'étaient pas considérées comme des rencontres rapprochées, celles-ci comportaient suffisamment de détails pour arriver à déterminer s'il s'agissait d'inconnus ou de méprises une fois la crédibilité du témoin établie. Pour se faire, nous devions rencontrer le témoin en personne et conduire une entrevue. On ne peut établir la crédibilité d'un témoin et encore moins de son récit simplement en lui parlant au téléphone et encore moins en communiquant par courriel.

De plus, il est important pour l'enquêteur de voir l'environnement où s'est produit l'observation afin de vérifier s'il y a des choses qui pourraient potentiellement mener à une méprise. Le cas des Etchemins, vu au premier chapitre de cet ouvrage, est un bon exemple de l'importance de rencontrer les témoins en personne pour déterminer leur crédibilité et celle de leur récit. Mais comme Simon et moi étions occupés chacun de notre côté avec nos vies respectives (il ne faut pas oublier que les enquêtes de terrain se font bénévolement), nous avons conduit l'entrevue avec Rock et sa conjointe un an après les événements, soit en avril 2017.

J'avais tout de même eu la chance de les rencontrer quelques fois avant cette entrevue à l'occasion d'événements que j'organisais, mais je n'avais jamais eu le temps d'écouter chacune de ses observations en détail avant cette journée-là. Tel que décrit à la figure 17, Rock nous raconta ses multiples observations à l'aide des croquis qu'il avait faits.

#2 : observation du 12 mars 2016

C'était après souper, un peu avant le coucher du Soleil. Rock était assis à la table et regardait la télévision, et derrière celle-ci il y avait une fenêtre située à l'ouest. C'est par cette fenêtre qu'il a remarqué un reflet lumineux au loin, au-dessus de la montagne. Il s'est levé immédiatement, et a pris ses jumelles en se dirigeant à l'extérieur. Au travers de ses jumelles, il voyait une sphère qui semblait tomber en diagonale en allant du nord vers le sud, et qui laissait une légère trainée de fumée derrière elle (figure 19 agrandissement #1).

Cette fumée se dissipait au fur et à mesure du déplacement de la sphère jusqu'à ce qu'elle disparaisse. Il a ensuite regardé sans ses jumelles en pensant que l'objet était simplement sorti de son champ de vision, mais il était bien disparu. Il est toutefois réapparu un peu plus loin dans la trajectoire où il se dirigeait et en regardant dans ses jumelles, il ne voyait plus une sphère, mais plutôt un tube allongé de couleur orangé (figure 19 agrandissement #2). La couleur provenait de la réflexion du Soleil sur l'objet et était encore une fois gris métallique poli. Il ne l'a jamais quitté des yeux, mais celui-ci a encore disparu de sa vue pour réapparaître un peu plus loin sur la gauche à la hauteur de la cime des arbres. L'ovni qui avait encore une petite trainée de fumée s'est arrêté et s'est mis à pivoter à 90 degrés vers l'ouest. C'est durant cette manœuvre que Rock a vu des lumières de couleur sur une des faces de l'objet (figure 19 agrandissement #3).

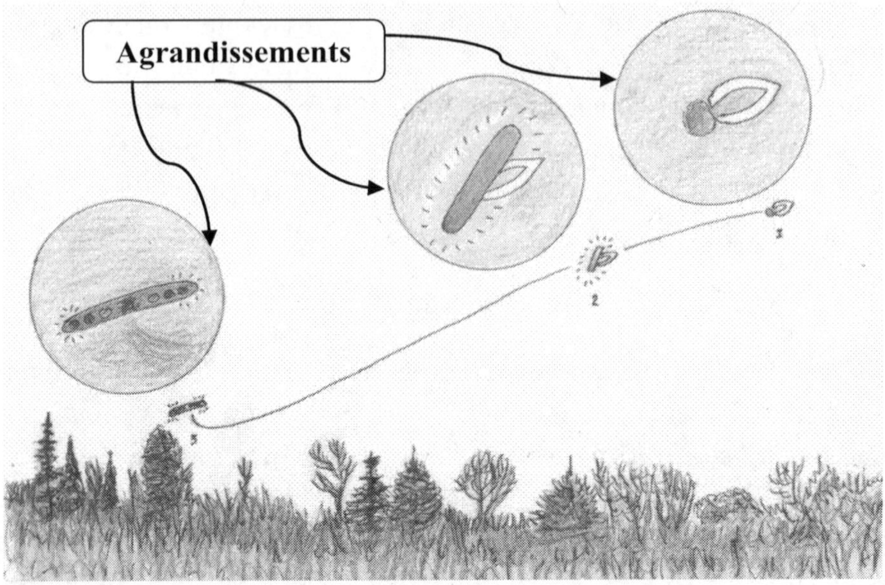

Figure 19. Croquis de Rock de l'observation du 12 mars 2016.

Rock a été en mesure de suivre l'objet avec ses jumelles encore quelques secondes jusqu'à ce qu'il le perde de vue à cause des arbres. Il se dirigeait en direction du lac Gagnon. Il était seul durant cette observation et n'avait pas de téléphone ni de caméra pour prendre de photo. Heureusement, Rock est un excellent dessinateur et a reproduit la scène étape par étape avec un agrandissement pour voir les détails tels qu'il les voyait avec ses jumelles.

Ce type de cas est ce qu'on appelle une observation avec changement de forme. Ceci est suffisamment fréquent pour faire partie du manuel des enquêteurs du MUFON. Je n'étais donc pas surpris d'entendre le témoignage de Rock, surtout que j'avais déjà eu quelques cas du genre auparavant. Même si dans ces autres cas, le changement de forme n'était pas identique et que l'ovni qui apparaissait au bout de la ligne était différent, le processus restait le même; apparition d'un objet de forme X, déplacement ou mouvement de celui-ci et apparition d'un nouvel objet de forme Y. Le contraire étant également possible. Cette façon d'apparaître et de disparaître ainsi que la capacité à se fondre dans leur environnement tout en se déplaçant à basse altitude est un indice que certaines des entités qui pilotent ces vaisseaux essaient d'œuvrer sans être vues.

#4 et 5 : observations du 18 mars 2016

Il y a eu deux événements ce jour-là. Le premier c'était au-dessus du lac après 19h, le Soleil venait à peine de se coucher et les nuages dans le ciel affichaient une couleur jaune-orangée. Alors qu'il contemplait la vue de ce couché de Soleil, Rock vit un objet en forme de cylindre sortir d'un nuage et se déplacer à toute vitesse vers le nord-ouest. L'observation n'aurait duré que deux secondes, mais aurait été suffisamment longue pour percevoir que l'objet était de couleur gris métallique et qu'il reflétait la couleur du Soleil couchant, ce qui lui donnait une teinte jaune-orangée (figure 20). Immédiatement après cette observation, Rock a sorti une caméra vidéo et a commencé à filmer dans la direction où il avait vu l'objet pour la dernière fois. C'est à ce moment qu'il vit une lumière brillante sortir d'un nuage et qui émettait des flashs irréguliers. Malheureusement, l'objet semblait beaucoup trop loin pour distinguer des détails qui auraient aidé à déterminer ce que c'était exactement.

L'observation du cylindre métallique vu par Rock ressemble beaucoup à celle de Christiane Lacaille qui racontait avoir vu un objet passer dans les nuages très rapidement à la toute fin de son témoignage. Il s'agit toutefois de deux événements distincts, car même s'il est possible qu'ils se soient produits la même année, la période de l'année est différente ainsi que leur lieu d'observation. Pour ce qui est des trois observations de Rock décrites précédemment, il est possible que pour chacune d'elles qu'il s'agisse d'un seul et même vaisseau, mais vu sous des angles et à des moments différents. Quant à donner des explications au pourquoi de tous ces va-et-vient dans ce secteur de La Minerve, on ne peut que spéculer tant que nous n'avons pas plus d'information.

Figure 20. Croquis de Rock de l'observation du 18 mars 2016.

#6 et #8: grondements bizarres et avions volants non identifiés

Lors de notre entretien avec Rock, celui-ci nous mentionna que le lendemain de l'observation de l'ovni cylindrique, lui ainsi que d'autres personnes présentes, avaient entendu des bruits sourds provenant du ciel ressemblant à ceux d'un avion de chasse. Voici un extrait de son témoignage à ce propos : « Le 19 mars, on était plusieurs ici, j'entends un grondement, comme un jet, mais plus gros, plus sourd, et plus lent. On dirait que ça se déplaçait à peine. Je suis même sorti dehors [pour voir ce que c'était], le ciel était nuageux, puis je sentais la vibration et le déplacement du bruit vers la même direction. » Étant donné que le ciel était nuageux, Rock n'a pas pu voir le type d'aéronef à l'origine de ce bruit, mais il pouvait sentir que ça avait passé lentement directement au-dessus de sa maison. Un peu plus tard dans la journée, alors que le ciel était dégagé, il a aperçu des avions qui volaient à haute altitude et qui semblaient quadriller le secteur au-dessus de chez lui : « Le 19 mars, plusieurs fois dans le ciel il y a des avions qui sont passés et ont fait comme un quadrillage. » Toujours d'après Rock, il y avait au moins deux avions qui circulaient à angle droit et dont les trajectoires se croisaient. Il pouvait suivre leurs trajets, car les avions laissaient des trainées blanches derrière eux, qui restaient suspendues en l'air et qui s'élargissaient tranquillement au fur et à mesure que le temps avançait (figure 21 – 19 mars).

Deux jours plus tard, soit le 21 mars, la même chose se reproduisit, mais cette fois-ci les avions étaient plus bas et Rock pouvait distinguer davantage de détails: « Le 21 mars, il y a de gros avions et ça je l'ai vu aussi gros que ça [en pointant le croquis] qui se déplaçaient de l'ouest vers l'est, bien bas, tranquillement, leur ventre était noir, le dessus blanc. Ils ont passé bas de même et ç'a repassé un peu plus haut, un peu plus haut, un peu plus haut, en faisant un quadrillage. Ils ont quadrillé le secteur. Après ça on ne voyait plus rien parce que les fumées de l'avion ont caché le ciel. » Selon ce qu'il a pu observer cette journée-là, avant que les avions ne commencent à survoler le secteur, le ciel était totalement dégagé, mais le ciel a commencé à se couvrir peu à peu au fur et à mesure du passage des avions qui laissaient des trainées qui restaient et s'élargissaient (figure 21 – 21 mars).

J'avais hésité à rajouter cette partie du témoignage de Rock étant donné la controverse qui entoure le phénomène des *chemtrails* ou trainées chimiques. Plusieurs théories ont vu le jour à leur propos et j'avoue ne pas avoir étudié la question suffisamment pour pouvoir me prononcer là-dessus en toute connaissance de cause. Toutefois, j'ai distingué qu'il semble y avoir une différence entre certaines trainées de condensation laissées derrière les avions.

Les *contrails* ou trainées de condensation, sont les trainées que les avions laissent derrière eux lorsqu'ils volent à haute altitude. Il s'agit d'un phénomène atmosphérique complexe responsable de production de vapeur d'eau sous forme de trainée de vapeur d'eau condensée.

Les avions commerciaux sont les plus susceptibles de former des *contrails*, car ceux-ci volent dans la haute troposphère (8 à 15 km d'altitude), une zone de l'atmosphère qui réunit les conditions propices de température et d'humidité à l'origine de ce phénomène (lesquelles sont : une humidité atmosphérique supérieure à 68%, ainsi qu'une température de -39° Celsius.[12]) Ces trainées de vapeur d'eau condensée peuvent persister dans l'atmosphère de quelques minutes à plusieurs heures tout dépendamment des conditions atmosphériques rencontrées.[13]

Toutefois, il arrive que l'on observe des avions volant à basse altitude et formant quand même des trainées de condensation, et ce, malgré le fait que les deux conditions nécessaires à leur formation ne soient pas présentes. Ce sont ces trainées qui sont à l'origine de nombreuses théories qualifiées de conspirationnistes par les médias de masse. Sans vouloir entrer dans un interminable débat concernant les *chemtrails*, dans le cas du témoignage de Rock, il semble évident que ce ne sont pas des avions commerciaux volant dans la haute troposphère qui ont été à l'origine de ce qu'il a observé le 21 mars 2016. Le fait de voler en effectuant des trajectoires perpendiculaires pour former un quadrillé et de surcroit à basse altitude dans une zone forestière n'ayant aucun aéroport à proximité (hormis celui de Mont-Tremblant) vient semer le doute quant à l'explication conventionnelle des trainées de condensation.

Durant notre entretien, Rock n'a jamais tenté d'expliquer pourquoi ces avions faisaient de tels tracés ni le lien que ceux-ci pouvaient avoir avec les observations d'ovnis qu'il avait fait précédemment. Il a simplement trouvé ça bizarre qu'une telle chose se produise au-dessus de chez lui alors que ça ne s'était jamais produit auparavant. Il n'a que rapporté ce dont il a été témoin en tentant de mettre le plus de détails possibles pour partager l'information. Mais d'où provenaient ces avions et pourquoi faisaient-ils de telles manœuvres? Sans pouvoir donner d'explication quant à cette observation, on peut toutefois se demander si ces trainées ont été mises là délibérément et si oui : Pourquoi? Était-ce pour voiler le ciel afin d'empêcher d'observer les allées et venues de visiteurs clandestins? Quoi qu'il en soit, Rock n'était pas le premier témoin à avoir rapporté des aéronefs survolant un secteur peu de temps après des observations d'ovnis ou de phénomènes inconnus. Les cas de Murielle et Christiane Lacaille vus précédemment sont de bons exemples.

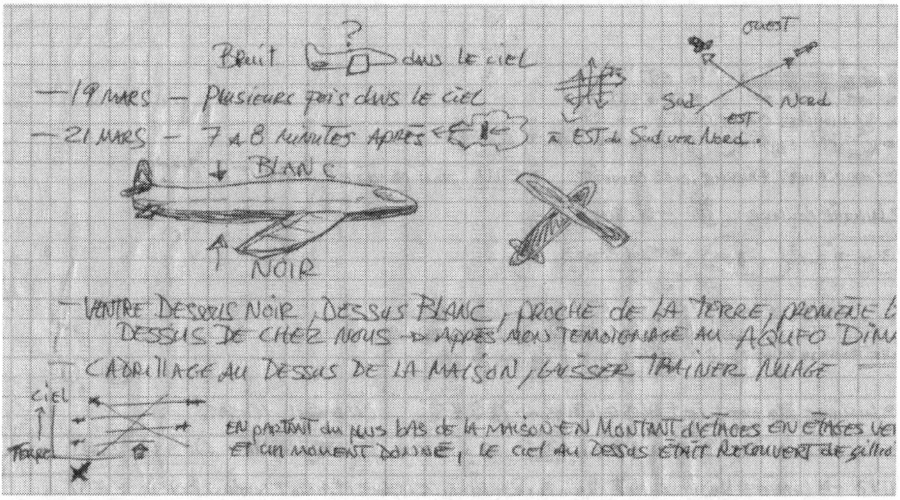

Figure 21. Croquis de Rock avec descriptions des observations du 19 et 21 mars.

Conclusion

Les multiples observations d'ovnis dont Rock a été témoin au printemps 2016 sont intéressantes à plusieurs points de vue. Premièrement, celles-ci ont été vues d'assez près pour déterminer qu'il s'agissait bien d'inconnues. Deuxièmement, leurs fréquences et leurs directions semble suggérer des allées et venues vers ou à partir d'un lieu spécifique. Ces déplacements avaient donc un but. De plus, la forme cylindrique ainsi que la dimension de l'objet ressemblent à ce que Danielle B. avait observé dans les années 1990. Ce qui démontre que les observations d'ovnis cylindriques ou en forme de cigare ne sont pas nouvelles et qu'elles se produisent depuis au moins une trentaine d'années dans le secteur minervois. Les seules certitudes que nous avons pour l'instant concernant ces objets, c'est qu'ils sont réels et qu'ils se déplacent en utilisant une technologie différente de ce que nous connaissons. Quant à ce que les occupants de ces vaisseaux viennent accomplir ici cela reste un mystère pour le moment. Toutefois, je suis confiant que d'autres témoins d'observation n'ayant jamais eu la chance de s'exprimer existent, et que les témoignages tel que celui de Rock soient une source d'inspiration pour les encourager à partager ce qu'ils ont vu. C'est grâce aux informations provenant de ces témoignages que nous pourrons peut-être un jour comprendre le phénomène dans son ensemble et la place que nous y occupons.

L'exposition MUFON Québec

De mon point de vue, les croquis de Rock étaient de véritables œuvres d'art tant ils étaient beaux. Ceci me donna l'idée d'organiser une exposition de dessins, croquis et peintures faits de la main des témoins. Avec le temps, j'avais amassé beaucoup de ces œuvres d'art ufologiques et je voulais les partager au public. Ma conjointe, qui est elle-même artiste, m'a aidé à organiser cet événement qui s'est tenu à La Minerve en août 2016. Tous les moyens étaient bons pour partager l'information issue des enquêtes de terrain et cette exposition était une bonne façon de montrer la réalité ovni au public dans un contexte moins formel qu'un séminaire. Les croquis de Rock ainsi que ceux d'une dizaine de témoins étaient disposés sur des panneaux avec une brève description de l'événement qui en était l'origine (figure 22).

Cet événement, qui était ouvert à tous, servait également à établir un contact entre la population locale et quelques témoins d'observation d'ovni. J'avais remarqué que la très grande majorité des gens qui assistaient aux événements que j'organisais étaient pour la plupart des témoins d'observation d'ovni. Il était très rare de voir des gens n'ayant eu aucune expérience ufologique participer aux conférences et aux séminaires que j'organisais. La raison principale était certainement en raison du tabou social entourant la question des ovnis en général. Celui-ci est beaucoup plus fort que l'on croit et cela prend un effort considérable de la part de ces personnes qui sont constamment conditionnées à leur insu à rejeter toute cette réalité du revers de la main pour oser regarder au-delà de ce conditionnement. L'exposition fût une véritable réussite et les exposants ont pu partager leurs expériences avec des participants curieux et ouverts d'esprit.

Figure 22. Partie de l'exposition MUFON Québec. Crédit photo : Céline Vergne.

Simultanément à l'exposition, se tenait à même le site, une série de conférences données par quatre intervenants : Pierre Caron, le consultant en hypnose du MUFON Québec; Simon Hébert, le chef enquêteurs des affaires autochtones; Luigi Vendittelli, un enquêteur sénior du MUFON, et Suzanne Boucher, une dame ayant vécu un enlèvement en 1976. L'actuel directeur des enquêtes, Éric Tessier, était également là pour montrer ses nombreux équipements de surveillance nocturne et expliquer quelques techniques d'observation en infra-rouge. L'ambiance était assez festive comme c'était le cas en général pour les événements du MUFON où toute l'équipe se retrouvait. Céline Vergne, la directrice des publications, était également présente et a écrit un article dans Le Vigilant à la suite de cet événement dont voici un extrait :

L'expo d'art du MUFON Québec, j'ai eu la chance d'y assister!

Quand j'ai appris que Marc St-Germain organisait une exposition au QG du MUFON, j'ai trouvé l'idée aussi originale que géniale. Pas seulement parce que le QG est situé dans les Laurentides, et qu'on est toujours content d'avoir une excuse pour aller dans les Laurentides. Voici quelques-unes des raisons pour lesquelles j'ai trouvé ce projet vraiment intéressant.

La première est qu'il n'est finalement pas courant de pouvoir observer des représentations artistiques d'extraterrestres – je veux dire, de se retrouver face à l'œuvre originale. On peut entrer quelques mots-clés dans Google et obtenir des milliers d'images de créatures extraterrestres – facile. Certaines sont d'ailleurs vraiment magnifiques. Il est indéniable que la figure de l'extraterrestre s'est taillé une place de choix dans notre imaginaire culturel et qu'elle possède une charge esthétique non négligeable... mais très liée à l'art digital. Autrement dit, si vous voulez voir en vrai un tableau représentant un extraterrestre, mieux vaut vous armer de patience et être prêt à voyager loin. Cette figure reste l'apanage du milieu de la science-fiction. Inutile de dire que l'expo du MUFON promettait bien une expérience vraiment différente!

Deuxième raison, les artistes étaient présentes. Comme tout le monde, moi aussi j'aurais voulu être une artiste, et puis j'ai laissé ça aux vrais pros. Mais justement, il n'est pas très courant d'avoir la possibilité de leur parler, aux vrais pros du crayon ou du pinceau! Au MUFON, l'ambiance est détendue, conviviale, on ne se sent pas trop intimidé d'aller parler aux artistes et aux conférenciers. Ils sont là pour aller vers les gens, pour répondre aux questions, pour parler de leurs techniques et de leurs sources d'inspiration. On n'a pas fait que regarder de l'art, à l'expo du MUFON. On en a causé.

Et la beauté de la chose est que parmi ces artistes se trouvait une « abductée », c'est-à-dire une personne qui a vécu un enlèvement extraterrestre. Cela signifie que l'exposition n'avait pas pour seule motivation de proposer au public des œuvres esthétiques et inspirantes. Elle présentait également un aspect particulièrement grave du phénomène ovni, les enlèvements. Et les membres du MUFON Québec savent que ce sujet n'a rien d'une plaisanterie, bien qu'il soit malheureusement traité comme tel dans notre société. Ne vous y trompez pas, ici, l'art n'est pas qu'un divertissement. Pour les abductés, il peut être une manière d'exprimer leur expérience et d'exorciser la douleur ou de tenter de comprendre un peu mieux ce qui leur est arrivé. Alors cette expo, quelle belle façon de partir à leur rencontre et de découvrir cette facette essentielle, mais souvent laissée de côté, de leur expérience! Je trouvais vraiment intéressant de mettre en valeur la dimension artistique de ces personnes.

C'est une chose de savoir qu'un abducté a fait des croquis de ses expériences... C'en est une autre de voir ces croquis ou ces peintures de près, et de ressentir tout ce qu'elles expriment au-delà des mots. C'est ma troisième raison d'avoir apprécié l'expo : elle permettait de faciliter les échanges sur ce sujet, de le rendre un petit peu moins abstrait et lointain pour les curieux. Car tous ne savent pas encore trop comment se positionner par rapport à ce phénomène particulièrement difficile à accepter.

On pourrait trouver surprenant qu'une association comme le MUFON, qui se donne pour mission d'étudier le phénomène ovni de façon scientifique, organise une exposition d'art. Je trouve cela, au contraire, très bien pensé. La science est utile pour étudier le phénomène des enlèvements, mais que faire une fois que les séances de régression sont terminées? Les abductés sont des personnes qui, comme le dit M. Pierre Caron dans ses conférences, présentent des symptômes du syndrome de choc post-traumatique. Elles souffrent souvent d'isolement, de rejet et de détresse. On les prend pour des illuminées, des menteuses en mal de célébrité, ou pire – j'en ai eu encore la preuve cette semaine en intégrant le livre de Don Donderi à un exercice que j'ai donné à faire à mes étudiants de premier cycle : une jeune femme a vu le livre et a eu un petit rire gêné, qui trahissait tout son mépris pour le sujet, puis elle l'a immédiatement reposé en disant : « Ah non mais, la psychologie des enlèvements extraterrestres, je peux pas! ».

L'exposition du MUFON avait donc le double avantage d'offrir un espace d'échange à la fois sérieux et positif et de rappeler que les abductés sont loin d'être, justement, des illuminés. Ils méritent d'être pris au sérieux quelles que soient nos conclusions personnelles sur le phénomène, et la finesse des œuvres présentées a très certainement contribué à démontrer l'injustice des clichés qui circulent à leur sujet. En nous permettant d'avoir de véritables conversations directement avec les abductés, mais aussi en nous rapprochant de leur côté sensible et artistique, le MUFON nous rappelle que l'ufologie est souvent la seule à s'occuper des humains qui ont été témoins de certains phénomènes difficiles. Nul doute que, parmi les visiteurs de l'exposition, parmi tous les gens qui auront vu l'affiche – même s'ils ne sont pas venus –, il y a des abductés qui n'ont jamais osé parler. Nous pouvons espérer qu'à force d'œuvrer avec bienveillance, ils se sentiront en confiance pour partager leur expérience sans honte.[14]

Cécile : une guérison mystérieuse

C'est à Simon Hébert, le chef enquêteur des affaires autochtones, que ce cas avait été assigné. Cécile est la conjointe de Rock et les deux habitent très près de chez moi. Étant donné qu'il est toujours préférable de rencontrer les témoins à deux enquêteurs et que Cécile et Rock n'étaient qu'à quelques kilomètres d'où j'habitais, Simon m'avait demandé de l'accompagner pour conduire l'entrevue avec lui. Simon et moi avions rencontré Cécile au cours du même entretien que nous avions eu avec Rock le 11 avril 2017. L'entrevue a été filmée en entier pour s'assurer d'avoir toute l'information en lien avec leur témoignage. L'événement rapporté par Cécile s'est produit un soir de septembre 2013 alors qu'elle et Rock étaient gardiens d'un camp forestier dans le secteur de la ZEC Mazana.

Après souper, les deux sont sortis à l'extérieur et se sont mis à regarder le ciel. Il n'y avait pas de nuage et, comme ils étaient en pleine forêt, le spectacle qu'offrait la voute céleste était à couper le souffle : le ciel était tapissé d'étoiles… Toujours en regardant vers le ciel, Cécile a remarqué deux étoiles qui se déplaçaient ensemble l'une derrière l'autre. Elle a demandé à Rock de regarder ces deux étoiles en pensant qu'il pouvait s'agir de satellites, mais au moment où Rock a regardé en direction des objets, le premier a changé de trajectoire et est parti en direction de l'espace. Cécile a eu pour réflexe de pointer du doigt le deuxième objet pour s'assurer que Rock le voit aussi, et au même moment où l'objet commençait à faire la même manœuvre que le premier, un faisceau lumineux est parti de celui-ci pour atteindre les yeux de Cécile. Elle avait vu le faisceau s'approcher rapidement de sa vue, mais n'a pas bougé, car elle ne savait pas ce que c'était. Immédiatement après, elle s'est sentie bizarre et demandé à Rock : « Est-ce que t'as vu la lumière? » Rock avait observé les étoiles se déplacer et faire des manœuvres, mais n'avait pas fait l'expérience du faisceau lumineux dans ses yeux. Voici le témoignage que Cécile avait écrit dans le CMS :

Nous étions au travail comme gardiens, nous sommes sortis sur la galerie moi et mon conjoint, c'était une belle soirée bien étoilée, lorsque je remarque dans le ciel deux étoiles qui se suivent. Je fais remarquer à mon conjoint en pointant [dans] *la direction des deux étoiles. C'est alors que je vois la première qui est devant, après quelques secondes, change de direction à 90 degrés va vers le ciel, je pointe encore pour dire : « Hé!* tchek *la deuxième », en la pointant. C'est alors que la deuxième étoile m'a pointée, j'ai vu la lumière grossir dans mes yeux comme un laser jouet, plus gros, et je dirais* [pendant] *moins d'une seconde. (J'ai été assez surprise un peu apeurée), (mon conjoint lui a vu cette lumière mais pas comme moi) et après quelques secondes, elle a aussi disparu comme la première vers le ciel, nous sommes entrés à l'intérieur. Ce que je venais de voir m'a franchement été assez bizarre je n'en ai pas vraiment parlé, et à qui?*

Nous en avons parler à nos proches seulement... [Nous]*ont-ils pris au sérieux? Je ne sais pas, mais moi je sais de ce que j'ai vu... Un homme nous a fait la remarque de ne pas désigner de la main ou du doigt ce que l'on voit, ce serait comme une agression vers ce que nous voyons, vrai ou faux...? Car moi je l'ai pointé... et il m'a pointée...*

Quelques jours plus tard, Cécile a remarqué qu'elle n'avait plus besoin de lunettes pour conduire sa voiture. Comme elle souffrait d'astigmatisme, elle devait normalement porter des lunettes pour conduire et pour lire, mais après l'incident c'était comme si ce problème avait disparu et que sa vue s'était rétablie. Elle avait même essayé de mettre ses lunettes par la suite, mais elle voyait embrouillé quand elle les portait, et celles-ci ne semblaient plus adaptées à sa vue. Cécile a pris un dictionnaire pour tester sa vue, et à sa grande surprise elle était capable de lire les petits caractères sans lunettes; ce qui n'était pas le cas avant l'incident. Ne sachant pas ce qui lui était arrivé, elle a fait des démonstrations devant des amis qui la connaissaient depuis longtemps et ceux-ci étaient convaincus qu'elle avait subi une opération au laser. Cécile était très intriguée par ce qui lui arrivait, car avant cette observation, sa vue diminuait sans cesse. Pour en avoir le cœur net, elle a pris rendez-vous chez un optométriste pour faire un test de vue.

Après l'examen, Cécile a demandé à l'optométriste : « Et puis? » Cette dernière lui a simplement répondu que tout était beau et qu'elle n'aurait pas besoin de lunettes. Cécile était surprise, car elle avait commencé à porter des lunettes dès l'âge de 18 ans et sa vue n'avait cessé de baisser graduellement depuis ce temps. Selon elle, cette guérison mystérieuse était directement reliée à l'observation qu'elle avait faite avec Rock alors qu'ils étaient au camp de la ZEC Mazana.

Peu de temps après, Rock a discuté de cette situation à un de ses amis amérindiens. Ce dernier lui a demandé : « Est-ce que tu les as pointés du doigt? » en faisant référence aux objets qui se déplaçaient dans le ciel et Rock lui a répondu que Cécile l'avait fait. Selon cet ami, il n'est jamais conseillé de pointer un ovni du doigt, car ce geste peut être interprété comme un affront. S'il est difficile de savoir comment le geste de Cécile a été interprété par qui que ce soit qui était à bord de cet objet, on peut toutefois imaginer que le faisceau de lumière qui lui a été envoyé était une façon de dire : « Nous aussi on te voit! »

Même si les cas de guérison mystérieuse liés à des expériences ufologiques comme celle de Cécile sont assez fréquents, il est difficile d'en comprendre les raisons. Était-ce un accident? Est-ce arrivé par hasard? Ont-ils agi par altruisme? Si oui : Qu'avaient-ils à gagner en agissant de la sorte? Autant de questions dont il est très difficile d'obtenir l'ombre d'une réponse pour l'instant, mais dont la collecte de données pourra peut-être un jour nous aider à comprendre ce phénomène énigmatique.

Luc : une discussion avec des extraterrestres

C'est Rock et Cécile qui m'avaient mis en contact avec Luc, un homme âgé d'une soixante d'années qui avait vécu deux expériences pour le moins inusitées dans la région de La Minerve. Ce dernier a profité de la fin de semaine ufologique de février 2019 pour me partager ses expériences. La première s'était produite au milieu des années 1970 sur une plage de la rivière de la Petite Nation entre Duhamel et La Minerve. Luc était alors en camping dans une tente-roulotte avec deux de ses enfants : sa fille de 6 ans et son garçon de 4 ans. Son frère, qui était également là, couchait dans une tente tout près d'eux.

Comme il se faisait tard, ils se sont tous couchés après avoir pris soin d'éteindre le feu. En plein milieu de la nuit, alors que tout le monde dormait, Luc fût réveillé par une lumière qui éclairait dans sa tente-roulotte. Sur le coup, comme il était à moitié endormi, Luc s'est dit : « Ça doit être un lampadaire. » Mais quand il a pris conscience qu'il était en pleine forêt il a su que ça ne pouvait pas être le cas. Il a réalisé que quelque chose de bizarre était en train de se produire et a ressenti une peur immense. Il a ensuite senti qu'un lien télépathique s'était établi entre lui et les êtres qui l'avaient réveillé avec le faisceau lumineux. Les êtres lui ont demandé de sortir de la tente-roulotte, chose qu'il a faite après leur avoir demander de faire cesser cette peur qui le paralysait. En un instant, la peur est partie et les êtres ont commencé à communiquer avec lui télépathiquement.

Il est sorti de la tente-roulotte et s'est avancé à côté de sa camionnette. Il ne voyait pas l'être qui communiquait avec lui, mais il savait que celui-ci était très près et qu'il se tenait de l'autre côté de la camionnette. De sa position toutefois, il voyait le vaisseau des entités qui était situé à environ 200 ou 300 pieds d'où il se tenait, et qui flottait à environ une dizaine de pieds au-dessus des arbres. Il s'agissait d'un disque volant d'une cinquantaine de pieds de diamètre avec des lumières de différentes couleurs qui tournoyaient autour de l'engin.

Le sujet de la discussion portait autour d'une personne avec qui les êtres cherchaient à entrer en contact. Selon les informations qui venaient à l'esprit de Luc, la personne en question devait être un astronome ou quelqu'un qui travaillait dans un observatoire non loin d'où il était. Étant donné qu'il ne connaissait personnellement aucun astronome ni quelqu'un travaillant dans un observatoire, Luc pensa qu'il pouvait s'agir de la base radar du Lac-St-Denis dans les Laurentides. Cette base radar des Forces armées canadiennes qui faisait partie d'un réseau allant d'est en ouest et couvrant la largeur du Canada, fut en opération de 1952 à 1986 (figure 23).[15]

Figure 23. La base radar du Lac-St-Denis située (photo d'époque).

Tout comme n'importe quelle installation militaire du genre, les activités qui s'y tenaient étaient classées secret-défense. À part le fait de surveiller l'espace aérien pour prévenir une attaque des Russes par le nord, rien de ce qui se passait-là ne transpirait en dehors des murs de l'enceinte. La base radar du Lac-St-Denis était opérationnelle au moment de l'événement et à la lumière des informations issues du témoignage de Luc, on pourrait présumer qu'à l'époque, les militaires de cette installation avaient tenté de communiquer avec nos voisins de l'espace et qu'ils avaient réussi à établir un contact. On ne connait pas le reste de l'histoire et on ne peut être certain de cette hypothèse, mais ce qui ressort du récit de Luc, c'est que quelqu'un dans la région avait communiqué avec ces entités extraterrestres et que ces derniers tentaient de retrouver la provenance du message. Luc disait que les entités lui envoyaient des images mentales d'un observatoire en forme de dôme comme étant la source du message.

La seule chose qu'il connaissait qui pouvait ressembler à ça était la base radar à St-Adolphe d'Howard. Il leur a donc donné cette indication seulement en y pensant. Les entités lui posaient des questions qu'il recevait sous forme d'images mentales et cela déclenchait une pensée ou une mémoire chez lui qui était captée immédiatement par les êtres. Il ne pouvait rien leur cacher, car les réponses sortaient de son esprit au fur et à mesure qu'il recevait les questions. Il disait que lui aussi leur posait des questions, mais qu'il ne recevait aucune réponse en retour.

Pour ce qui est du déroulement de l'ensemble de l'événement comme tel, Luc disait avoir quelques trous de mémoire, car certaines parties étaient floues et d'autres totalement absentes. Il ne se rappelait pas comment s'était terminé la discussion avec les êtres, ni comment il était retourné au lit. Le lendemain matin, en déjeunant autour du feu de camp, Luc raconta son expérience à son frère en lui disant : « Il est arrivé quelque chose de spécial cette nuit, j'ai eu une discussion avec des extraterrestres! » Son frère, qui n'avait pas eu connaissance de l'incident, a compris rapidement qu'il s'agissait de quelque chose de bien réel et non pas d'une mauvaise blague devant les propos de Luc et son insistance pour expliquer son expérience en détail.

Et même si celle-ci était incroyable, Luc avait cependant l'impression qu'il s'était passé beaucoup plus de choses qu'il ne s'en rappelait. Il eut la preuve de ce sentiment peu de temps après l'événement quand il remarqua une marque sur une de ses chevilles. Cette marque était constituée d'environ 25 à 30 points rouges semblables à des piqûres. Sur le coup, il a pensé qu'il pouvait s'agir de piqûres de moustiques, mais les marques ont persisté pendant presque toute sa vie; aujourd'hui il ne reste plus que trois ou quatre points de visibles.

Je me rappelais avoir vu des marques semblables au cours d'une présentation de Janny Charrueau, alors membre de l'ERT (*Experiencer Research Team*) du MUFON. L'ERT, dirigée par Kathleen Marden, est une équipe de recherche se spécialisant sur les cas d'enlèvement et Janny, qui représentait le Québec à ce moment-là, avait partagé des informations dans le cadre d'une fin de semaine ufologique. Même si chaque enquêteur du MUFON doit prendre connaissance de certaines procédures en lien avec les cas d'enlèvements durant sa formation de base, les informations partagées sont moins détaillées comparées à celles de l'ERT. En février 2021, j'ai donc repris contact avec Janny, qui est désormais directrice de MUFON France, pour lui parler des marques apparues sur Luc, et si elle avait toujours les photos de la présentation qu'elle avait donnée à La Minerve deux ans auparavant. Alors que nous discutions, Janny m'envoya deux photos de ces fameuses marques. Je lui demandai : « Ça vient d'où ces photos? »

« La première du ERT, la deuxième d'une personne au Québec. » répondit Janny.

« Est-ce que c'est récent le cas du Québec? » lui demandais-je.

« Vendredi et samedi » qu'elle répondit en me donnant une liste d'indicateurs qu'elle avait identifié en lien avec ce cas en plus des marques présentes sur la photo. Janny m'a ensuite fait parvenir un fichier qui contenait une cinquantaine de photos de marques diverses, d'ecchymose, de radiographies de personnes avec des implants, ainsi que d'empreintes visibles sous fluorescence qui provenaient de ses cas, ainsi que ceux du ERT. Même si les endroits où se situaient les marques, ainsi que leur forme, différaient d'une personne à l'autre, elles avaient de commun qu'elles étaient toutes directement liées à des expériences d'enlèvements. En les examinant, une d'elles attira mon attention parce qu'elle me faisait penser aux descriptions de Luc. Il s'agissait d'une photo du poignet d'un individu affichant une marque rougeâtre à l'intérieur de laquelle on pouvait voir une vingtaine de points rouges (figure 24).

Même si cette photo démontrait que certains abductés semblaient faire l'objet de traitements similaires de la part des entités à l'origine des enlèvements, cela ne donnait toutefois aucune indication sur ce qui les avait causés. Avait-on injecté quelque chose? Si oui, pourquoi autant de traces de piqûres au même endroit? Pourquoi les endroits de ces marques diffèrent d'une personne à l'autre? Autant de questions dont je savais que seuls les abductés eux-mêmes pouvaient m'aider à y répondre.

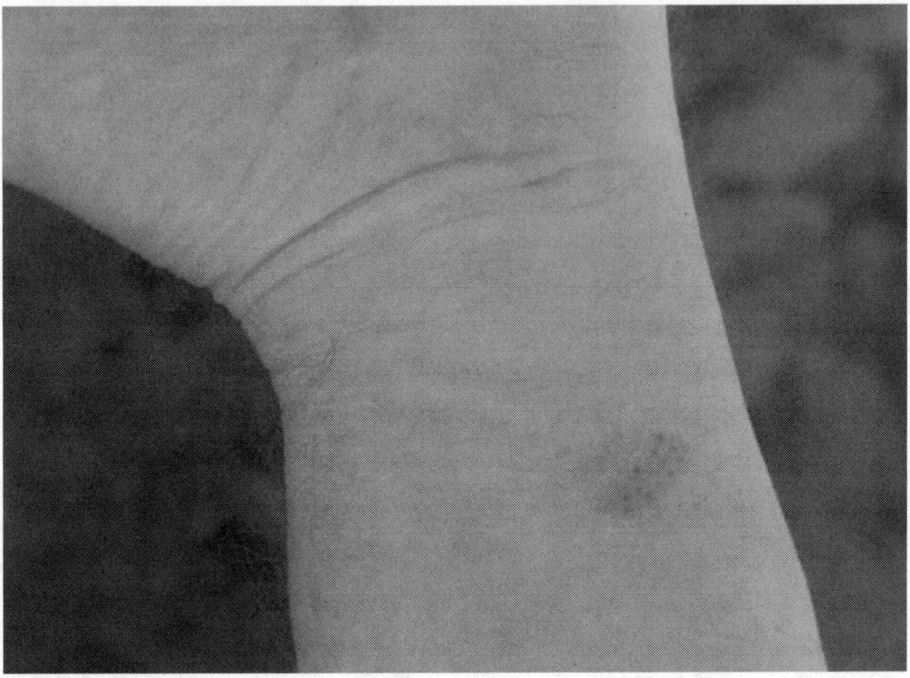

Figure 24. Photo d'un cas de l'ERT datant du 7 mars 2012.

De plus, Luc m'a affirmé récemment qu'avant notre rencontre à la fin de semaine ufologique de février 2019, il faisait un rêve récurrent dans lequel il était immobilisé sur une table médicale. Ce rêve a cessé par la suite, lorsqu'il a pris conscience que ce rêve n'en était pas un, mais qu'il s'agissait plutôt d'un fragment de souvenir lié à cet événement. C'est en mettant ces morceaux de casse-tête ensemble que Luc a réalisé qu'il n'avait pas que discuté avec des entités extraterrestres durant cette nuit des années 1970, mais qu'ils l'avaient enlevé. Est-ce que la discussion préalable n'avait été qu'un leurre pour attirer Luc en dehors de sa tente-roulotte sans que celui-ci ne panique? Dans un tel contexte, il faut être ouvert à toutes les possibilités.

J'ai vu à quelques reprises dans des cas d'enlèvements extraterrestres que des images-écrans avaient été superposées à la vue des abductés. Il s'agit la plupart du temps d'images d'animaux communs comme des chevreuils, des hiboux, ou des vaches, et qui sont souvent prises à même la conscience de l'abducté. Le but est de reproduire une situation commune dans laquelle la personne ne se sent pas menacée et qui fait un certain sens dans l'environnement où elle est. Quelqu'un qui est en voiture la nuit dans la forêt trouvera logique que des chevreuils se retrouvent sur sa route. Et ceux et celles qui ont l'habitude de se balader en forêt savent que lorsque l'on voit des chevreuils, on doit ralentir, et peut-être même arrêter son véhicule pour ne pas heurter ces bêtes, qui réagissent souvent de manière inattendue. Il arrive parfois que ce soient des scénarios complets qui sont projetés aux abductés pour les empêcher d'être hystériques au cours d'un enlèvement.

Ces scénarios diffèrent d'une personne à l'autre, car les entités qui utilisent ces stratagèmes semblent sonder l'esprit des gens avant de les aborder. D'ailleurs, Luc avait dit qu'au moment où la lumière l'avait éclairé en premier, il s'était senti comme dans une transe hypnotique. Il est possible que dans le cas de Luc, le fait qu'on lui demande où se situait une personne (l'image de l'observatoire), ne servait qu'à combler l'aspect logique derrière cette situation. Les entités avaient peut-être cherché dans son inconscient en premier lieu de quelle façon l'aborder, et ce serait ainsi que le scénario que l'on connait aurait vu le jour. *Pourquoi quelqu'un viendrait me réveiller en pleine nuit dans la forêt? Parce que des visiteurs sont à la recherche de quelqu'un.* Comme ceci est un scénario faisant du sens pour une personne comme Luc, il est possible que les entités l'aient simplement utilisé pour établir un premier contact. Encore une fois, tout ceci n'est que conjecture, mais il est possible que plusieurs des réponses à ces questions soient enfouies quelque part dans le subconscient de Luc.

Luc m'avait dit également qu'au cours de l'incident, il avait émis le souhait profond de se rappeler de cet événement. Toutefois, comme ces entités semblent œuvrer majoritairement en secret, il est normal que ces dernières cachent certains détails de leurs activités qui pourraient mettre à jour les véritables motifs derrière ces visites clandestines. Tout comme dans le cas de Daniel Beauchamp, les entités lui ont laissé une brève partie de la rencontre en mémoire, et même s'il ne s'agit que d'un court instant, celui-ci est suffisant pour le convaincre que l'expérience était bien réelle. Pour ce qui est du reste de la rencontre, même si Luc, comme bien d'autres abductés, n'a pas accès à ces souvenirs de façon consciente, ceux-ci ne sont pas totalement effacés. Ce qui veut dire qu'ils sont toujours accessibles, mais ont été enfouis dans les profondeurs de l'inconscient.

Ce qui veut dire qu'il serait possible de « déplacer » des mémoires à des niveaux profonds du subconscient, et c'est ce qui semble se passer dans le cas des abductés. On peut aussi superposer des images-écrans ou des scénarios-écrans à des souvenirs pour que ceux-ci ressemblent à des événements banals. Dans le cas de Luc, le rêve récurrent de se retrouver immobilisé sur une table médicale n'était qu'une partie du souvenir de l'enlèvement qui voulait refaire surface, et que les entités avaient enfouie dans son subconscient. Pour certaines de ces situations, il est possible de récupérer ces souvenirs grâce à l'hypnose, et ce, même s'ils sont enfouis au plus profond de l'inconscient.

Mais si la possibilité de récupérer ces mémoires existe, cela ne veut pas dire que tous ceux qui ont vécu ce genre d'expérience sont prêts à faire les démarches pour y accéder. La plupart des abductés ont une peur inconsciente face à cette partie oubliée de leur vie et sont réfractaires à l'idée d'ouvrir cette boîte de Pandore. Il est fort probable que si Luc a effectivement été enlevé et amené à bord d'un vaisseau pour y être traité comme un cobaye, cela a dû être une expérience particulièrement traumatisante. Se retrouver immobilisé contre son gré dans un environnement inconnu où des entités non humaines auscultent chaque partie de votre anatomie ne doit pas être le meilleur des souvenirs.

Cela prend une force et un courage immense pour affronter cette part d'ombre ainsi qu'une très grande curiosité. Luc m'avait avoué au cours de notre dernière discussion téléphonique en janvier 2021 qu'il avait envisagé de recourir à l'hypnose pour récupérer les parties « oubliées » de cette expérience, mais qu'il n'était pas encore prêt. Je lui avais fait part durant cette même conversation que les hommes qui avaient vécu des abductions étaient en général beaucoup plus réticents que les femmes à en parler, mais surtout à faire des démarches pour en savoir plus. Sa réaction était tout à fait normale et je le comprenais tout à fait.

Cette expérience n'était pas la seule, car Luc avait fait une seconde observation d'ovni, laquelle cette fois, s'était produite à la fin des années 1990. Il était environ 23 heures, Luc revenait de jouer au *bowling* avec sa conjointe et son neveu. Rendus sur le chemin des Défricheurs, ils ont aperçu une lumière venant du ciel qui éclairait la route. Cette lumière était si forte qu'elle illuminait même les montagnes environnantes. Lorsqu'ils ont levé la tête pour voir ce que c'était, ils ont vu un vaisseau en forme de disque d'environ 60 pieds de diamètre, qui avait des lumières de couleur tout autour. Luc a arrêté la voiture et a dit aux deux autres passagers : « C'est une soucoupe volante. J'ai déjà eu affaire à ça. Je vais aller voir ce qu'ils veulent. » Sa conjointe et son neveu, qui avaient très peur, ont tenté de le dissuader sans succès de sortir du véhicule. Il leur a simplement répété : « Il n'y a aucun danger. Je débarque pour voir ce qu'ils veulent. » Aussitôt que Luc fût sorti de la voiture, l'objet est parti à toute vitesse sans qu'aucun contact ne soit établi. Selon Luc, il n'y aurait eu aucun temps manquant en lien avec cet incident. Ils sont arrivés à la maison à l'heure prévue sans rien remarquer de spécial autre que l'observation comme telle. Sauf pour ce qui est du lieu et de l'heure à laquelle c'est arrivé, l'objet décrit par Luc ressemblait beaucoup à ce qu'avait vu Raymond B. et ses parents au Lac-à-la-Truite en 1999. Quant à la date, elle semble également concorder, même si dans le cas de Luc celle-ci n'est pas précise à 100%. Malheureusement, nous n'avons pas suffisamment d'informations pour déterminer avec certitude que Luc et Raymond ont vu le même objet, et que l'observation s'est produite la même journée. Si c'était le cas, cela viendrait simplement renforcer l'indice de fiabilité de ces deux différents rapports d'observation.

Carole Gévry : rencontre rapprochée du 1er type

Si ma mémoire est bonne, j'avais entendu l'histoire de Carole alors qu'elle nous avait invités, ma conjointe et moi, à venir manger de la tire d'érable chez elle au printemps 2019. Étant donné que cette fin de semaine-là notre fille était à la maison avec son copain, eux aussi sont venus participer à cette partie de sucre. À notre arrivée, il y avait déjà quelques personnes sur place, lesquelles étaient majoritairement des membres de la famille de Carole et son conjoint. Ces derniers ont plusieurs occupations, dont celle d'êtres des acériculteurs prospères et généreux. Toutefois, les liens que j'entretenais avec eux étaient davantage une relation d'affaires, et c'était la première fois que je les rencontrais dans un contexte strictement amical.

Dès notre arrivée, je reconnus quelques personnes autour du feu, qui attendaient qu'on étende la tire d'érable sur les plateaux déjà remplis de neige. Nous nous sommes mêlés à eux et quelqu'un du groupe m'a dit : « C'est toi le gars des ovnis? » Je lui ai simplement répondu oui et durant tout l'après-midi j'ai eu la chance d'entendre plusieurs témoignages d'observations d'ovnis. Certains de ces récits étaient des témoignages de première main et d'autres des expériences qui étaient arrivées à des tiers. Étant donné que le contexte ne se prêtait pas à conduire des entrevues en bonne et due forme, je ne faisais qu'écouter ces récits sans prendre de note ni poser de question. Je me disais que je pourrais toujours revenir plus tard pour remplir un rapport et prendre les informations manquantes le cas échéant.

L'ambiance était plutôt festive et je ne voulais pas la gâcher en commençant à interroger les gens et à prendre des notes. J'étais tout de même très surpris par l'ouverture d'esprit des personnes présentes face à ce sujet, et ce, même s'il y en avait quelques-unes qui avaient vécu des expériences. Le conjoint de Carole avait cependant une vision bien différente de la chose et affichait plutôt un air sceptique malgré tous les témoignages qui se succédaient les uns après les autres. En dépit de sa position, il n'essayait pas de convaincre qui que ce soit qu'il avait raison et que les autres avaient tort. C'était simplement son point de vue et il respectait les autres qui ne le partageaient pas, et vice-versa. Je trouvais cette situation très saine et cela me fit voir un côté que je ne connaissais d'eux. J'imagine que le fait de respecter l'opinion des autres sans nécessairement être d'accord avec eux facilite les conversations où l'ouverture d'esprit est nécessaire.

Quoi qu'il en soit, il y avait beaucoup de ces histoires qui méritaient d'être investiguées dont celles de Carole qui s'était jointe à nous un peu plus tard. Le témoignage de Carole est quelque peu semblable à celui de Luc, dans le sens où les deux ont fait une rencontre rapprochée du 1er type et ont eu une seconde expérience un peu plus « intime ». Dans le cas de Carole cependant, l'expérience « intime » se rapproche davantage de celle que Marie-France a vécue alors que sa fille était dans son berceau et entourée de petits gris. En février 2021, j'ai repris contact avec Carole parce que j'avais besoin de foin pour mes animaux. À mon arrivée, elle m'a demandé si je demeurais encore dans le coin parce qu'elle n'entendait plus parler de moi et qu'on ne me voyait plus. Je lui ai dit qu'il m'arrivait de m'absenter pour le travail, mais que je demeurais toujours au même endroit. Elle me dit en souriant : « Et les ovnis? » Je lui ai dit que je travaillais sur un projet de livre et qu'il y avait un chapitre entier consacré aux cas de La Minerve. Je lui ai ensuite demandé si elle était intéressée à ce que je rajoute son histoire et si elle voulait me la raconter à nouveau. Elle trouva que c'était une bonne idée de mettre ces histoires par écrit et accepta de me raconter les expériences qu'elle avait vécues. Elle ne souhaitait pas être anonyme et accepta que j'enregistre son témoigne dont voici un extrait :

C'était le soir vers 10 heures à l'automne. C'était entre 2008 et 2010. J'étais sur le chemin des Pionniers tout près de la croix à l'intersection du chemin Poupart. De cet endroit on peut voir le Lac Minerve. Et là, j'étais en direction de chez moi et j'ai remarqué des lumières au-dessus du lac et c'était énorme, ça éclairait partout. Mes filles, qui avaient environ 8-10 ans à l'époque, étaient avec moi dans la voiture, mais elles dormaient. Je les ai donc réveillées pour qu'elles voient ça aussi. Sur le coup elles pensaient que c'était un avion, mais je leur ai fait remarquer que ça ne faisait aucun bruit et que c'était beaucoup trop bas, c'était à la hauteur des arbres. Ça avançait très lentement au-dessus des arbres et il y avait plein de lumières blanches en dessous. Le temps que je roule sur le chemin, ça s'est déplacé lentement au-dessus des arbres et ça longeait le chemin des Pionniers. Une fois rendu au chemin Marie-Lefranc c'est passé au-dessus de nous. On voyait toutes les lumières en dessous. Ça ne pouvait pas être un avion.

C'était très gros, plus gros qu'une maison, mais comme je conduisais et que je ne voulais pas arrêter, je n'ai pas vu la forme. Mes filles disaient que ça avait un peu la forme d'un avion, que ça avait des ailes. Si ça avait été un avion ça se serait écrasé à cette hauteur-là et à cette vitesse-là. Je n'ai jamais compris pourquoi personne n'a jamais parlé de ça.

La réaction de Carole face à cette observation était similaire à celle de nombreux autres témoins de rencontre rapprochée; elle ne comprenait pas comment un vaisseau aussi gros qui avait survolé une zone habitée ait pu passer inaperçu. Carole n'était pas à sa première expérience du genre, car au début des années 1980 il s'était passé quelque chose d'étrange alors qu'elle demeurait sur le chemin des Défricheurs :

C'était en 1983, je restais sur le chemin des Défricheurs dans ce temps-là, ma fille avait environ 3 ou 4 mois. Nous étions couchés, c'était la nuit. J'ai entendu du bruit, comme un moteur. J'ai essayé de bouger, mais j'étais paralysée. Je n'étais pas capable de parler.

Je n'étais pas capable de réveiller mon conjoint. Dans ma tête je disais : « Pas mon bébé, pas mon bébé ». Le lendemain elle n'arrêtait pas de pleurer et je me demandais pourquoi. Elle avait une grosse bosse comme une fraise derrière la tête. Ça avait un pouce d'épais et c'était comme une fraise avec plein de petits picots rouges. J'ai été chez le docteur et il m'a dit que c'était pour partir. Qu'il y avait des bébés qui naissaient comme ça. Je lui ai dit que ma fille n'était pas née avec ça. Après ça ma fille était toujours malade, elle a fait des otites à répétition, une pneumonie à l'âge d'un an, trois fois des médicaments et ça ne guérissait pas. Ça a fini en méningite à 18 mois. Ils ont fini par trouver le bon médicament et c'est parti, ce n'est jamais revenu. Je suis convaincue que tout ça a rapport avec le test qu'ils ont fait.

Les piqûres que Carole avait remarquées derrière la tête de sa fille font partie de ce qu'on appelle dans le jargon des ufologues « des indicateurs d'enlèvements ». Comme je l'ai mentionné en début d'ouvrage il y a de nombreuses preuves tangibles qui viennent confirmer que les affirmations des témoins d'observation rapprochée ne sont pas imaginaires.

Dans ce cas-ci, les marques de piqûres derrière la tête de l'enfant ainsi que l'état de paralysie consciente de Carole étaient des indicateurs suffisants pour dire qu'il y a possiblement eu enlèvement. Au moment où Carole m'avait décrit les marques sur sa fille, j'ai immédiatement pensé à l'histoire de Luc qui disait avoir remarqué de nombreuses piqûres sur l'une de ses chevilles. Après avoir demandé à Carole si elle pensait avoir des dons psychiques elle m'a raconté quelques incidents qui m'ont confirmé qu'elle ne faisait pas exception à la règle de la plupart des abductées à cet égard. Tout comme le cas de Daniel Beauchamp, il était difficile toutefois de déterminer si c'étaient ces dons qui avaient incité les entités à visiter Carole et sa fille ou s'il s'agissait d'un effet secondaire de ces rencontres rapprochées du 4e type.

Conclusion

Au cours d'une discussion à l'occasion d'un événement que j'avais organisé chez moi, Raymond B., qui était lui-même un témoin, avait mentionné le fait qu'il semblait y avoir beaucoup de cas d'observation d'ovni à La Minerve. Il avait émis cette constatation après avoir entendu d'autres témoins s'exprimer durant une fin de semaine ufologique qui s'était tenue en août 2019. Si nous avions eu cette discussion sept ou huit ans auparavant, il est possible que j'aie été d'accord avec Raymond, mais comme j'avais ratissé la quasi-totalité de la province et obtenu de nombreux témoignages d'un peu partout à cette époque, je me doutais qu'il s'agissait d'un phénomène global et non pas local, tout comme le tabou social entourant la question des ovnis. J'en avais même fait l'objet central de mon livre *Les Gardiens du Silence*.

À cet effet, Raymond avait mentionné durant cette même discussion qu'il avait l'impression que les médias de masse désinformaient davantage qu'ils n'informaient les gens quand il était question d'ovnis. Sur ce point, il n'avait pas tout à fait tort, car j'en suis arrivé à la même conclusion après quelques années de recherche dans le domaine. De plus, la majorité des articles qui traitent du sujet le font avec ironie et condescendance en ridiculisant ceux qui pourraient croire à ces histoires de « petits hommes verts ». Heureusement que cette censure médiatique ne semblait pas s'appliquer aux journaux locaux tels que L'information du Nord, un journal local qui a toujours accepté de publier mes communiqués.

Même si à première vue, le territoire de La Minerve semble être la Mecque des ovnis en raison des nombreux témoignages que j'ai pu y recueillir, il faut prendre en considération que j'étais reconnu dans le village comme étant quelqu'un qui enquêtait sur le phénomène et que j'habitais ce secteur. Le fait d'obtenir de nombreux témoignages provenant de cette municipalité n'était quant à moi pas une indication qu'il y avait plus d'activité ovni dans le secteur comparé au reste de la province. Ceci s'explique simplement en raison du tabou social entourant le phénomène ovni dans son ensemble et que ceux qui ont eu des expériences préfèrent partager ce qu'ils ont vécu avec des gens qu'ils connaissent.

Je suis convaincu que si j'étais demeuré dans un autre village des Laurentides ou de toute autre région du Québec, et que j'avais été aussi actif au niveau des enquêtes de terrain, j'aurais obtenu autant de témoignages. J'en ai pour preuve tous les cas qui sont parvenus grâce au réseau d'enquêteurs de terrain du MUFON Québec où les enquêteurs étaient actifs. Ces derniers ont, tout comme moi, reçu de nombreux témoignages de personnes qui n'avaient jamais rapporté leur observation à des organismes d'enquête ufologique auparavant. Il faut également prendre en considération dans cette équation que les témoins d'observation savent très rarement que des organismes spécialisés dans la collecte d'informations du genre existent. Lorsque des personnes font une observation d'ovni, il s'agit généralement d'une expérience d'une vie. Elles ne sont donc pas préparées à ça et vont souvent rapporter leur observation à des autorités publiques telles que la police ou l'armée. Mais dans un cas comme dans l'autre, ces organismes n'ont pas de structure officielle pour collecter, analyser, et encore moins enquêter sur les cas d'observation d'ovni. Ils ne peuvent enquêter sur quelque chose qui n'existe pas… Et c'est là tout le paradoxe, car cela existe bel et bien.

---

[1] Le Minervois, Mot du maire, bulletin municipal juillet 2019. https://www.municipalite.laminerve.qc.ca/wp-content/uploads/2019/07/bulletin_JUILLET_2019_WEB.pdf

[2] Gouvernement du Québec, Affaires municipales et Habitation, Régions administratives 06 et 13 : Montréal – Laval. Consulté en ligne le 5 octobre 2021. https://www.mamh.gouv.qc.ca/fileadmin/publications/organisation_municipale/cartotheque/Region_06_13.pdf

[3] Ibid.

[4] J. Allen HYNEK, Les O.V.N.I. : Mythe ou réalité? (Titre original : The U.F.O. Experience a Scientific Inquiry, 1972), Éditions Robert Laffont, Paris, 1978.

---

[5] Ibid.

[6] Ibid., p. 49 - 50.

[7] Walter H. ANDRUS Jr., et N. Joseph GURNEY, Manuel de l'enquêteur du MUFON, Édition originale publiée en décembre 1971, Édition francophone traduite par Marc St-Germain et Céline Vergne, mars 2016.

[8] Institut de protection et de sûreté nucléaire, Les effets des fortes doses de rayonnements. Consulté en ligne le 17 octobre 2021. https://www.irsn.fr/FR/connaissances/Sante/rayonnements-ionisants-effets-radioprotection-sante/effets-rayonnements-ionisants/Pages/4-consequences-niveau-cellule.aspx#.YWw8a9rMKUk

[9] Institut de protection et de sûreté nucléaire, Les conséquences des rayonnements ionisants au niveau de l'organisme. Consulté en ligne le 17 octobre 2021. https://www.irsn.fr/FR/connaissances/Sante/rayonnements-ionisants-effets-radioprotection-sante/effets-rayonnements-ionisants/Pages/4-consequences-niveau-cellule.aspx#.YWw8a9rMKUk

[10] Walter H. ANDRUS Jr., et N. Joseph GURNEY, Manuel de l'enquêteur du MUFON, Édition originale publiée en décembre 1971, Procédure 0013 – Comment conduire un sondage de radioactivité, Édition francophone traduite par Marc St-Germain et Céline Vergne, mars 2016.

[11] Annie DESGAGNÉ, Contact, Acrylique sur canevas, 2014.

[12] Patrick MINNIS et al., Contrails, Cirrus Trends, and Climate, American Meteorological Society Journals, publication 15 avril 2004. Consulté en ligne le 5 octobre 2021. https://journals.ametsoc.org/view/journals/clim/17/8/1520-0442_2004_017_1671_cctac_2.0.co_2.xml

[13] James M. HAYWOOD, A case study of the radiative forcing of persistent contrails evolving into contrail-induced cirrus, JOURNAL OF GEOPHYSICAL RESEARCH, VOL. 114, D24201, doi:10.1029/2009JD012650, 2009. http://archive.wikiwix.com/cache/index2.php?url=http%3A%2F%2Fwww.nerc-essc.ac.uk%2F%7Erpa%2FPAPERS%2FHaywood09JGR.pdf

[14] Céline VERGNE, Le Vigilant #4, La chronique de Céline – Les actualités du MUFON, septembre 2016.

[15] Archives – Musée et archives de la défense civile canadienne, À propos de la ligne Pinetree. Consulté en ligne le 5 octobre 2021. https://civildefencemuseum.ca/about-pinetree-line

CHAPITRE IV
LE CAS DE CATHERINE F.

C'est en janvier 2015, que Catherine, une dame résident à Québec, contacta le MUFON pour raconter ses expériences en lien avec les ovnis. En suivant les indications sur le site web du MUFON international, elle fut dirigée vers un questionnaire à remplir en ligne se rapportant à des expériences de rencontres rapprochées. Étant donné qu'il y avait plusieurs indicateurs d'enlèvement dans certaines des expériences décrites par Mme F., cette dernière fut transférée à l'*Abduction Research Team* (ART). Robert Upson de l'ART contacta immédiatement Catherine par courriel pour la guider dans sa démarche :

Chère Catherine,

Je m'appelle Robert Upson et je suis un membre de l'Abduction Research Team du MUFON. On m'a demandé de jeter un coup d'œil à votre questionnaire. Vous avez 14 des 30 caractéristiques qui sont fréquentes chez les experiencers et vous souhaitez sans doute que le MUFON enquête sur vos expériences? Ou peut-être voulez-vous que je vous contacte parce que vous cherchez du support d'une personne qui ne vous jugera pas et qui va vous écouter sans critiquer?

Ces expériences peuvent être déstabilisantes et parfois traumatisantes et j'aimerais vous assister pour y voir plus clair. Si vous voulez parler de vos expériences avec moi ou si vous voulez que je vous réfère à un groupe de soutien ou à un bénévole qui vous contactera par téléphone, je ferai de mon mieux pour vous assister. Ceci doit sûrement être difficile pour quelqu'un demandant assistance, peut-être pour la première fois. Soyez à l'aise de demander que je vous contacte par téléphone ou de demander n'importe quelle question que vous pouvez avoir par courriel.

Meilleurs vœux,
ROBERT UPSON, DCH, CH, CI
MUFON Abduction Research Team

Le 28 janvier 2015, Kathleen Marden, alors directrice du ART*, transféra le cas de Catherine à MUFON Québec. Rien n'avait encore été intégré au CMS et Kathleen demanda que quelqu'un de notre groupe ayant déjà de l'expérience avec les enlèvements s'en occupe. Étant donné que j'avais de la disponibilité et que j'avais déjà une certaine expérience avec les abductions, je me suis offert pour prendre ce cas en charge. Dès le lendemain, j'ai contacté Mme F. par téléphone et nous avons discuté pendant environ une heure. Bien que brève, cette première conversation fut suffisante pour réaliser que son récit comprenait de nombreux indicateurs d'enlèvement et que ses expériences semblaient bel et bien réelles. Comme Kathleen Marden m'avait demandé de lui faire un bref compte-rendu des développements de l'enquête, je lui ai écrit un courriel immédiatement après ma conversation avec Mme F. :

Bonjour Kathleen,

Je viens de discuter avec Mme F. à l'instant et nous avons parlé de son expérience. Je suis convaincu qu'elle dit la vérité à propos de ce qui lui arrive depuis 1976 (enlèvements à répétition). Comme je l'ai déjà dit, j'ai de l'expérience dans ce domaine particulier d'enquête et tout ce qu'elle m'a dit semble vrai. Elle m'a dit qu'elle accepterait de me rencontrer et qu'elle est ouverte à ce qu'on fasse une régression hypnotique. Je peux organiser une régression hypnotique avec Pierre Caron et filmer le tout (comme j'ai fait auparavant pour un cas similaire à celui-ci).

En passant, c'est un des cas les plus intéressants que j'ai jamais entendu jusqu'à présent...

Merci,

Marc

*Au cours de l'année 2015 l'*Abuction Research Team* (ART) est devenu l'*Experiencer Research Team* (ERT).

Kathleen Marden a répondu immédiatement à ce courriel en me transférant des copies des différents protocoles d'usage du MUFON pour ce type d'enquête et en me donnant quelques conseils afin de m'aider dans cette démarche. Elle m'avait également signifié que ce cas n'était pas encore dans le CMS et que les seules informations que nous avions se trouvaient dans les échanges de courriels que nous avions eu avec Mme F. Je compris dans son message qu'elle tenait à ce que les choses soient faites en bonne et due forme afin d'obtenir de bons résultats et d'éviter toute complication.

Les cas d'enlèvements sont de loin les plus sensibles à traiter et il est très important que chacune des parties impliquées soient au courant des risques que cela implique. C'est pour cette raison qu'une des premières choses qu'un enquêteur du MUFON doit faire lorsqu'il rencontre le témoin pour la première fois, c'est de lui lire et de lui faire signer les différents documents se rapportant aux enlèvements. Ça peut paraître long et fastidieux, mais c'est essentiel que les personnes impliquées dans ce type d'enquête sachent qu'elles peuvent arrêter la démarche à tout moment sans avoir à donner d'explication, qu'elles peuvent demeurer anonymes si elles le désirent, que leur récit peut être partagé publiquement sous différentes formes, qu'il est possible que des souvenirs désagréables d'événements passés resurgissent, que les enquêteurs de terrain sont bénévoles, bref, ce genre de choses.

Première rencontre – 7 février 2015

Après avoir pris arrangement avec Pierre Caron pour conduire l'hypnose, ainsi qu'avec Rémi Fréchette et Andrew Beaudoin pour filmer le tout, nous étions prêts pour cette première rencontre avec Catherine F. Comme Pierre, Rémi et Andrew étaient sur ma route je les ai pris au passage. Pierre et moi avons profité de ces deux heures de voiture pour discuter de la technique idéale à employer pour l'hypnose de Mme F. Pierre proposa qu'il serait préférable de ne pas la diriger vers un souvenir précis en premier lieu. Autrement dit, il voulait employer une technique d'hypnose non directionnelle pour commencer et voir où ça nous mènerait. Ceci peut parfois mener à obtenir de nouveaux événements ou des bribes de souvenirs qui n'étaient pas dans la mémoire consciente du témoin, mais qui étaient restées enfouies dans son subconscient depuis très longtemps.

Même si Mme F. semblait avoir de nombreux souvenirs conscients d'événements liés aux ovnis, il était possible que ceux-ci n'étaient que la pointe de l'iceberg et que plusieurs autres mémoires puissent émerger au cours de futures séances d'hypnose. Toutefois, ce n'était pas la première fois que Catherine faisait des démarches pour tenter d'en savoir plus sur ses expériences. Cette dernière m'avait mentionné lors de notre premier entretien téléphonique avoir déjà eu recours à l'hypnose en 1998 avec un hypnologue de Montréal. Elle avait été en mesure de récupérer une partie oubliée d'une de ses expériences durant cette séance.

L'hypnologue, qui était une connaissance d'une amie de Catherine, n'avait malheureusement aucune expérience en ce qui a trait aux personnes ayant vécu des événements de nature ufologique. Toutefois, ne connaissant personne d'autre à l'époque, Catherine a quand même voulu tenter l'expérience. Même si la séance a dû être écourtée en raison de ses réactions émotives et physiques trop intenses lorsqu'elle revécu un des événements sous hypnose, une petite partie oubliée refit surface à ce moment-là. Il s'agissait d'un incident qui s'était produit en 1976, alors qu'elle, son frère et une amie devaient se rendre aux États-Unis pour aller chercher un ami.

En juin 2002, elle avait écrit une lettre de huit pages à une écrivaine canadienne qui avait invité les lecteurs à la contacter pour raconter leur récit. C'est ce que Catherine fit, mais sans obtenir de retour de l'auteure en question. Dès notre première rencontre, Catherine s'empressa de me donner une copie de cette lettre où on pouvait y voir les détails de ses expériences dont celle de 1976 :

Nous sommes en avril 1976, une amie de toute ma famille venait d'être retrouvée morte derrière l'Hôtel-Dieu de Québec et on demanda à mon frère d'aller chercher aux États-Unis le copain de notre amie décédée. Il accepta tout de go, mais ne connaissait pas un mot d'anglais et l'amie qui devait l'accompagner non plus. J'étais la seule qui était bilingue et je me proposai de les accompagner. Nous devions trouver le copain de notre amie décédée qui travaillait à contrat dans une érablière aux États-Unis.

Nous étions partis de Québec depuis longtemps et on était sur un High-Way se dirigeant vers Pittsburgh et il n'y avait presque personne sur la route. Nous étions aux environs de deux heures du matin, le ciel était bien éclairé et les étoiles étaient bien visibles. Je regardais partout découvrant à chaque regard un nouveau paysage, il y avait une forêt qui longeait notre route et je m'aperçus qu'il y avait quelque chose qui était au-dessus des arbres et qui semblait faire la même route que notre voiture. Nous étions tous sobres d'alcool et de drogue, il me semble important de le mentionner. Il planait un sentiment de tristesse dans la voiture, nous venions tous les trois de perdre une amie. Cette petite fille décédée était la meilleure amie de ma jeune sœur et de toute notre famille et Solange qui nous accompagnait devait partir vivre en appartement avec elle et elles étudiaient ensemble au CEGEP. Comme chacun de nous était dans ses émotions, je ne voulais pas les déranger avec cette chose.

Je n'en parlai pas tout de suite à mon frère ni à ma copine assise derrière nous. Je continuai de regarder ce drôle d'objet qui ne faisait aucun bruit et qui émettait de drôles de couleurs orange, bleu, blanc. Ces couleurs de lumières orange et bleu étaient inconnus pour moi avant cet événement. L'objet semblait flotter dans l'espace et gardait toujours la même direction en haut des arbres en bordure de la route. L'objet était d'un métal gris un peu la couleur de l'étain terni et non brillant.

Après un bon moment, peut-être 15 minutes à regarder cette chose et à ne rien dire, je demandai à mon frère de regarder sur sa droite pour qu'il puisse voir ce que je voyais. Il me dit : C'est un avion. Je rétorque que les avions on les entends quand ils sont si près de nous. Il rétorque : Ça doit être un hélicoptère. Je rétorque encore que les couleurs ne sont pas celles d'un avion ni d'un hélicoptère et que l'avion ou l'hélicoptère ferait beaucoup de bruit et beaucoup de vent par les hélices ce qui n'était pas le cas de cet objet. Je suis certaine que ça nous suit depuis maintenant une bonne demi-heure et j'ai peur.

Nous étions sur un High-Way et nous étions dans la bonne direction confirmée par la carte routière que j'avais sur mes genoux. C'est moi qui s'occupait de la direction indiquée sur les placardages routiers. Solange était assise en arrière de moi et se mis à crier, elle voulait que mon frère s'arrête elle avait peur, elle voulait descendre de la voiture elle se sentait prise en arrière il n'y avait pas de portière. Ce sont les dernières paroles de mon amie et de mon frère dont je me rappelle. Après c'est le black-out total! Lorsque je reviens à moi, nous sommes en plein milieu d'un champs et l'auto ne veut pas démarrer. Puis, il réussit à la démarrer et nous trouvons non loin du champs une route de terre comme une route de bois coupé. Nous roulons quelques minutes sur ce chemin de terre et nous arrivons à un camp de bois et il y a un homme à l'intérieur qui est un garde forestier. Je lui montre notre carte et il nous dit que nous sommes à 30 kilomètres de l'endroit où nous étions sur la grande route.

Temps manquant – l'incident de Pittsburgh, 1976

Bien que Catherine eût de nombreux souvenirs d'expériences ufologiques diverses, ceux-ci avaient de commun qu'ils étaient presque tous incomplets. Il s'agissait pour la plupart de parties de souvenirs entrecoupées de zones manquantes communément appelées dans le domaine *temps manquant*. L'un de ces événements en question s'était produit au printemps 1976, alors qu'elle se rendait en voiture près de la ville de Pittsburgh aux États-Unis avec son frère et une amie tel qu'elle l'avait décrit dans sa lettre. Catherine se rappelait qu'après avoir roulé pendant plusieurs heures, ils se sont retrouvés en pleine nuit sur une route boisée et très peu achalandée en direction de Pittsburgh (figure 25). Comme elle était assise du côté passager avant, elle fut la première à apercevoir un objet lumineux qui semblait les suivre d'assez près à leur droite, à la hauteur de la cime des arbres.

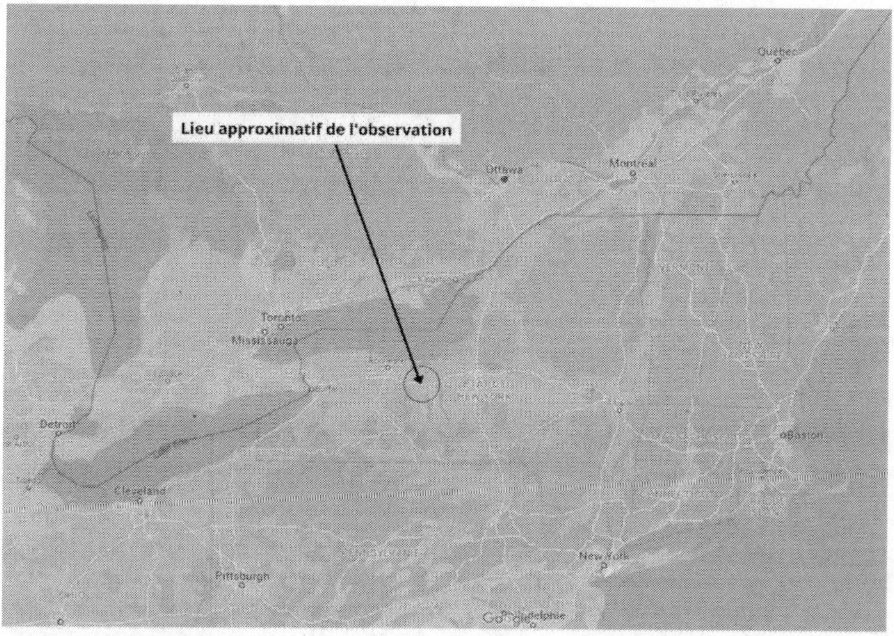

Figure 25. Lieu d'observation de l'ovni par Catherine F. en 1976.

Après avoir éliminé toute explication rationnelle, elle se rendit à l'évidence que ce qui les suivait était en fait un ovni en forme de dôme. Elle mentionna nerveusement à son frère, qui conduisait la voiture, que quelque chose les suivait à partir des airs. Ce dernier tenta de la rassurer en lui disant que c'était probablement un avion ou un hélicoptère. Le troisième passager, une amie de Catherine et son frère, qui était assise à l'arrière, s'est mise à paniquer après avoir constaté qu'il y avait bien un objet de nature inconnue qui les suivait. Elle s'est mise à crier au conducteur d'arrêter la voiture pour qu'elle puisse sortir. Ce dernier n'en fit rien et au lieu de cela, il accéléra pour tenter de semer l'objet qui les suivait toujours.

L'instant suivant, ils se retrouvent tous les trois dans la voiture, mais celle-ci est à l'arrêt et est positionnée en plein milieu d'un champ agricole… Le frère de Catherine tente avec frénésie de redémarrer la voiture et réussit après plusieurs tentatives infructueuses. Dans son souvenir, Catherine se rappelait qu'immédiatement après avoir démarré la voiture, ils se sont dirigés vers une route de terre pour trouver l'endroit le plus proche où demander des indications routières. Ils n'avaient aucune idée de l'endroit où ils étaient, ni de la façon dont ils s'étaient retrouvés là. L'instant d'avant, ils étaient sur une route boisée, et maintenant en plein milieu d'un champ…

C'est après avoir rencontré un garde forestier qui leur a indiqué leur position sur une carte, qu'ils ont réalisé qu'ils étaient à environ 30 kilomètres de leur dernière position! Ils avaient non seulement vécu une expérience de temps manquant, mais ils avaient également été déplacés à leur insu sur près de 30 kilomètres, et ce, sans qu'aucun des trois ne se souvienne de ce qui s'était passé entre ces deux lieux totalement différents. Toutefois en 1998, au cours de sa toute première séance d'hypnose, Catherine a pu se remémorer une partie de ce qu'elle avait oublié en lien avec cet incident. Voici ce qu'elle a écrit à ce propos dans sa lettre qu'elle a fait parvenir à l'écrivaine canadienne:

…et j'ai revécu en tout point ce dont je me rappelais, mais j'étais dans un état d'hystérie, d'angoisse et de peur, je ne pouvais plus parler, je ne pouvais plus respirer. Ce que j'ai appris de nouveau et dont je n'avais pas mémoire, c'est qu'au moment où la voiture s'est retrouvée en plein milieu d'un champ, il y avait autour de nous, à travers les vitres de l'auto, je pouvais voir les couleurs qui changeaient alternativement orange, bleu, blanc comme si la

couleur tournait autour de l'objet. J'étais convaincue que cette chose allait me faire mal et je hurlais, et l'homme [l'hypnologue] *me fit revenir à moi de peur que je fasse une crise cardiaque. L'homme s'est excusé d'avoir eu peur et m'a proposé de revenir, mais j'ai refusé ne croyant pas en sa capacité de me sécuriser face à cet événement et de m'aider à aller jusqu'au bout de la conscience dormante.*

Deux ans plus tard j'ai retrouvé Solange, celle qui nous accompagnait aux États-Unis en 76, dans un autobus de la Ville de Québec et la première question que je lui ai posée c'est : te souviens-tu de la soucoupe? Elle m'a répondu ne jamais l'avoir oublié et m'a raconté le dernier souvenir qu'elle en avait était que la soucoupe nous enrobait et que les lumières tournoyaient autour de notre voiture dans le champ lorsqu'elle s'est réveillée.

Plus tard, au cours de la première séance d'hypnose faite par Pierre Caron en février 2015, le souvenir de cette partie de l'événement refit surface :

Catherine F. – Je vois juste des reflets lumineux. Ça change de couleur. Ça change. Ça tourne. L'auto part pas. Denis est en train d'essayer de *starter* l'auto. L'auto part pas.

Pierre Caron – Vous étiez arrêtés?

CF – Je sais pas. Je sais pas ce qu'on fait là.

PC – L'auto part pas?

CF – On est dans le champ, pis je sais pas ce qu'on fait là, pis l'auto part pas, pis je sais pas pourquoi l'auto part pas, l'auto fonctionne. Pourquoi l'auto part pas? Je le sais pas. Les clés sont là. Denis taponne après l'auto, y *zigonne* après la clé.

PC – Comment il est Denis?

CF – Je sais pas. Nerveux je pense bien. Il veut pas montrer qu'il a peur je pense.

PC – D'après vous est-ce qu'il a peur?

CF – Je pense que oui. Parce qu'il taponne en *crisse* après la clé. [Forte réaction émotive de Catherine qui fond en larmes en disant qu'elle a mal.]

Dans les deux hypnoses, celle de 1998 et de 2015, Catherine a vu des lumières tournoyer autour de leur voiture au moment où elle a repris conscience dans le champ, jusqu'à ce qu'elles disparaissent. Elle avait eu confirmation de ce souvenir lorsqu'elle a revu son amie à Québec. Celle-ci se rappelait également avoir vu ces lumières. Il est donc fort probable que ce qui a été observé par Catherine et son amie était tout simplement l'ovni qui se trouvait au-dessus de leur voiture avant de quitter pour de bon. Si on en croit ce témoignage et les détails de l'incident (observation d'ovni, temps manquant, observation de lumières provenant de l'ovni et déplacement spatial de 30 kilomètres), ceci veut dire que c'est le véhicule entier avec ses trois occupants qui auraient été déplacés. De plus, Catherine était certaine que ce n'est que peu de temps après avoir « atterri » dans le champ que la lueur du jour commençait à paraître à l'horizon. Au printemps, dans cette région des États-Unis, le Soleil se lève autour de 7h, mais la lueur du jour est visible au moins une heure avant, ce qui nous amène à 6h.

En admettant que les trois occupants aient mis environ une heure avant de regagner la route et trouver de l'aide, ils se seraient donc retrouvés dans le champ vers 5h. Catherine était catégorique sur le fait qu'elle avait regardé l'heure au moment où elle avait aperçu l'ovni et qu'il était environ 2h15 du matin. Ce qui nous donne près de trois heures de temps manquant. Toutefois, la question demeure : Que s'est-il passé durant ces trois heures?

Deuxième rencontre – 9 décembre 2016

Cette fin de semaine-là, comme j'avais organisé un souper-rencontre du MUFON à Québec et que Catherine demeurait là, j'avais proposé à Pierre Caron d'en profiter pour lui rendre visite et conduire deux autres séances d'hypnose. Étant donné qu'au cours de notre dernière rencontre nous n'avions pas été en mesure de couvrir l'ensemble des événements partagés par Catherine, et qu'il était possible que de nouveaux éléments puissent faire surface, Pierre accepta immédiatement. De plus, ce dernier était conférencier dans le cadre de cet événement où nous abordions le phénomène des enlèvements, ce qui permettait de faire d'une pierre deux coups. Quant à Catherine, elle accepta de participer à la fois à la séance d'hypnose et de venir au souper-rencontre pour partager ses expériences devant l'assistance. En dépit du fait qu'elle était très nerveuse, Catherine a su s'attirer la sympathie des participants qui ont été touchés par son témoignage et son authenticité. Personnellement, j'ai toujours préféré laisser les témoins raconter eux-mêmes leurs expériences lorsque c'est possible.

Un ufologue qui raconte une histoire durant une conférence c'est bien, mais lorsque c'est la personne qui l'a vécue qui la raconte, c'est encore mieux, car on peut voir toute l'émotion vécue par celle-ci lorsqu'elle s'exprime. Dès le début de cette deuxième rencontre, qui a eu lieu le vendredi soir, nous avons passé en revue quelques-unes des expériences que Catherine nous avait déjà mentionnées. Il a été, entre autres, question de l'événement de Pittsburgh, que nous lui avons demandé de décrire chronologiquement et dans les moindres détails. Le but de l'exercice était de faire remonter les souvenirs à la surface pour faciliter la régression hypnotique, tout en permettant d'obtenir le plus d'éléments possible qui nous aideraient à comprendre ce qui s'était produit cette nuit-là. Une amie proche de Catherine qui avait assisté à la première séance de 2015 s'était joint à nous encore une fois pour lui tenir compagnie.

Hypnose du 9 décembre 2016

Pierre Caron – Qu'est-ce qui se passe après? [Pierre a dirigé Catherine immédiatement après qu'elle, son frère et leur amie aient vu l'ovni les suivre sur la route]

Catherine F. – Je ne sais pas ce qui se passe.

PC – Où est-ce que tu te retrouves?

CF – Je sais pas où je suis.

PC – Est-ce que t'es toujours dans le véhicule?

CF – Non, non, non. Je suis pas dans l'auto.

PC – À quoi ça ressemble.

CF – Y'a plein de lumière blanche. C'est blanc, blanc, blanc.

PC – Avez-vous arrêté en chemin?

CF – Non! Non, je sais pas ce que je fais là.

PC – Et les autres sont où?

CF – Je sais pas… Je sais pas.

PC – À quoi ça ressemble l'endroit où tu te retrouves?

CF – Ça ressemble à rien. C'est tout blanc. Il fait froid. Je suis couchée sur une table. Je suis attachée. Je peux pas bouger. Je peux pas bouger mes bras. Je peux pas bouger mes pieds. Je peux juste pousser.

PC – Pousser où?

CF – Mes orteils au bout de la table. Je peux pousser avec mes orteils.

PC – Est-ce que tu pousses quelque chose?

CF – Je pousse le bout de la table.

PC – Et à quoi elle ressemble cette table?

CF – Elle est froide.

PC – Est-ce que t'es habillée?

CF – Il me semble que oui je suis habillée... je sais pas si je suis habillée.

PC – Il fait vraiment froid?

CF – Oui, il fait froid.

PC – Partout?

CF – Partout, autour, partout... Comme si j'étais dans une glacière.

PC – Est-ce qu'il y a des bruits?

CF – Y'a un bruit bizarre. C'est comme *rooon*... Ça fait comme un gros ronronnement.

PC – Et si t'avances un peu plus loin? Qu'est-ce qui se produit? Laisse aller ton esprit graduellement jusqu'à la première image.

CF – Il y a quelqu'un à côté de moi.

PC – De quel côté?

CF – Là! [En pointant à sa droite.]

PC – Et c'est qui? Est-ce que tu le connais?

CF – Non.

PC – Il ressemble à quoi?

CF – À rien de ce que je connais.

PC – C'est pas un médecin? Un ami? C'est pas ton frère?

CF – Non! C'est une grande personne. Grande, grande…

PC – Plus grande que toi?

CF – [En faisant oui de la tête.] Son corps est plus haut que la table.

PC – Est-ce que tu vois son visage?

CF – Oui je le vois.

PC – À quoi ça ressemble?

CF – C'est blanc. C'est tu un masque? C'est tu vraiment un être? Ah seigneur...! C'est quoi ça?

PC – À quoi ça ressemble d'après toi?

CF – Grand visage long. Des grands yeux qui n'ont pas l'air de voir. Comme si c'étaient des lunettes fumées ou je sais pas quoi.

PC – Comme un costume?

CF – Non. C'est tout blanc. Son corps est tout blanc comme si elle avait un *jump suit*.

PC – Comme si « elle avait? » t'as dit?

CF – Oui.

PC – Est-ce que c'est une femme?

CF – Je pense que oui. Elle me regarde puis elle a l'air à ressentir ce que je ressens… Elle a levé le bras. Elle met son bras par-dessus moi comme ça je sais pas pourquoi. Pour me consoler peut-être?

PC – Pourquoi? Parce que t'as de la peine?

CF – J'ai peur!

PC – T'as peur de quoi?

CF – J'ai peur de tout. Y'a c't'affaire là à côté de moi, je suis attachée sur une table, y fait froid, c'est blanc partout, y'a pas de fenêtre, y'a pas de lumière, je vois rien, mais c'est lumineux. C'est blanc lumineux.

PC – Est-ce qu'elle te parle?

CF – Non. Elle fait juste me regarder. Elle s'est penché la tête vers moi c'est tout. J'ai l'impression que c'est une femme même si je ne vois pas de seins…

PC – Qu'est-ce qui te fais penser ça?

CF – Je sais pas? Son essence? Je sais pas pourquoi je pense ça. C'est pas un homme. Je suis certaine que c'est une femme, mais elle est pas faite comme moi.

PC – Si t'avances après cette scène, un petit peu plus loin après que tu aies vu la dame… Qu'est-ce qui se passe? Laisse les souvenirs revenir graduellement.

CF – Je vois rien.

PC – Comment c'est? Est-ce que c'est noir?

CF – Je vois rien du tout, du tout.

PC – Et si tu vas voir à travers le noir? Le noir disparait. Tu vas voir l'autre bord.

CF – Je suis dans l'auto. Je suis réveillée.

PC – Et qu'est-ce qui se passe?

CF – Il se passe que je sais pas ce qui se passe là. On n'est pas sur la route. On est dans le champ. Je sais pas ce qui se passe. Denis parle pas, l'autre non plus. Es-tu morte? Je sais pas, elle parle pas. Elle est bizarre cette lumière-là qui tourne.

PC – Quelle lumière?

CF – La lumière. Y'a une lumière en haut qui tourne, qui change de couleur.

PC – Est-ce que les autres bougent à côté de toi?

CF – Denis, il bouge. Il essaye de *starter* le char. C'est tout ce que je vois.

PC – Et toi tu fais quoi?

CF – [Gros soupir.] Je fais rien… Je sais pas ce qu'on fait là. Je suis complètement déphasée là, je sais pas ce qui se passe. Je sais pas d'où on vient. Où on était. Qu'est-ce qu'on a fait? Pourquoi on est dans un champ? C'est quoi c't'affaire-là qui tourne?

PC – Et qu'est-ce que vous vous dites quand vous voyez cette affaire-là qui tourne?

CF – Rien. Je sais pas pourquoi on parle pas.

PC – Qu'est-ce qu'il y a d'autre alentour?

CF – Y'a rien. Y'a juste un champ. Y'a de l'herbe autour du char. Y'a pas de route.

PC – Est-ce que tu peux voir l'heure?

CF – Non. Je vois la main à Denis avec les clés qui *shake*.

PC – Et si tu retournes un peu plus loin. Avant que tu te retrouves dans le champ? Qu'est-ce que tu te rappelles?

CF – Rien.

PC – Tu reviens où il y a la table? De la voiture à la table? Qu'est-ce qui se passe?

CF – À la table? Je sais pas comment j'ai fait pour débarquer de la table. Je sais pas comment j'ai fait pour m'en aller. Je sais pas où est-ce que Denis est. Puis je sais pas où est-ce que Solange est.

PC – T'es où?

CF – Je me vois encore sur la table.

PC – Ça c'est avant l'auto?

CF – Oui.

PC – La personne est partie?

CF – Non elle est là.

PC – Et avant ça, qu'est-ce qui s'est produit? Avant que tu la voies?

CF – Avant que je la voie, tout était blanc, blanc, blanc, puis c'était froid, froid, froid. J'étais prise. Je ne pouvais pas bouger. La table est en métal.

PC – Quand t'es sur la table, arrête-toi là et essaie d'aller voir ce qui s'est produit. Est-ce qu'il y a des choses qui se sont produites? Laisse venir les images.

CF – J'ai peur. J'ai peur!

PC – T'as peur de quoi?

CF – J'ai peur de, je sais pas? Je sais pas où est-ce que je suis?

PC – Est-ce que t'as peur de ce qui va se produire?

CF – Oui!

PC – C'est quoi qui va se produire?

CF – Je sais pas.

PC – Qu'est-ce qui s'est produit?

CF – Je sais pas si c'est ça ou c'est pas ça ou…

PC – C'est ça ou pas ça quoi?

CF – Ils m'ont rentré des tubes dans le nez. Il me semble qu'ils m'ont entré des tubes dans le nez. J'ai eu quelque chose dans le nez, je sais pas quoi.

PC – C'est ça qui te faisait peur je pense.

CF – J'ai peur!

PC – Oui c'est normal, mais c'est du passé. Qu'est-ce qui s'est produit en plus? Qu'est-ce qui se passe? Décris-moi ce qui se produit avec tes mains?

CF – Je peux pas les bouger mes mains.

PC – Ok? Elles sont où?

CF – Elles sont comme ça attachées [en mettant ses bras de chaque côté de son corps]. Je suis attachée. Les épaules, les bras, le ventre, les pieds…

PC – Tu parlais de tubes… Ça vient d'où ces tubes-là?

CF – Les tubes je sais pas, ça vient d'en haut là.

PC – Et t'en as eu où?

CF – Dans le nez.

PC – T'as vu d'autres choses?

CF – J'sais pas, j'sais pas, j'sais pas…

PC – Laisse venir les images. Qu'est-ce qui s'est produit?

CF – J'ai l'impression qu'il y a d'autre monde autour, est pas toute seule elle.

PC – C'est qui les autres?

CF – Je veux pas les voir...

PC – Pourquoi?

CF – Je sais pas, mais je veux pas les voir.

PC – À quoi ils ressemblent?

CF – Sont p'tits. Sont pas grands comme elle.

PC – Ils ressemblent à quoi?

CF – Ils ressemblent à des p'tits gris.

PC – Sont gris?

CF – Sont méchants les *câlisses*, je les haïs.

PC – Pourquoi tu les haïs?

CF – Je sais pas pourquoi je les haïs. Je peux rien faire. Je suis prisonnière.

PC – Est-ce que tu peux leur parler?

CF – Non.

PC – Eux est-ce qu'ils te parlent?

CF – Non. Ils ont l'air occupés à côté de moi là. Je sais pas ce qu'y s'attardent à faire, mais ils m'énervent en *crisse*... Y'en a deux là [en pointant à sa gauche].

PC – Est-ce qu'ils font quelque chose?

CF – Ils se préparent à faire quelque chose [soupir].

PC – Qu'est-ce qu'ils t'ont fait?

CF – Je sais pas qu'est-ce qu'ils vont me faire.

PC – Tu le sais pas ou tu veux pas le savoir?

CF – Je pense que je veux pas le savoir.

PC – Oublie pas que c'est du passé. Y'a des souvenirs qui te reviennent. Il n'y a aucun danger. Juste des souvenirs. Qu'est-ce qu'ils vont te faire?

CF – Ils s'intéressent à mon ventre. J'ai l'impression que c'est mon ventre qu'ils veulent faire quelque chose avec.

PC – Pourquoi?

CF – Je sais pas pourquoi.

PC – Est-ce qu'ils te l'ont dit?

CF – Non. Je pense que je suis pas habillée. Je pense que j'ai rien sur le dos.

PC – Fait froid?

CF – J'ai froid.

PC – Qui vous a enlevé votre linge?

CF – J'en ai aucune idée. Pour moi ils m'ont endormie puis ils m'ont couché sur la table. Je sais pas ce qu'ils m'ont fait. Pourquoi je suis là? J'ai l'impression que je suis toute nue. C'est froid, froid, froid sur mon *bedon*, où mon nombril là.

PC – Est-ce qu'ils mettent quelque chose sur ton nombril?

CF – Je sais pas. C'est froid. Je peux rien voir. Ils ont mis quelque chose sur mon ventre. Je sais pas c'est quoi qui fait que c'est froid de même. Un liquide? Quelque chose de froid. Je sens quelque chose sur le côté de mon ventre, mais je sais pas c'est quoi. Je ressens qu'il y a quelqu'un à côté de moi. Des deux côtés.

PC – Combien à peu près?

CF – Y'en a un qui est là [en pointant à sa droite]. Y'en a deux là [en pointant à sa gauche], puis y'a la grande qui est là [près de sa tête]. Elle a pas l'air à avoir affaire à ça. Elle a l'air à… [soupir]

PC – Est-ce qu'elle est humaine?

CF – Non.

PC – Pourquoi tu dis non?

CF – Parce qu'est pas humaine. Y'a personne d'humain autour de moi.

PC – Est-ce qu'elle est nue?

CF – Non.

PC – Elle est habillée?

CF – Oui.

PC – Avec quoi?

CF – Je sais pas. C'est comme un collant sur sa peau ou elle est nue et c'est comme ça qu'elle est faite mais…

PC – Quelle couleur?

CF – Blanche. Elle est blanche comme un drap blanc. Elle a la face aussi blanche que le reste. Une grande face allongée. Une grosse tête. Elle est haute, elle est plus haute qu'eux autres là. Elle les dépasse quasiment d'un corps. Elle est vraiment grande elle.

PC – Maintenant je vais te demander Catherine de te rappeler de TOUT ce que tu viens de voir pour que tu puisses faire des dessins plus tard. OK? Maintenant on va prendre une pause? Tu veux relaxer un peu?

CF – [En faisant oui de la tête.]

Fin de l'hypnose

Discussion post-hypnose

Catherine, Pierre et moi avons discuté une vingtaine de minutes à la suite de cette deuxième séance dans laquelle de nouveaux éléments ont refait surface. Notamment, ceux en lien avec les différents êtres qui l'entourait autour d'une table de métal et une possible procédure médicale au bas du ventre effectuée par les « p'tits gris ». Un grand être blanc de genre féminin a également été vu durant ce segment d'hypnose, lequel semblait apporter un certain réconfort durant l'intervention. C'était la première fois depuis 1976 que Catherine avait accès à des souvenirs issus de la période de temps manquant. Elle était encore bouleversée par ces mémoires qui venaient de remonter, mais elle était tout de même contente d'en savoir un peu plus sur ce qui lui était arrivé.

Durant cette discussion, il a été question des multiples blocages rencontrés par Catherine au cours de l'hypnose qui l'empêchaient d'avoir une vision complète de la scène. Pierre a émis l'hypothèse que ceux-ci provenaient probablement du traumatisme causé par l'événement lui-même. Un mécanisme mis en place par son subconscient pour protéger son état émotionnel face à cette situation extrêmement difficile. Catherine est revenue sur son sentiment profond suggérant que les évènements s'étant produit lors de son expérience de temps manquant avaient quelque chose à voir avec la grossesse qu'elle a eu peu de temps après l'incident. Trois mois auparavant, son médecin lui avait appris qu'elle ne pourrait plus jamais avoir d'enfant. D'autant plus qu'elle avait senti que quelque chose se passait au niveau du bas-ventre durant cette mystérieuse intervention, mais sans toutefois être en mesure d'observer quoi que ce soit qui aurait pu lui indiquer de quoi il s'agissait.

Nous avons discuté de l'intense sentiment de haine qu'elle avait envers les petits gris, et cherchions à en connaitre l'origine, car si on se fie à ce récit, il s'agissait de la première fois qu'elle était en contact avec ces êtres; alors pourquoi cette haine? Catherine disait qu'elle sentait qu'ils représentaient les méchants dans cette situation, tandis que l'entité blanche était là pour la réconforter. Cette entité avait même posé des gestes avec un de ses bras pour la calmer durant l'intervention. Nous lui avons ensuite demandé s'il s'agissait de la première expérience dont elle se rappelait. Et en dehors d'un rêve récurrent qu'elle a fait à partir de l'âge de six ans, elle ne se souvenait d'aucun autre incident de cette nature. Durant la séance du 9 décembre 2016, Catherine a brièvement aperçu une scène différente de l'incident de Pittsburgh où les mêmes entités semblaient procéder à une extraction de fœtus. Il est possible que ce souvenir ait refait surface parce que le contexte était similaire : abduction, table de métal, présence d'entités, procédures de type médicale… En raison de la charge émotive intense partagée par Catherine quand elle a commencé à décrire la scène, Pierre a préféré rediriger l'hypnose vers un segment différent.

Comme il commençait à se faire tard, nous avons convenu de remettre la prochaine séance d'hypnose au lendemain matin. Avant de quitter, Pierre a demandé à Catherine si elle pouvait faire des croquis de ce qu'elle avait vu durant l'hypnose. Cela nous aiderait à visualiser la scène selon sa propre perspective. L'exercice pourrait aussi aider à récupérer d'autres mémoires en lien avec l'incident. Pierre lui a également dit qu'il était possible que dans les heures, les jours ou les semaines qui suivent, que de nouveaux souvenirs pourraient refaire surface.

Troisième rencontre – 10 décembre 2016

Tel que prévu, Pierre et moi sommes retournés chez Catherine pour une troisième fois. D'entrée de jeux, nous avons commencé à discuter du phénomène de temps manquant et des mécanismes de stockage de la mémoire. Catherine cherchait à comprendre comment les entités s'y prenaient pour occulter ses souvenirs. Pierre et moi avons partagé certaines de nos hypothèses respectives sur la question. Pierre avait des explications assez rationnelles issues de sa formation en psychanalyse, tandis que ma vision se voulait un peu plus holistique. Toutefois, même si nos opinions différaient quelque peu, notre but était le même : accéder aux zones d'ombres où l'information de temps manquant était stockée sans que cela ne cause d'inconfort à Catherine. La veille, après notre départ, Catherine avait fait ses devoirs, et au début de ce troisième entretien elle nous a remis deux croquis.

Le premier était une représentation de la scène qu'elle avait vue durant la régression en lien avec l'incident de Pittsburgh (figure 26), et la seconde était la reproduction d'un autre événement qu'elle avait vu durant cette même séance, mais où Pierre avait dû rediriger l'hypnose en raison de fortes réactions émotives de Catherine (figure 27). Étant donné que l'hypnose a été redirigée vers un segment différent très peu de temps après que Catherine ait commencé à décrire la scène, nous en avions tiré très peu d'information. Il semblerait que ce souvenir provienne d'un événement différent de l'incident de Pittsburgh, car Catherine savait qu'elle n'était pas enceinte à ce moment-là.

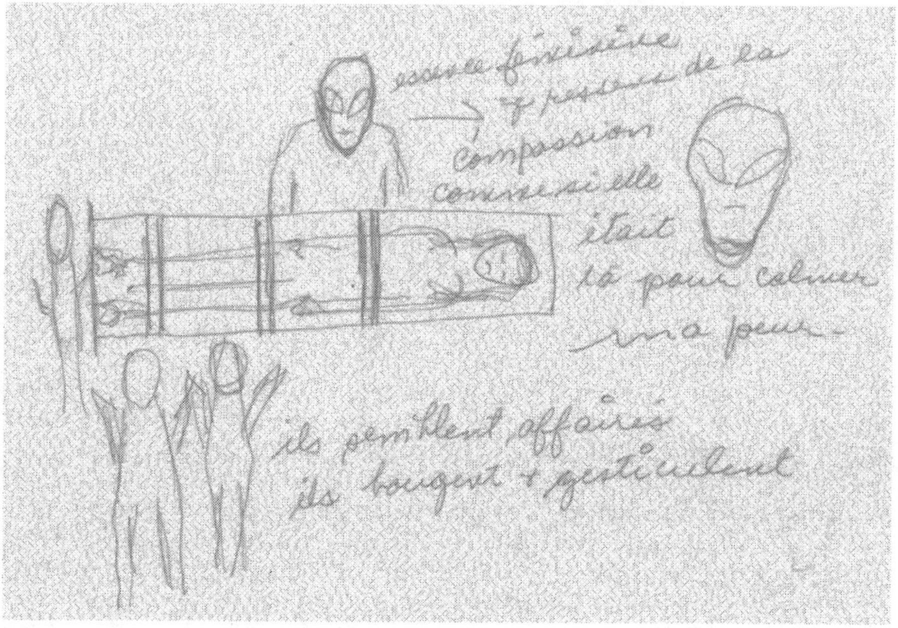

Figure 26. Croquis de Catherine d'une scène de l'incident de Pittsburgh vue durant la séance d'hypnose du 9 décembre 2016.

Comme ce segment a été très court, il nous a malheureusement été impossible de connaître l'âge à laquelle cette extraction aurait eu lieu, ni les circonstances entourant cet événement. Étant donné le nombre d'indicateurs d'enlèvement présents dans le récit de Catherine et que certains d'entre eux démontraient la possibilité qu'elle ait subi des extractions de fœtus, nous n'étions pas surpris de voir une telle scène surgir au cours d'une séance. Toutefois, celle-ci fut la seule fois où nous avons été en mesure de rencontrer un incident du genre au cours des multiples séances d'hypnose qui se sont succédées par la suite. Étant donné qu'il s'était déjà passé presque deux ans entre ces deux rencontres et qu'un lien de confiance s'était mis en place, Catherine a également abordé d'autres sujets un peu plus délicats en lien avec ses expériences. Il était question, entre autres, de deux ecchymoses situées à l'intérieur de ses cuisses, dont elle n'avait aucune idée de comment elles étaient arrivées là.

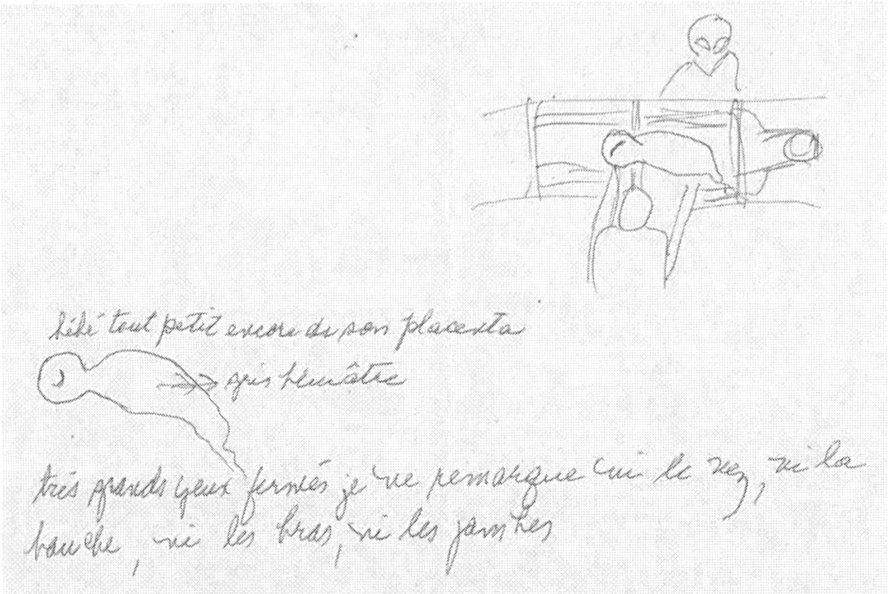

Figure 27. Croquis de Catherine d'une scène d'extraction de fœtus vue durant la séance d'hypnose du 9 décembre 2016.

Elle s'était simplement réveillée un matin avec ces marques inexpliquées sur le corps. Elle n'avait aucun souvenir en lien avec cet incident. Elle avait seulement l'impression qu'on avait utilisé un appareil pour lui tenir les cuisses ouvertes, sans toutefois se rappeler d'un événement ayant pu causer ces marques. Cela s'était produit plus d'une fois dans le passé sans qu'elle réussisse à trouver d'explication rationnelle. Comme elle vivait seule au moment de l'incident et que ça n'était pas la première fois que des choses inexpliquées se produisaient dans sa vie elle se doutait que ceci pouvait avoir un lien avec les visiteurs nocturnes.

Catherine a également fait mention de la fausse couche qu'elle avait fait environ trois mois avant son voyage vers Pittsburgh. Elle était en couple à ce moment-là et était enceinte depuis environ 14 semaines. Elle était en train de prendre sa douche quand elle s'est mise à saigner abondamment du bas ventre. Son conjoint l'a amené immédiatement à l'hôpital où le docteur a mis fin à l'hémorragie et a diagnostiqué une grossesse ectopique. Ce dernier lui avait également dit qu'en raison des complications que cela avait occasionnées à son utérus qu'elle ne pourrait plus avoir d'enfant. Ceci l'attristait énormément, car elle voulait vraiment être mère.

Mais le plus troublant dans cette histoire, c'est que le médecin n'a jamais mentionné avoir prélevé de fœtus durant l'intervention et Catherine n'a jamais rien vu sortir autre que du sang de ses parties génitales. Il s'agit d'un phénomène qui est vu occasionnellement dans le domaine des abductions et que Pierre surnommait « fausse couche avec fœtus manquant ». Par la suite, nous avons discuté des événements potentiels où il serait possible d'obtenir davantage d'information sous hypnose. Outre les événements que nous n'avions pas eu le temps d'aborder au cours de la dernière séance, il était question de revisiter l'incident de Pittsburgh pour voir si d'autres souvenirs compris à l'intérieur de l'épisode de temps manquant seraient accessibles. Toutefois, en dépit que cette troisième séance ait apporté de nouveaux éléments sur d'autres expériences vécues par Catherine, il n'y a rien de plus qui est ressorti sur l'incident de Pittsburgh. Les circonstances ont fait que nous avons dû attendre près de cinq ans avant de continuer cette enquête qui n'avait pas fini de nous surprendre.

L'enquête reprend son cours – été 2021

À l'été 2021, j'ai repris contact avec Catherine, car le professeur Don Donderi, un consultant du MUFON et professeur de psychologie retraité de l'Université McGill, était à la recherche d'histoires de cas d'enlèvement pour un projet de livre. Je communiquai avec Catherine pour lui demander si elle serait intéressée à ce que le professeur Donderi la contacte pour lui poser quelques questions à propos de ses expériences de rencontre rapprochée. Elle accepta sans problème et ajouta qu'elle était prête à continuer les démarches pour en savoir plus sur ce qu'elle avait vécu. Comme il s'agissait d'un cas que j'avais pris en charge lorsque j'étais avec le MUFON, et que j'avais quitté mes fonctions un an plus tôt, je devais réintégrer l'organisme à titre d'enquêteur si je voulais accéder à son dossier via le CMS et y rajouter de l'information le cas échéant.

On peut dire que ce sont ces circonstances qui m'ont amené à réintégrer l'organisme. J'avais quitté mon poste de directeur national du MUFON Canada en 2020 parce que mon nouvel emploi du temps ne me permettait plus d'occuper de telles fonctions qui prenaient énormément de mon temps. J'étais toutefois prêt à reprendre du service, car j'avais maintenant un peu de temps libre entre mes campagnes d'exploration. Après discussion avec les directions nationale et internationale, j'expliquai qu'il m'était difficile pour le moment d'occuper un poste similaire à celui que j'avais occupé précédemment, mais que je pouvais être de nouveau actif au niveau international à titre d'enquêteur de terrain. Comme j'avais désormais un travail qui exigeait que je parte à l'extérieur de façon périodique, il était très difficile pour moi de prendre des postes demandant à ce que je sois disponible presque sept jours sur sept comme c'était le cas auparavant. Le fait de réintégrer à titre d'enquêteur de terrain me permettait d'accéder à tous mes anciens cas et de continuer d'enquêter sur ceux pour lesquels on pouvait obtenir de nouveaux éléments. De plus, on m'a permis de réintégrer avec le titre de CAG International*, ce qui me donnait l'opportunité d'accéder à tous les cas du CMS à l'échelle mondiale.

Je pouvais ainsi aider à régler des cas à distance au besoin et assister d'autres enquêteurs n'importe où dans le monde directement à partir de la base de données du MUFON. Cette situation m'était également très avantageuse en ce qui avait trait à la recherche d'informations comparatives et aussi pour accéder aux différentes données statistiques. C'était du donnant-donnant.

* CAG International pour *Case Assistance Group International*. Il s'agit d'une section du système d'enquête du MUFON où des enquêteurs peuvent être assignés à des cas d'observation d'ovni dans des pays différents de celui auquel ils sont rattachés.

Après avoir réglé ces détails administratifs et communiqué avec Dave Palachik, le nouveau directeur national, ainsi qu'avec Éric Tessier, le directeur des enquêtes, j'ai organisé une rencontre avec Catherine à son appartement de Québec. Ma conjointe Annie, m'accompagnait, car elle est d'une aide précieuse lorsqu'il s'agit d'apaiser l'ambiance lors de séances parfois troublantes émotionnellement. Je proposai à Catherine de conduire trois séances d'hypnose étalées sur deux jours, afin qu'elle ait le temps de récupérer entre chacune d'elles, mais aussi pour laisser le temps à d'autres souvenirs de revenir à la surface le cas échéant. Après environ cinq heures de route, Annie et moi sommes arrivés chez Catherine. Nous avons discuté pendant près d'une trentaine de minutes avant d'entreprendre cette quatrième hypnose.

Cette étape est nécessaire avant de débuter quoi que ce soit, car c'est à partir de celle-ci que le témoin, l'hypnologue et l'enquêteur établissent des balises. Combien de temps va durer l'hypnose? Que fait-on si le témoin réagit très fortement au cours de la séance? Quel sont les segments d'événements dont on voudrait récupérer les souvenirs? Mais plus important encore, comment se sent le témoin actuellement face à certains de ces événements passés? Souvent, les sensations du témoin et son ressenti servent de fil conducteur et font émerger des mémoires enfouies dans le subconscient au cours de la séance. Chacune de ces étapes est cruciale pour mettre le témoin à l'aise et obtenir de bons résultats. Le témoin doit sentir que chacune des parties impliquées dans ce processus sait ce qu'elle fait et est compétente dans son domaine d'expertise. C'est pour cette raison que même si quelqu'un est extrêmement compétent comme hypnologue, s'il n'a aucune connaissance ufologique ou qu'il n'a jamais travaillé avec des abductés, il n'obtiendra pas ou peu de résultats.

Pour ma part, j'ai eu la chance d'assister Pierre Caron au cours de nombreuses hypnoses avant de moi-même suivre une formation dans le domaine. J'ai également participé à des séances conduites par Craig Lang, décédé aujourd'hui, mais qui fut un des hypnologues les plus actifs du MUFON américain. Ceci m'a permis de voir des techniques d'hypnose différentes et de comparer l'efficacité de chacune d'elles selon les circonstances. En 2018, durant le symposium du MUFON à Philadelphie, j'ai eu la chance d'échanger avec David Jacobs, un ufologue et écrivain américain reconnu pour ses techniques d'hypnose peu orthodoxes. Même si je ne partageais pas son point de vue sur différents aspects des conclusions de ses recherches, sa rencontre m'a permis d'en apprendre davantage sur le domaine des enlèvements et sur les subtilités des mémoires récupérées sous hypnose.

Le fait de pouvoir accéder à la somme importante d'informations compilées par Kathleen Marden et l'ERT en lien avec les abductions est aussi une source non négligeable de données utiles pour comparer les informations reçues au cours des enquêtes de terrain. Toutes ces rencontres et ces expériences m'ont aidé à avoir une meilleure compréhension du phénomène des enlèvements. Avec le temps, j'ai fini par comprendre qu'une des raisons pour laquelle les abductés n'avaient généralement peu ou pas de souvenir conscient de certaines parties de rencontres rapprochées du 4e type, c'est parce qu'ils avaient subi une forme de programmation mentale de la part des entités qui en étaient à l'origine.

Image-écrans et barrières psychiques

Étant donné qu'il est techniquement impossible d'effacer la mémoire d'une personne sans nuire à son bon fonctionnement cognitif, les entités utilisent une technique se rapprochant de celle employée par la CIA pour créer des supers-agents. Il s'agit d'une technique dissociative où l'on fragmente la conscience d'une personne en différents individus distincts. Le projet MK-Ultra de la CIA servait entre autres à faire ce genre de choses, où l'on employait différentes méthodes pour, en premier lieu, faire sortir la conscience du corps d'un individu. Ceci peut être fait grâce à la privation sensorielle ou à partir de chocs traumatiques intenses.[1]

Dans les deux cas, on obtient un individu catatonique dont la conscience est absente et à partir duquel on peut reprogrammer une nouvelle personnalité. Cette nouvelle personnalité est totalement indépendante de la première et est en fonction seulement quand l'autre est absente. Ces agents dormants peuvent être activés à distance en employant une simple stimulation sonore tel qu'une tonalité spécifique ou une phrase précise dite par téléphone ou tout autre moyen de communication vocal. Toutes les étapes de programmation se font au niveau du subconscient de l'individu, ce qui fait qu'il n'a peu ou pas de souvenirs conscients de cette situation. Toutefois, si de part et d'autre les résultats obtenus sont à peu près les mêmes en ce qui a trait à « effacer la mémoire d'une personne », il semble que la technique employée par les entités pour arriver à leurs fins soit bien différente de celle de la CIA. La CIA met des années avant de pouvoir programmer un individu et le rendre opérationnel.

Quant aux entités en question, celles-ci sont très limitées par le temps lorsqu'elles enlèvent des personnes, et leurs procédures, quelles qu'elles soient ne prennent jamais plus de quelques heures. En ce qui nous concerne cependant, lorsque l'on comprend ce stratagème, on sait que l'information n'est pas disparue et qu'elle est enfouie quelque part à l'intérieur de la psyché de l'individu. Étant donné que ces entités à l'origine des enlèvements sont également conscientes qu'il est possible de récupérer les mémoires cachées, et ce, même si elles ont été enfouies très profondément dans le subconscient, elles semblent avoir recours à des méthodes différentes de la CIA pour en restreindre l'accès.

Parfois, des images ou scénarios écrans sont superposés à la vue des abductés, lesquels seront pris à mêmes leurs pensées, essayant de faire du sens avec ce qu'ils voient. Différentes choses peuvent servir à brouiller les pistes tout dépendamment des circonstances de l'enlèvements. Alors que j'avais assisté Craig Lang au cours d'une hypnose aux États-Unis, l'abducté qui nous décrivait un événement disait s'approcher d'une vache avec de grands yeux noirs qui l'attendait dans un champ. Il s'est avéré que cette vache était en fait un petit gris qui était là pour le faire monter à bord d'un vaisseau. Durant un autre événement dont j'ai été témoin, deux personnes, qui étaient arrivées avec plus d'une heure de retard à une rencontre, disaient s'être arrêtées pour parler avec des chevreuils qui étaient au bord de la route. Il y avait un gros « chevreuil » qui se tenait éloigné, qui semblait être le chef, et de plus petits qui sont venus jusqu'à la fenêtre de la voiture pour discuter…

Après que Pierre Caron ait mis ces deux personnes à tour de rôle sous hypnose et qu'il ait réussi à contourner les images-écrans en question il est apparu que ces chevreuils étaient des gris en train de sortir les personnes de la voiture pour les diriger vers un vaisseau situé dans une forêt à proximité. Cette façon de faire est assez commune chez certains types d'entités responsables de rencontres rapprochées du 4e type, mais d'autres méthodes tout aussi efficaces existent. Dans le cas de Catherine, la restriction aux mémoires enfouies n'était pas sous la forme d'image-écrans, mais se retrouvait plutôt sous la forme de malaises physiques intenses tels que difficulté à respirer, douleur à la poitrine, angoisse profonde, etc. Au cours de sa première séance avec l'hypnologue de Montréal, ces malaises physiques ont été activés dès qu'il a été question de l'incident de 1976. La même chose s'est produite durant les hypnoses conduites par Pierre Caron où Catherine revoyait des scènes liées à de possibles enlèvements.

Ceci m'a rappelé une enquête que j'avais faite avec Simon Hébert en territoire autochtone, où nous avions rencontré monsieur Niquai, un individu réputé avoir vécu un enlèvement avec sa femme à Obedjiwan. Au cours de l'entrevue avec monsieur Niquai, alors que nous en étions à l'étape de demander ce qui était arrivé durant l'enlèvement, ce dernier se plaignait de serrement intense à la poitrine et disait qu'il sentait la présence des êtres qui l'avaient enlevé. Il semble qu'il se sentait menacé par ces êtres, qui selon toute vraisemblance ne voulaient pas qu'il raconte ce que lui et sa femme avaient vécu. Comme il se sentait très mal nous avons immédiatement cessé l'entrevue.

Ce n'est qu'avec un peu de recul que j'ai fini par comprendre que ces malaises physiques devaient forcément être associés à une forme quelconque de programmation induite pendant l'enlèvement. À la suite de cette observation avec le cas de monsieur Niquai, j'ai remarqué ce phénomène chez d'autres abductés une fois mis en état d'hypnose. J'ai donc réalisé que pour contrer cette barrière psychique, il était nécessaire d'en informer l'abducté en lui expliquant le fonctionnement de ces mécanismes qui empêchent d'accéder aux mémoires enfouies. Je suis d'avis que les mémoires oubliées d'expériences ufologiques, même si elles ont été enfouies, appartiennent aux personnes qui les détiennent, et si elles veulent savoir ce qui leur est arrivé c'est leur droit le plus fondamental d'y accéder. Il est vrai que ce ne sont pas tous les abductés qui veulent savoir ce qui leur est arrivé au cours d'épisodes de temps manquant. La peur de certains face à l'inconnu surpasse souvent le désir de savoir.

Quatrième rencontre - 29 juin 2021

Lors de notre rencontre de l'été 2021, Annie et moi étions seuls pour conduire ces trois hypnoses sur Catherine F., laquelle semblait déterminée plus que jamais à obtenir des réponses à ses nombreuses questions. Il s'agissait d'une condition essentielle pour obtenir de nouvelles informations sur les expériences qu'elle avait vécues en lien avec les ovnis. Comme c'était Pierre Caron qui avait hypnotisé Catherine lors de notre dernière rencontre, et que ma technique était un peu différente, je tenais à lui expliquer les grandes lignes pour faciliter le travail. La veille, j'avais visionné brièvement les hypnoses que Pierre avait conduites en 2015 en analysant chacun des différents aspects en lien avec chacune d'elles. Qu'il s'agisse de fortes réactions émotives de Catherine face à certains événements particuliers ou des malaises physiques ressentis lorsque Pierre tentait de récupérer des parties de temps manquant, j'analysai l'ensemble de ses réactions sous hypnose pour décider quelles seraient les meilleures techniques à employer. Les défis à relever se situaient surtout au niveau des malaises physiques intenses et du sentiment d'angoisse qu'elle ressentait lorsqu'il était question d'aborder les parties de temps manquant.

Étant donné que c'était là que résidait l'information qui nous aiderait à comprendre ce qui lui était arrivé, il était nécessaire de franchir ces barrières psychiques. Il était cependant important d'accéder à ses mémoires enfouies sans que cela ne lui cause d'inconfort, ni de traumatisme. Heureusement, j'avais été en mesure d'apprendre plusieurs techniques différentes tout à fait adaptées à ce genre de situation lors de ma formation d'hypnose et je les avais déjà employées à quelques reprises sur d'autres personnes. Dans le cas de Catherine cependant, je devais innover, car il était question d'employer plusieurs techniques simultanément. En effet, il fallait à la fois obtenir l'information de façon cohérente et contourner les différents blocages à l'origine de ses malaises physiques. Pierre Caron avait déjà fait un excellent travail en récupérant certaines parties oubliées des expériences vécues par Catherine, il s'agissait maintenant d'accéder aux zones les plus enfouies où se situaient les mémoires de temps manquant. Comme mentionné précédemment, Catherine a vécu plusieurs expériences ufologiques, lesquelles s'échelonnent sur un peu plus de deux décennies.

Chacune de ces expériences ont été « revisitées » durant les trois séances d'hypnose ayant eu lieu les 29 et 30 juin 2021. Toutefois, par soucis de clarté, chacune de ces expériences sera abordée séparément dans cet ouvrage en suivant un ordre chronologique.

Développements sur l'incident de Pittsburgh – Hypnose du 29 juin 2021

CF – Il y a des lumières autour de l'auto.

MSTG – Ah oui?

CF – L'auto est dans le champ. Il y a des herbes hautes… puis parce que c'est un Pacer l'auto. C'est comme un aquarium c't'e char là. Puis les lumières on les voit très bien, là. Ça tourne puis ça change de couleur. Puis tant que ça fait ça, Denis a beau essayé de *starter* le char, il est pas capable. Il *shake*.

MSTG – Le véhicule ne fonctionne pas?

CF – Non. On est pogné dans le champ, mais on peut pas bouger parce que cette affaire-là est là encore. Puis je vois bien Denis, ses mains, ses clés, puis il *shake* en maudit. Pourquoi qu'il *shake* de même, c'est parce qu'il a peur et il veut pas dire qu'il a peur lui là.

MSTG – Ok, mais qu'est-ce qui se passe maintenant?

CF – Maintenant? Les lumières s'en vont. L'auto repart. Puis là on roule dans le champ, mais on sait pas où on s'en va jusqu'à temps qu'on voit des *tracks* de tracteur.

MSTG – Ok, on va arrêter ça là, puis on va reculer, puis on va revenir quand l'objet vous suivait, puis quand vous étiez un peu hystérique et en panique les trois. [Induction pour approfondir l'hypnose.]

CF – Je m'engueule avec Denis. Il veut pas croire que c'est un ovni. Puis Solange crie, elle me pousse dans le dos, elle veut débarquer. Elle veut sortir de l'auto.

MSTG – Elle sort tu?

CF – Non.

MSTG – Pourquoi?

CF – Je sais pas. On n'a pas le temps. [Induction pour approfondir l'hypnose.]

MSTG – Maintenant décris-moi la scène. Dis-moi ce que tu vois.

CF – Je vois tout le temps les maudites lumières tourner autour du char.

MSTG – Mais avant ça, qu'est-ce qui se passe?

CF – Il se passe quelque chose dans mon ventre. [Catherine demande de mettre fin à l'hypnose.]

Fin de l'hypnose

Cinquième rencontre – 30 juin 2021

Avant d'entreprendre une nouvelle séance, Catherine et moi avons discuté pendant environ une trentaine de minutes des séances de la journée précédente. Elle m'expliquait avoir ressenti un malaise au cours de la séance au point où elle avait demandé d'y mettre fin. Nous avons fini par comprendre que ces malaises provenaient probablement d'une programmation des entités pour l'empêcher d'accéder à ces mémoires. Nous avons établi ensemble un protocole pour contrecarrer les effets de cette possible programmation afin d'être en mesure de voir ce qui s'était passé durant les épisodes de temps manquant. L'incident de 1976 faisait partie des cibles prioritaires à aborder lors de la prochaine hypnose. Il y avait un temps manquant assez considérable entre l'observation de l'ovni qui suivait la voiture et l'arrivée dans le champ, 30 kilomètres plus loin. Les malaises ressentis par Catherine au cours de la dernière hypnose semblaient indiquer que nous nous approchions du but, mais nous devions à tout prix trouver une façon de contourner ces programmations si nous voulions accéder à ces informations.

Il a également été question des sensations physiques qu'elle avait ressenties au ventre juste avant de mettre fin à l'hypnose. Catherine m'a dit qu'à ce moment-là elle avait le sentiment de se faire opérer au ventre. De nouveaux éléments s'étaient rajoutés à ses souvenirs conscients et aux informations récupérées en 2015 avec Pierre Caron. Certaines pièces de casse-tête commençaient à se mettre en place peu à peu, et Catherine, qui avait profité d'une bonne nuit de sommeil, était prête à refaire une hypnose, car il y avait encore beaucoup de questions qui étaient restées en suspens. Moins de trois mois avant son voyage à Pittsburgh, Catherine, qui était enceinte à ce moment-là, avait dû aller d'urgence à l'hôpital en raison de saignements abondants. Mis à part l'importante perte de sang à l'origine de son hospitalisation, aucun fœtus n'avait été retrouvé. Le docteur avait diagnostiqué qu'une grossesse ectopique était à l'origine de cette fausse couche et qu'elle ne pourrait plus avoir d'enfant.

Pourtant, un peu plus de neuf mois après l'incident de Pittsburgh, Catherine a donné naissance à une fille en parfaite santé. Elle m'a raconté à plusieurs reprises avoir le sentiment que quoi que ce soit qui s'était passé durant ce temps manquant avait quelque chose à voir avec cette guérison mystérieuse. C'est d'ailleurs une des raisons qui la motivait à aller de l'avant pour en savoir plus. Durant cette hypnose qui a duré près d'une heure, de nouveaux éléments sont venus confirmer les sensations de Catherine concernant ce qui lui était véritablement arrivé à Pittsburgh en 1976. Des souvenirs d'autres événements ufologiques s'étant produits à différents moments ont également refaient surface au cours de cette séance. Il s'agissait d'expériences dont Catherine se souvenait en partie et qui étaient liées à des indicateurs d'enlèvements. Ces événements, qui sont étroitement liés ensemble, seront abordés un peu plus loin dans ce chapitre.

Hypnose du 30 juin 2021

CF – C'est le même objet [en faisant référence à un événement s'étant produit en 1997 où elle s'était retrouvée sur une table métallique à l'intérieur d'un vaisseau. La scène a été vue au cours de l'hypnose durant le segment précédent].

MSTG – Ah oui? Est-ce que c'est les mêmes?

CF – La même forme. Il est pareil. Je suis sûre que c'est eux autres [Catherine revoit la scène où elle est dans la voiture avec son frère et leur amie quand ils aperçoivent l'ovni qui les suit]. Je veux que Denis dise que c'est un ovni, mais il veut pas le dire. Il dit toute sorte de conneries : C'est un hélicoptère, c'est un avion… L'autre qui me pousse dans le dos, elle est à la veille de me faire rentrer dans le *dash*. Solange elle hurle. Là on continue de rouler. Denis regarde. Il roule, mais il regarde. Il commence à avoir peur je pense. Moi j'ai la carte sur mes genoux. L'autre elle veut débarquer elle a peur. Elle a peur et elle veut sortir. Elle pioche dans mon dos. Moi je veux pas débarquer. Moi je reste dans le char, je débarque pas!

MSTG – Il se passe quoi maintenant?

CF – On est sur la route. Et il ne se passe rien, la soucoupe est là. Pourquoi qu'elle ne s'en va pas plus vite ou qu'elle ne disparait pas? [Gros soupir.] C'est nous qu'elle suit. Je suis convaincue.

MSTG – Pourquoi elle vous suit?

CF – Elle est à la même vitesse [que nous]. Je la vois elle est là. Elle roule à la même vitesse que nous autres [en pointant du doigt à sa droite]. Elle fait pas de bruit. C'est vraiment bizarre. Un engin pas de fenêtre, pas de lumière, pas de bruit… qui flotte par-dessus les arbres! Il fait noir.

MSTG – Il fait noir? Et comment tu te sens? Est-ce que tu ressens quelque chose?

CF – La soucoupe est là et j'aimerais ça qui fasse clair, mais il fait noir comme chez le diable y'a pas de lumière. Juste les lumières de l'auto. [Silence de quelques secondes.] Là je suis dans le champ. Je suis dans le champ et on est dans l'auto tous les trois.

MSTG – Laisse venir l'information à toi. Sans forcer. Sans la chercher… [Induction hypnotique et approfondissement de l'hypnose pour retourner à l'espace de temps manquant.]

CF – J'ai l'impression qu'il y avait des bonhommes dans les vitres mais…

MSTG – Ah oui? Pourquoi tu dis ça?

CF – J'ai l'impression qu'ils regardent par la vitre.

MSTG – On va partir de là. Qu'est-ce que tu vois à part ça?

CF – C'est sûr que je suis allée dedans [la soucoupe], mais je ne sais pas comment.

MSTG – Ah oui?

CF – Ils nous ont siphonné. Ils ont siphonné l'auto.

MSTG – Ah oui? Et comment ils ont fait ça?

CF – Je pense qu'ils ont des aimants, je sais pas, j'imagine. Ça doit être des gros aimants.

MSTG – Et toi qu'est-ce que t'as vu?

CF – Rien.

MSTG – Ah non?

CF – Peut-être que je dors.

MSTG – Ah oui? Tu penses que tu dors?

CF – Parce que Denis aussi dort.

MSTG – Comment tu sais que Denis dort? Tu le vois dormir?

CF – Oui, il a la tête couchée sur son banc.

MSTG – OK.

CF – Ah non, j'aime pas ça là. [Gros soupir.] L'autre elle ne parle plus là.

MSTG – Ah non?

CF – Elle doit dormir elle aussi.

MSTG – OK, mais toi tu ne dois pas dormir, si tu les vois dormir?

CF – Oui, je les vois.

MSTG – Si tu les vois, tu ne dors pas.

CF – Je vois les p'tits bonhommes dans les fenêtres.

MSTG – Ah oui? Qu'est-ce qu'ils font?

CF – Ils regardent. C'est des p'tits gris. Des p'tits maudits.

MSTG – Pourquoi? Tu les connais?

CF – Non. Je ne les aime pas.

MSTG – Pourquoi tu ne les aime pas?

CF – Parce qu'ils ne sont pas pareil comme moi [en levant la voix]. Ils ont l'air de j'sais pas quoi.

MSTG – Quelle grandeur?

CF – Ils sont pas grands. La hauteur de la fenêtre. Sa tête est à la hauteur de ma fenêtre.

MSTG – OK. Et toi qu'est-ce que tu fais?

CF – Mais il a pas l'air méchant…

MSTG – Ah non?

CF – Ils font juste regarder. Ils ne font rien. Ils regardent. Peut-être qu'ils veulent que je dorme? Mais j'ai pas l'impression qu'ils ont réussi à m'endormir. [Silence de quelques secondes.] Je vois pas Denis… Ah non moi je ne veux pas aller là!

MSTG – Où tu ne veux pas aller?

CF – Je veux pas aller sur la table, je veux pas y aller sur la table moi…

MSTG – Pourquoi?

CF – Non, je ne veux pas me faire tester encore, je ne veux pas!

MSTG – Comment ça?

CF – Je sais pas, je ne veux pas y aller. [Gros soupir.] Je veux savoir où il est Denis, je suis toute seule il est pas là, Solange non plus elle est pas là.

MSTG – Ok, mais t'es où là?

CF – Sur une table.

MSTG – Ah oui? Et qu'est-ce que tu vois alentour?

CF – Des p'tits bonhommes.

MSTG – Et qu'est-ce qu'ils font?

CF – Ils font rien. [Catherine se plaint de malaises.] Est-ce qu'ils vont me tuer?

MSTG – Pourquoi ils voudraient te tuer?

CF – Je sais pas.

MSTG – Qu'est-ce qu'ils font?

CF – Je vois rien. Je suis juste prise.

MSTG – Comment ça t'es prise?

CF – Je suis attachée.

MSTG – Est-ce que tu vois tes liens?

CF – Non mais je les sens en maudit par exemple. Il y en a un là [en pointant ses épaules], il y en a un là mes mains sont pognées en dessous [en pointant sa taille], il y en a un où mes chevilles. Je ne peux pas bouger *pantoute*, juste les orteils. Je les sens parce que je ne peux pas bouger. [Silence de quelques secondes.] Ah non…

MSTG – Qu'est-ce qui se passe maintenant?

CF – Je sais pas ce qu'ils vont faire.

MSTG – Est-ce que tu les vois?

CF- Non. Je suis juste sur la table, attachée.

MSTG – De quoi ça l'air où t'es alentour de toi?

CF – À rien. C'est blanc. Je vois que je suis toute seule sur une table.

MSTG – La pièce elle est grande comment?

CF – C'est grand!

MSTG – Grand comment?

CF – Grand, grand, grand. Vide.

MSTG – Est-ce que tu vois les murs?

CF – C'est pas des murs, c'est comme de la lumière. [Grande respiration.]

MSTG – Qu'est-ce qui se passe maintenant? Qu'est-ce que tu ressens?

CF – Je sais qu'il y a du monde. Je les sens.

MSTG – Tu les sens?

CF – Ils sont là… et il y en a un grand, là.

MSTG – Un grand?

CF – Il est à côté de moi.

MSTG – De quoi il a l'air lui?

CF – Il est blanc, il est grand. Il a l'air d'un géant.

MSTG – Ah oui? C'est un humain?

CF – Non.

MSTG – Pourquoi c'est pas un humain?

CF – Parce qu'il n'est pas pareil comme nous autres.

MSTG – Il est fait comment?

CF – Il est tout blanc. Il a pas de cheveux.

MSTG – Il est habillé comment?

CF – Il est pas habillé. C'est comme sa peau. Il est doux. Il est pas méchant.

MSTG – Ah non?

CF – Il veut juste que je me calme.

MSTG – Comment tu sais ça?

CF – Il met sa main sur moi.

MSTG – Où ça?

CF – Ici pour me calmer [en mettant sa main sur son thorax].

MSTG – Est-ce que ça marche?

CF – Oui. [Silence de quelques secondes.] Je sens quelque chose dans mon ventre, mais je ne sais pas c'est quoi. Je vois rien. Comment ils peuvent fouiller comme ça dans mon ventre de même?

MSTG – Peux-tu regarder?

CF – Non, je veux pas voir. Sont-tu en train de m'opérer? Je sais pas.

MSTG – Tu peux regarder.

CF – Ils ont l'air bien occupés.

MSTG – Comment ça?

CF – Ils sont penchés sur mon *bedon* puis… je sais pas ce qu'ils font mais…

MSTG – Qui ça?

CF – Les p'tits gris.

MSTG – Ah oui?

CF – J'entends des drôles de sons [en tentant de reproduire les sons avec sa bouche].

MSTG – C'est quoi ces sons là?

CF – Ça vient de là-bas en haut [en pointant du doigt devant elle]. Ça fait des drôles de… des bizarres de… je sais pas. Ça parle pas, ça fait des sons. Comme des cliquetis.

MSTG – Ok, mais c'est quoi qui fait ça?

CF – C'est vert… Je sais c'est quoi.

MSTG – C'est quoi?

CF – C'est la *bébitte* géante. Elle leur parle.

MSTG – Ah oui? Qu'est-ce qu'elle leur dit?

CF – Elle doit leur dire quoi faire? Ç'a l'air du directeur, du *boss*, du grand *boss*, je sais pas. Et elle est là puis elle bouge pas [en pointant à sa droite]. Elle reste là, la grande. Ça ressemble plus à un homme, mais ce n'est pas l'énergie masculine.

MSTG – Ah non?

CF – C'est une énergie de douceur, de gentillesse.

MSTG – Est-ce que tu peux voir qu'est-ce qu'ils te font?

CF – Je sens dans mon ventre qu'il se passe de quoi.

MSTG – Comment ça?

CF – Ils me font de quoi dans le *bedon*. Ils fouillent. Ça fait mal.

MSTG – Ils font ça comment?

CF – Je sais pas. Je vois juste des bras.

MSTG – Des bras? De quoi des bras?

CF – Les bras des p'tits gris.

MSTG – Tu les vois bien?

CF – Oui, ils sont penchés. Ils ont l'air bien occupés. Je sais pas ce qu'ils font là-dedans, mais ils fouillent. Comment ils ont pu m'ouvrir le ventre comme ça?

MSTG – Ils t'ont ouvert le ventre?

CF – Oui. Ils fouillent dans mon ventre. Ça me fait mal. J'ai froid. Ça me fait mal.

MSTG – Est-ce que tu leur dis?

CF – Oui.

MSTG – Puis qu'est-ce qu'ils disent?

CF – Rien. Ils continuent. Ils ne m'entendent pas. Puis elle, elle veut me calmer. C'est stressant là. Je veux m'en aller de là.

MSTG – Est-ce que tu leur dis?

CF – Oui.

MSTG – Qu'est-ce qu'ils disent?

CF – Rien. Y'a rien qu'elle qui veut me calmer. Ah, ça me fait mal. Je sais pas ce qu'ils font là, mais maudit lâchez moi! [Catherine fond en larmes.]

MSTG – Pause! Tout ça est arrêté maintenant. [Technique d'hypnose pour enlever les sensations de douleur et diminuer l'impact émotif.] Quand t'es prête, on va réavancer. Tranquillement on va faire avancer ça et tu me dis ce que tu vois dans l'écran.

CF – Je me vois couchée sur la table. Puis y'a eux autres là les deux p'tits gris…

MSTG – Qu'est-ce qu'ils font?

CF – Je sais pas, ils me fouillent dans le ventre. Ils m'opèrent. Je sais pas pourquoi ils m'opèrent, mais en tout cas ils me font mal les maudits.

MSTG – Est-ce que tu sais ce qu'ils font?

CF – Non.

MSTG – Puis ils sont dans quel coin?

CF – Là [en mettant sa main à gauche au bas de son ventre]. C'est là que ça fait mal. [Silence de quelques secondes.] Ah je sais ce qu'ils font.

MSTG – Ah oui?

CF – Ils regardent mon opération.

MSTG – Quelle opération?

CF – La grossesse ectopique. C'est là qu'ils fouillent. Ah ben maudit…On dirait que c'est pas correcte qu'est-ce que le docteur a fait. Ils font d'autres choses eux autres.

MSTG – Qu'est-ce qu'ils font?

CF – Ils ont l'air à me gratter dans le ventre. Je sais pas ce qu'ils font mais… Pourquoi ils font ça?

MSTG – Comment tu te sens?

CF – J'ai hâte de partir de là. Je me demande pourquoi je ne vois pas mon frère. Il est à quelque part *hein*? Il est où? Il y a juste moi sur la table.

MSTG – Ils font quoi maintenant?

CF – Ils continuent leur petit stratagème. Ils me fouillent encore dans le ventre. Ils grattent. On dirait qu'ils veulent enlever quelque chose là. Je le sens dans mon corps.

MSTG – Est-ce que l'être qui faisait des cliquetis est encore là?

CF – Je ne le vois pas puis je ne l'entends plus. Il y a juste le grand là. On dirait que quand il me touche ça me donne une pilule pour les nerfs. Quand il me touche, il me calme. Il fait juste mettre sa main sur moi. [Silence de quelques secondes.] Ah, ç'a l'air fini là.

MSTG – Ah oui? Pourquoi?

CF – Je sais pas. Ils ont l'air à relever la tête. J'aimerais bien savoir c'est quoi qu'ils ont vu.

MSTG – Est-ce que tu leur demandes?

CF – Non! Je veux juste m'en aller. Bon je pense que c'est fini. Ils ont l'air à lâcher prise.

MSTG – Puis qu'est-ce qu'ils font?

CF – Ils ont les bras de chaque côté du corps. Ils s'en vont. Je suis encore sur la table.

MSTG – Ton ventre est-il ouvert?

CF – Non.

MSTG – Est-ce que t'as vu comment ils l'ont refermé?

CF – Non. Ils étaient couchés, ils étaient comme étendus. Je voyais leur bras dans mon ventre. Il y en avait un de chaque bord, mais non je n'ai pas vu comment ils ont fait ça. J'ai pas de sang. J'ai rien. J'ai pas de marque.

MSTG – As-tu vu des instruments?

CF – Non puis je n'ai rien entendu. Je sais qu'eux autres s'en vont [les p'tits gris]. L'autre elle reste là, je sais pas pourquoi. Je peux pas me sauver, je suis attachée. [Silence de quelques secondes.] Je suis dans le char.

MSTG – Ah oui?

CF – Denis il dort.

MSTG – Comment t'es arrivée là?

CF – Je sais pas. Je vois juste Denis qui est à côté de moi puis il dort. *Eille* toi là réveille! [En parlant à son frère.]

MSTG – Est-ce qu'il se réveille?

CF – Oui.

MSTG – Puis qu'est-ce qui se passe?

CF – Il est bourru. *Eille* là faut s'en aller! Où est-ce qu'on est?

MSTG – Puis il se passe quoi?

CF – Denis essaie de mettre la clef dans le trou. Il essaie de *starter*, mais ça marche pas.

MSTG – Comment ça?

CF – Je sais pas. Il *shake* trop d'après moi.

MSTG – Pourquoi il *shake*?

CF – Je sais pas. Il doit avoir peur?

MSTG – Peur de quoi?

CF – Je sais pas. Lui il doit le savoir, mais moi je le sais pas de quoi il a peur. Les lumières sont là encore.

MSTG – Quelles lumières?

CF – En haut de l'auto. Ça tourne. Ça tourne autour de l'auto.

MSTG – C'est quoi ces lumières-là?

CF – Je pense que c'est l'ovni. L'ovni qu'on a vu dans le champ, en haut des sapins. C'est eux autre je suis sûre, sûre, sûre.

MSTG – Qu'est-ce qu'ils font là?

CF – Ils vont s'en aller. Je sais pas pourquoi ils sont restés un bout. Pour être certain qu'on était bien dans le champ peut-être?

MSTG – Pourquoi? Vous êtes dans un champ?

CF – Oui [en riant sarcastiquement]. Pourquoi ils ne nous ont pas remis à la même place? On est écartés ben raide où on est là.

MSTG – Et là qu'est-ce qui se passe?

CF – L'ovni s'en va.

MSTG – Tu le vois?

CF – Non. On le sent. Y'a plus de lumière. Il fait clair. Où on est? Y'a rien. Rien qu'un champ. Où on est? Hey, Denis il clenche en tout cas.

MSTG – Ah, là vous vous en allez? Il a été capable de partir l'auto?

CF – Oui. Il clenche puis on arrive… Il y a une *trail*. Embarque dans la trail ça va aller mieux là! [En parlant à son frère.]

MSTG – Ok. Vous n'étiez plus sur la route?

CF – On roulait dans le champ. Là ça va être moins cabossé. On arrive sur une route de terre, puis à droite au fond là-bas y'a comme un p'tit camp, une p'tite cabane en bois rond. Y'a un bonhomme qui est sorti sur la galerie. On va le voir avec la carte. On lui demande où on est. On est loin!

MSTG – Loin?

CF – On est loin du rond que j'avais mis sur la carte pour dire où on était rendu.

MSTG – Ah oui? Quelle distance?

CF – Trente kilomètres qu'il dit. Trente kilomètres de la route. Ç'a pas de bon sens. Ça se peut pas. Il ne nous demande même pas d'où on vient. Il doit bien voir qu'on vient pas d'ici. Moi je parle anglais avec un accent français… C'est fini. On s'en vient chez nous là.

MSTG – Vous ne continuez pas?

CF – Non.

MSTG – Pourquoi?

CF – Denis veut plus. Il veut qu'on s'en aille. C'est drôle, Solange dit plus un mot.

MSTG – Pourquoi? Elle parlait avant?

CF – Elle criait! Elle était vraiment stressante. Elle n'arrêtait pas de crier, elle avait peur. Moi aussi j'avais peur, mais c'était plus un questionnement : C'est quoi? C'est quoi?

MSTG – Est-ce que vous parlez de ce qui s'est passé?

CF – Non. C'est le silence complet. Denis est dans sa tête.

Fin de l'hypnose

Discussion post-hypnose

Au sortir de l'hypnose Catherine se disait surprise du dénouement de l'incident de Pittsburgh, car si elle se doutait avoir été enlevée durant l'épisode de temps manquant, elle croyait que son frère Denis et leur amie Solange l'avaient été aussi. Ce qui ne semble pas être le cas à la lumière de ces nouvelles informations. Selon ce qui est ressorti de cette séance, on est en mesure de comprendre que les entités avaient ciblé spécifiquement Catherine pour réparer son appareil reproducteur. Lequel avait été abimé lors de la dernière intervention en lien avec sa fausse couche issue d'une grossesse ectopique. Il semblerait que, pour ces entités, Catherine devait demeurer en état de procréer le plus longtemps possible, et ce serait pour cette raison qu'ils auraient effectué cette intervention.

La localisation géographique n'avait donc rien à voir avec l'enlèvement comme tel, mis à part le fait que c'était en pleine nuit et qu'il s'agissait d'un endroit idéal pour agir sans trop se faire remarquer. D'ailleurs à cet effet, les entités ont suivi la voiture durant près de trente minutes avant d'agir, ce qui démontre une certaine volonté à attendre le moment opportun pour minimiser le nombre d'observateurs potentiels de la scène.

Pour ce qui est des entités ayant participé à l'enlèvement comme tel, il y avait deux petits gris qui sont venus la chercher alors qu'elle était encore dans la voiture, et il semblerait que ce soit ce même type d'entité qui ait procédé à l'opération. Le second type d'être que Catherine a observé au cours de ce segment d'hypnose fut le grand blanc d'essence féminine dont le toucher était suffisant pour l'apaiser au cours de l'intervention chirurgicale (figure 28). Il a déjà été question d'entités semblables chez d'autres abductés que j'ai rencontrés (voir le cas de Monsieur T. sur YouTube).[2] Ces derniers ont décrit les mêmes caractéristiques d'essence féminine maternante et de sentiment de bien-être profond en leur présence.

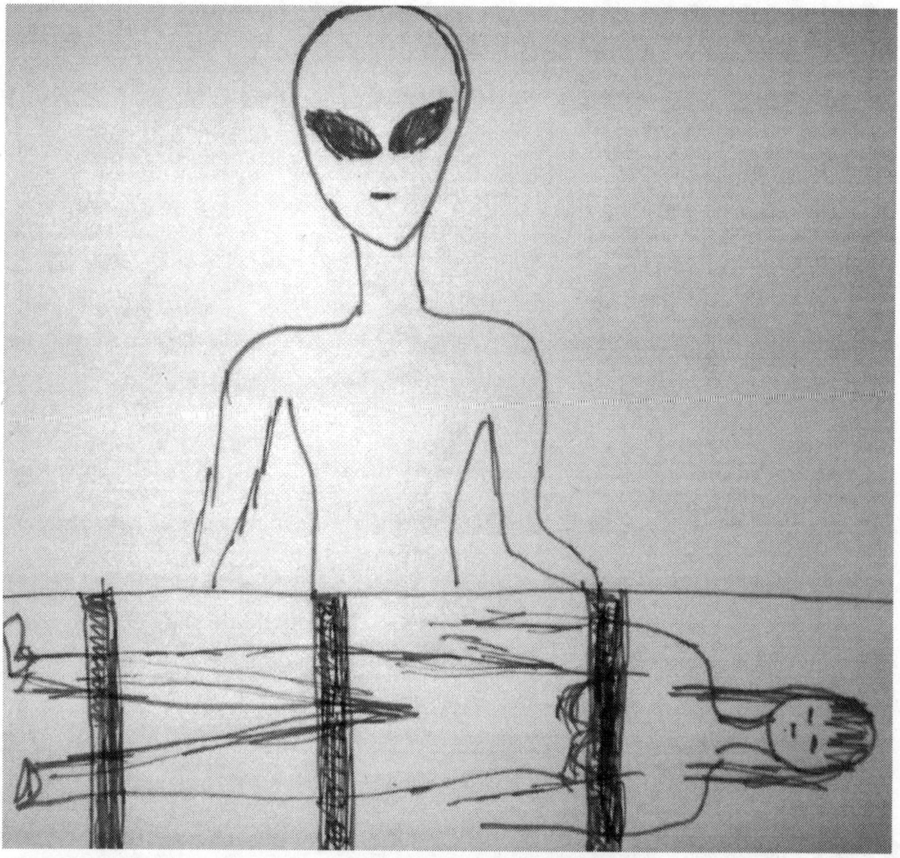

Figure 28. Croquis de Catherine dépeignant le grand blanc.

Quant au troisième et dernier type d'entité, la description que Catherine en a faite après l'hypnose démontrait qu'il s'agissait d'une mante religieuse de taille imposante. Encore une fois, cette entité, qui est souvent observée chez les abductés, semble détenir le rôle de responsable et dicte la conduite à suivre aux autres. Le professeur Don Donderi de l'Université McGill avait rencontré ce même type d'entité dans ses recherches sur les abductions : « Parmi d'autres types d'occupants rapportés il y a une créature ressemblant à un insecte géant agissant dans le rôle du superviseur... »[3]

Ententes humano-extraterrestres et bases souterraines

Quelques semaines avant de rencontrer Catherine, j'ai eu une discussion téléphonique avec un contact que je connais depuis quelques années. Comme cela faisait un bon bout de temps que nous ne nous étions pas parlé, il en a profité pour me faire un petit topo sur ce qu'il avait appris dernièrement. Il a commencé à me parler de certaines technologies actuellement utilisées dans les programmes spatiaux clandestins du gouvernement américain, et des bases souterraines humano-extraterrestres. Étant donné que j'avais moi-même fait beaucoup de recherches sur cette question, j'étais en mesure de comparer ses informations aux miennes. Je voyais dans les informations qu'il me partageait qu'il ne s'agissait pas de ouï-dire, ni d'informations trouvées sur internet, mais bien de quelque chose qu'il avait obtenu de première main.

Connaissant un peu les rouages des renseignements militaires, je lui dis que la personne qui lui avait partagé ces informations devait être très proche de lui, car normalement les personnes ayant accès à ce type d'informations ne sont pas très bavardes. Et c'était effectivement le cas... Par soucis de confidentialité je ne révélerai pas ici les liens qui unissent mon contact et sa source. Il m'a expliqué les circonstances qui ont faites que cette personne s'est retrouvée à travailler au Pentagone ainsi que certains renseignements en lien avec les extraterrestres et leurs technologies dont elle a été témoin. Je lui ai demandé si je pouvais partager ces informations publiquement et il a accepté à condition que son nom ne soit pas mentionné. Comme il s'agissait d'informations classées au-delà de top-secret, je comprenais tout à fait l'enjeu, et j'écoutais ce qu'il avait à me dire avec attention.

Il m'a ensuite expliqué qu'il y a au moins trois différents types d'extraterrestres qui travaillaient en étroite collaboration avec les militaires dans les sous-sols de la base aérienne de Nellis au Nevada (la Zone 51 est située à l'intérieur des limites de la base de Nellis). Il y a les grands blancs d'apparence humaine (*Tall White*) qui sont là pour collaborer avec les militaires dans tout ce qui a trait aux technologies de pointes. Il ne s'agit pas de l'espèce décrite par Catherine lors de sa dernière hypnose même s'ils ont le même nom. Ce sont deux espèces tout à fait différentes. Celle dont parlait mon contact est d'apparence humaine, mais serait de grande taille avec une peau très pâle, presque blanche avec des cheveux blancs. Ces êtres sont reconnus pour avoir une force et une intelligence hors du commun.

À ce propos, sur internet on retrouve le récit d'un certain Charles Hall qui affirme avoir été en contact avec les *Tall White* alors qu'il travaillait comme spécialiste météo sur la base de Nellis dans les années 1960. Personnellement, je trouve qu'il y a certains détails dans son récit qui me font croire que les informations qu'il partage servent davantage à tromper le public plutôt que de les informer sur ce qui se passe vraiment sur cette base militaire à haut niveau de sécurité. Les informations que j'ai obtenues d'autres sources relativement aux *Tall White* de la Zone 51 dont celle de mon contact diffèrent quelque peu de celles partagées par Charles Hall. Ce dernier raconte que les échanges technologiques se limitent aux télécommunications, alors que mon contact ainsi que d'autres sources d'information disent plutôt que la collaboration humano-extraterrestre se situe au niveau des technologies spatiales.

Des programmes spatiaux clandestins avec des flottes de vaisseaux ayant des capacités interplanétaires et pouvant accueillir des milliers de membres d'équipage auraient pris leur origine dans ces échanges. Étant donné que les programmes spatiaux clandestins sont classifiés à des niveaux de sécurité très élevés et que les entités impliquées dans les programmes d'échanges humano-extraterrestres ne veulent pas que la population soit au courant que ceux-ci existent, quoi de mieux qu'une belle histoire comme celle de Charles Hall pour mettre un peu de confusion au sein des chercheurs… Quant au programme d'échange comme tel, s'il est relativement facile de savoir ce que le Pentagone reçoit en termes d'avancées technologiques de la part des *Tall White*, il est cependant presque impossible de deviner ce que nous donnons en retour à cette espèce, qui semble très avancée technologiquement. Une chose est certaine, c'est que les sous-sols des bases militaires à hauts degrés de sécurité sont les meilleurs endroits pour n'importe quelle espèce voulant se cacher des regards indiscrets.

Parmi les autres espèces à travailler dans les sous-sols de la base de Nellis, il y a les reptiliens et les mantes religieuses. Contrairement aux *Tall White*, ces deux espèces n'œuvrent pas sur des programmes d'échanges technologiques, mais plutôt sur la recherche et développement dans les domaines de la génétique humaine, du clonage et de l'hybridation. Il est à noter que ces deux groupes, les *Tall White* et les reptiliens, sont situés à deux locations différentes de la base de Nellis, car ils ne s'entendent pas entre eux. Toutefois, comme il s'agit d'ententes séparées, et que les domaines de recherche sont totalement différents, cette situation semble convenir à toutes les parties.

Il y a également d'autres espèces présentes en ces lieux, tels que les petits gris et les grands blancs humanoïdes (tels que décrits par de nombreux abductés), mais dans ce cas-ci, ce sont des subordonnés agissant sur les ordres des trois premières espèces évoquées précédemment. Même si les informations provenant de ce contact semblent difficiles à croire à première vue, celles-ci viennent corroborer de nombreux témoignages d'abductés tel que celui de Catherine F., qui a vu une mante religieuse être responsable de procédures médicales dans un contexte d'enlèvement.

En dépit du fait que Catherine ait vu son ventre ouvert durant l'intervention, aucune marque ni cicatrice visible n'a subsisté. J'ai déjà vu des cas semblables où les témoins, qui avaient vécu des expériences similaires, n'avaient aucune marque par la suite. Même si l'absence de cicatrice peut nous faire croire que ces personnes ont imaginé la scène, ceci n'explique pas les différentes preuves de nature médicale comme celle de Catherine qui tombe enceinte peu de temps après l'enlèvement alors que son docteur lui avait clairement dit qu'elle ne pourrait plus jamais avoir d'enfant. Pour expliquer une telle précision chirurgicale, on ne peut supposer que la technologie employée par ces entités pour refermer les plaies ouvertes avait un niveau de précision à l'échelle atomique. Ce qui ne serait pas surprenant si on considère que ces êtres ont une avance technologique considérable comparé à ce que nous connaissons actuellement, et ce, dans plusieurs domaines de la science.

Une autre chose surprenante que nous avons réalisée au cours du segment d'hypnose de l'incident de Pittsburgh, c'est que le véhicule entier avec ses trois occupants semble avoir été transporté dans le vaisseau. Lorsque Catherine dit : « Ils nous ont siphonné » c'est ce qu'on en déduit. Ceci expliquerait le déplacement entre l'endroit où ils ont vu l'ovni en premier et leur arrivé dans le champ trente kilomètres plus loin. De plus, Catherine avait vu son frère s'endormir un peu avant l'arrivée des petits gris et se réveiller à leur arrivée dans le champ. Cela signifie que le frère de Catherine ainsi que leur amie sont restés endormis dans la voiture tout au long de l'intervention. Lorsque Catherine a repris conscience dans la voiture, elle s'est empressée de réveiller son frère, alors que les lumières de l'ovni tournoyaient encore autour d'eux. Tant et aussi longtemps que l'ovni était à proximité et que ses lumières étaient visibles, il était impossible de démarrer la voiture. Ce qui coïncide avec beaucoup d'autres témoignages de rencontres rapprochées du deuxième type où il est question du passage d'un ovni près d'une voiture.[4] Il semble que le champ électromagnétique généré par ce type de technologie interfère directement avec tout type d'appareil fonctionnant à l'électricité. On peut ainsi conclure que la voiture se serait vraisemblablement retrouvée dans l'ovni au moment de l'intervention sur Catherine.

On comprend en analysant chacun des détails entourant l'incident de Pittsburgh de 1976 que les entités à l'origine de cet enlèvement avaient ciblé Catherine et que c'était le bon fonctionnement de son appareil reproducteur qui les intéressait. On verra dans les pages suivantes que ce n'était pas la première fois que Catherine vivait ce genre d'expérience, et ce n'était pas la dernière non plus. Comme beaucoup d'autres abductés, Catherine a vécu plus d'une expérience d'enlèvements et de rencontres rapprochées du 1er et 3e type, et ce, dès l'âge de six ou sept ans. Selon les informations obtenues de ces personnes, la très grande majorité d'entre elles ont des ancêtres autochtones dans leur lignée familiale et ont des capacités psychiques plus développées que la normale (tel que télépathie, clairvoyance, médiumnité, capacité de communiquer avec les défunts, etc.)

Il est difficile de savoir si ces capacités ont surgit après avoir été en contact avec des entités non humaines, si celles-ci ont été augmentées à l'aide d'un procédé quelconque au cours d'abductions, ou simplement parce qu'elles faisaient déjà partie du bagage inné de ces personnes. Peut-être est-ce un mélange de ces trois conditions qui fait en sorte que ces personnes développent de telles capacités? En tout cas, une chose est certaine, c'est qu'il semble y avoir des marqueurs génétiques spécifiques se transmettant de génération en génération qui se retrouvent chez les personnes vivant ce type d'expérience. Et ce sont ces marqueurs génétiques qui semblent intéresser les entités à l'origine de ces enlèvements.

Était-ce un rêve? – Le rêve récurrent de Catherine

Outre le temps manquant, qui est un des indicateurs principaux déterminant si une personne a vécu ou non un enlèvement, il y a également le récit d'événements dont le témoin a de la difficulté à discerner s'il s'agit de rêves ou d'incidents réels. Les témoins devant cette situation disent souvent : « C'est comme un rêve, mais on dirait que ça s'est produit pour vrai. » On retrouve cet indicateur dans de nombreux témoignages d'abductés. Quelques fois ce sont des signes physiques qui viennent renforcer cette sensation de vécu. Il peut s'agir de marques sur le corps, lesquelles peuvent être de formes variées et se retrouver en différents endroits. Quelques fois, ces personnes se réveillent avec des vêtements de nuit à l'envers, ou entièrement nues alors qu'elles s'étaient couchées habillées. Ceux-ci sont autant d'indices que quelque chose d'inhabituelle s'est produit durant la nuit. Découvrir des objets déplacés dans la maison de façon incompréhensible ou des traces au sol près de la maison sont également de très bons indicateurs qu'un enlèvement peut avoir eu lieu. Toutefois, pour expliquer pourquoi certains souvenirs d'événements sont diffus au point de ne pouvoir réussir à déterminer s'il s'agit d'un rêve ou d'un fragment de la réalité, ma compréhension du phénomène est que les souvenirs de l'individu ont été stockés au niveau de l'inconscient et non pas dans la mémoire consciente.

Cependant, ces deux zones ne sont pas imperméables l'une de l'autre, et c'est pour cette raison qu'il arrive que des bribes de mémoires enfouies peuvent remonter à la surface. Étant donné que la perception de l'individu face à ces souvenirs est floue, celui-ci a tendance à l'interpréter comme s'il s'agissait d'un rêve. Dès notre toute première rencontre en 2015, Catherine nous avait mentionné un de ces rêves récurrents, qu'elle a fait de l'âge de six ans jusqu'à quinze ans, dans lequel elle était avec sa mère dans un lieu inconnu. Elle voyait qu'elles étaient attachées par terre et elle lui disait de ne pas parler.

Elle devait être âgée de six ans au moment des événements et demeurait à Sept-Îles. Déjà à l'époque, Pierre Caron suspectait que ce fameux rêve décrit par Catherine n'en était pas un, mais qu'il s'agissait plutôt d'un souvenir diffus d'événement réel. J'étais d'accord avec lui, d'autant plus qu'il est fréquent chez les abductés vivant des expériences multiples de vivre une première rencontre avec des entités autour de cet âge-là. Il est également fréquent d'observer chez les parents et grands-parents de ces abductés des indicateurs d'enlèvement. Ceci est tout à fait logique si certains de ces enlèvements sont directement liés à des programmes en lien avec la génétique et que les entités suivent des marqueurs génétiques spécifiques de génération en génération. Étant donné que nous n'avions pas eu le temps de vérifier s'il s'agissait ou non d'un rêve lors des rencontres de 2015, et qu'il pouvait s'agir d'un élément important, nous avons abordé ce souvenir au cours des séances de l'été 2021. Dans ce cas précis, l'hypnose est un très bon outil pour valider cette hypothèse tout en confirmant la possibilité d'enlèvements générationnels.

Hypnose du 29 juin 2021

MSTG – Tu te rappelles quand tu étais avec elle [sa mère] et qu'elle te disait de ne pas parler?

CF – Hum.

MSTG – Qu'est-ce qui se passait à ce moment-là?

CF – On est dans une pièce que je ne connais pas.

MSTG – À quoi elle ressemble cette pièce-là?

CF – À rien de ce que je connais. Partout où je regarde c'est blanc. C'est une lumière blanche.

MSTG – Est-ce que tu vois la source de la lumière?

CF – Y'a pas d'ampoule, y'a rien, y'a pas de bouton, y'a pas de porte, y'a rien. Y'a juste moi puis maman attachée à terre.

MSTG – Est-ce que tu vois les liens?

CF – Non. Je sais que je suis attachée.

MSTG – Pourquoi?

CF – Je sais que je suis attachée. Je suis attachée comme dans une auto, à la taille.

MSTG – Puis ta mère?

CF – Maman aussi. Toutes les deux.

MSTG – Puis qu'est-ce qui se passe?

CF – *Bin*, j'ai peur.

MSTG – Pourquoi t'as peur?

CF – Je sais pas où je suis, mais maman me dit de ne pas avoir peur puis de pas parler. Là je fais rien. Je vois rien non plus.

MSTG – Tu vois rien…?

CF – Ça s'arrête là. Y'a juste maman à côté de moi.

MSTG – Est-ce qu'il y a des odeurs?

CF – Non. Je me sens juste angoissée. J'ai peur.

MSTG – Est-ce que tu regardes ta mère?

CF – Non je ne la regarde pas. Je regarde en face de moi puis je vois rien. Y'a juste du blanc.

MSTG – Ok. Est-ce que t'entends quelque chose?

CF – Non. J'entends rien. J'ai l'impression de… je ne suis pas dans une maison, je ne suis pas dans un avion, je ne suis pas dans un train, je ne suis pas dans une auto… je ne sais pas où je suis. C'est juste blanc lumineux c'est tout.

MSTG – Ça fait combien de temps que vous êtes là?

CF – Je sais pas.

MSTG – Vous êtes arrivées là comment?

CF – J'en ai aucune idée. Je me suis juste retrouvée à côté de maman attachée puis je sais pas pourquoi. Elle a l'air à le savoir par exemple. J't'e dis elle le sait. Ça ne doit pas être la première fois que ça arrive.

MSTG – Pourquoi tu dis ça?

CF – Parce qu'elle me dit de ne pas avoir peur puis de ne pas parler. C'est comme si elle me disait : « Inquiète toi pas. Moi je le sais ce qui s'en vient. » C'est comme si elle voulait me sécuriser peut-être?

MSTG – C'est quoi qui s'en vient?

CF – Je sais pas. J'ai une sensation comme si j'étais pesante. On dirait que je suis intégrée dans le plancher. J'ai une drôle de sensation.

MSTG – Tu te sens lourde?

CF – Oui. Je me demande pourquoi maman essaie pas de nous détacher?

MSTG – Ah oui? Pourquoi elle essaierait de vous détacher?

CF – Pour qu'on s'en aille! Je sais pas où mais… j'ai comme le cœur qui me bat dans le *bedon*. Ça doit être à cause de la ceinture qui m'attache… J'ai l'impression que je veux pas voir.

MSTG – Ah non? Pourquoi?

CF – J'ai comme peur de l'inconnu. Je sais pas. Les murs restent blancs. Y'a pas de porte qui s'ouvre. Y'a rien qui se passe. Y'a personne qui vient. Y'a pas de bruit. Y'a pas de lumière excepté cette lumière blanche là. On dirait que la lumière vient des murs. Je regarde partout. Y'a rien, rien, rien. Y'a même pas une poignée de porte. Maman veut pas répondre à mes questions. Elle veut pas que je pose de question. Elle veut pas que je parle. [Grande respiration.]

MSTG – Qu'est-ce qui se passe maintenant?

CF – Je me sens angoissée. Je viens d'avoir un… comme si c'était une soucoupe. Je viens de voir une soucoupe. Comme si où je suis c'est à l'intérieur d'une soucoupe.

MSTG – Ok. Comment tu sais ça?

CF – Je sais pas. J'ai comme vu un flash… juste un flash.

MSTG – Est-ce que tu vois ta mère?

CF – Non.

MSTG – Qu'est-ce que tu vois maintenant?

CF – Je vois plus rien.

MSTG – Comment tu te sens?

CF – Déçue.

MSTG – Ah oui? Pourquoi?

CF – Parce que j'arrive pas à savoir ce qu'ils ont fait. C'est drôle, mais j'ai comme l'impression que si je vois ce qui s'est passé je vais être envahie de peur.

MSTG – Ok. Puis pourquoi tu penses ça?

CF – Parce que je sens mon plexus se *squeezer*.

MSTG – Est-ce que tu ne penses pas plutôt que ce sont eux qui ont fait une programmation justement pour pas que t'ailles chercher cette information-là?

CF – Ça se peut. Parce que ça reste blanc. Il s'est passé quelque chose j'en suis certaine.

MSTG – Est-ce que tu veux le savoir?

CF – Oui!

MSTG – [Technique de déprogrammation pour contrer les malaises physiques et émotionnels empêchant la récupération de mémoires enfouies.]

CF – C'est drôle, j'ai l'impression qu'il y a des entités, mais je ne les vois pas. J'ai l'impression que c'est des enfants. Plein de petits enfants, mais ça peut être eux autres-là qui sont content. Ça me fait une drôle de… c'est comme s'ils piétinaient autour de moi. C'est comme des petits pieds, des petits pieds sur un plancher. Plein de petits enfants. C'est tu des petits enfants ou des extraterrestres, je le sais pas? C'est pas épeurant. On dirait que je vais là pour m'amuser avec eux autres. Je suis petite puis ils sont petits. Je les vois pas je les sens. C'est comme si j'entendais… comme une cour d'école des petits enfants. Je vois plus maman. Je ne la sens pas non plus. On dirait qu'elle n'est plus là. Je suis toute seule.

MSTG – Qu'est-ce qui se passe?

CF – Il se passe rien. C'est juste du bonheur. C'est comme une bande de p'tits bonhommes, de p'tits enfants. Ils sont autour… peut-être que je suis comme une extraterrestre pour eux-autres. Puis ils m'examinent, ils me regardent, puis ils font des drôles de son. Peut-être qu'ils se parlent entre eux autres? Je sais pas. Je les vois pas.

MSTG – Est-ce que tu peux voir quelque chose.

CF – Non, je ne me vois même plus. C'est juste que ça commencé avec des petits piétinements. Beaucoup de petits piétinements comme s'ils étaient plusieurs. Puis après j'entendais des sons. Pas des bruits épeurants. Comme si j'étais quelque chose d'inconnu pour eux autres. Ils ont l'air content de ce que j'entends. Ils sont là. Je sais qu'ils sont là.

MSTG – T'as quel âge?

CF – Je suis petite. Toute petite. Je dois avoir six ou sept ans.

MSTG – Il se passe quoi maintenant?

CF – Plus rien.

MSTG – [Retour au début de l'événement.]

CF – Je joue dans la terre. J'ai pris le camion à Denis puis il est pas bien content.

MSTG – Lui il est où?

CF – Il est à côté. Il a arraché ma tête de poupée à cause de ça. On est dans le champ de terre. C'est à côté de la maison. [Catherine se plaint d'inconfort à la poitrine.]

MSTG – Est-ce que ça peut être la même chose que je te disais tantôt? Une programmation qui a été mise là?

CF – Ça se peut. À chaque fois que je veux aller voir là, j'étouffe.

MSTG – [Technique de déprogrammation pour contrer les malaises physiques et émotionnels empêchant la récupération de mémoires enfouies.]

CF – On dirait que je suis plus attachée. J'ai l'impression que je suis debout. Puis ces petits bonhommes là… je sais pas si c'est des garçons ou des filles.

MSTG – Est-ce que tu les vois?

CF – Non, je les entends. Ils sont autour. Je sais pas s'ils me touchent.

MSTG – Pourquoi tu ne les vois pas? Est-ce que t'as les yeux fermés?

CF – Je sais pas. On dirait que je ne veux pas les voir. [Grande respiration.] Je les entends. C'est comme s'ils riaient ou ils jasaient, mais c'est pas des voix qui font peur. Y'a surement d'autres choses après? Je ne sens plus que maman est à côté de moi. Je ne me sens plus attachée, ça je suis certaine.

MSTG – Et qu'est-ce que tu fais?

CF – C'est comme si j'étais une attraction. C'est comme s'ils me regardaient puis ils jasaient entre eux autres.

MSTG – Tu les entends?

CF – Oui, j'entends des sons puis je sais qu'ils sont plusieurs parce que j'entendais beaucoup de petits pas.

MSTG – Est-ce que tu comprends ce qu'ils disent?

CF – Non. Ils ne parlent pas dans ma langue. Ils parlent, mais ils ne parlent pas comme moi.

MSTG – Puis toi? Qu'est-ce que tu fais?

CF – Je suis contente de les voir. Je suis contente qu'ils me regardent comme si j'étais quelque chose qu'ils découvrent… C'est ça! Ils me découvrent. C'est peut-être la différence. Ils regardent nos différences peut-être. C'est pour ça qu'ils *placotent* de même.

MSTG – Toi, qu'est-ce que tu fais à ce moment-là.

CF – Je reste là et je les laisse faire. Je les vois pas. Je les entends, mais je ne les vois pas.

MSTG – Pourquoi tu les vois pas?

CF – Je sais pas. Peut-être qu'ils ne veulent pas que je les voie? Je sais qu'ils sont là je les entends.

MSTG – Est-ce que t'as les yeux fermés?

CF – [Oui, en faisant un signe de la tête.] Si j'ouvre les yeux c'est quoi je vais voir? Ils sont comme de ma grandeur.

MSTG – Comment tu sais ça?

CF – Parce que je les sens pas plus grands que moi. Je les sens comme s'ils étaient à côté de moi puis à la même hauteur que moi. Leur voix n'est pas en haut de moi, elle est à côté de moi. C'est comme si c'étaient des petits enfants, mais pas comme moi.

MSTG – Et si tu ouvrais juste un petit coin de l'œil?

CF – [Long soupir.] Je les vois comme si c'étaient des p'tits gris. Ils sont tous de la même couleur. Presque blanc, blanc-gris pâle, pâle, pâle. C'est comme si c'étaient des petits enfants.

MSTG – Puis leurs yeux sont comment?

CF – Sont pas comme moi.

MSTG – Ah non? Ils sont comment?

CF – Ils sont gros. Ils ont de gros yeux.

MSTG – Ils sont quelle couleur?

CF – Y'a pas de couleur, c'est noir.

MSTG – Le nez? La bouche?

CF – Je vois pas le nez, la bouche.

MSTG – Et si tu regardes comme il faut?

CF – Comme une p'tite tête ronde, avec des yeux... Ils n'ont pas de nez comme moi.

MSTG – Non?

CF – Non, ils n'ont pas de nez. Ils doivent respirer, mais ils n'ont pas de nez.

MSTG – C'est quoi leurs vêtements?

CF – Y'en ont pas. Ils n'ont pas de vêtement. Pas de sexe. Sont pas faites comme nous autres en tout cas.

MSTG – Puis tu restes là combien de temps avec eux?

CF – Je sais pas. Je sais vraiment pas. Maman est pas là non plus. Elle ne revient pas. [Long silence.] On est chez nous comme si de rien n'était. Je n'ai pas eu connaissance de rien. Je ne me rappelle de rien.

Fin de l'hypnose

Discussion post-hypnose

Immédiatement après sa sortie d'hypnose, Catherine est revenue sur l'événement qu'elle avait vécu alors qu'elle était âgée de six ans. Elle était très contente de réaliser que ce qu'elle avait cru être un rêve durant toutes ces années semblait être en fait un événement qui s'était bel et bien produit. Le fait d'avoir réussi à récupérer quelques bribes de souvenirs supplémentaires en lien avec cet événement a également renforci cette idée. Ceci est venu confirmer le sentiment profond que sa mère était également victime d'enlèvements malgré qu'elle n'en avait jamais parlé. À ce propos, Catherine nous a mentionné que sa mère a donné naissance à 13 enfants en tout et que la moitié d'entre eux sont nés à la maison. Il y aurait eu quatre fausses couches parmi toutes ces naissances. Il n'est donc pas exclu qu'on puisse y avoir prélevé quelques fœtus entre ces naissances à son insu.

De plus, au cours de l'entretien du 29 juillet 2021, il a été question d'un événement particulier dans lequel la mère de Catherine aurait été témoin d'une observation d'ovni alors qu'elle demeurait à Sept-Îles. Sa mère lui aurait parlé de cette expérience juste un peu avant son décès. En regardant par la fenêtre, alors qu'elle lavait la vaisselle, elle aurait vu un ovni ovoïde atterrir au bord de la mer. Voici un extrait de l'entretien de Catherine en lien avec cet incident :

Maman était vieille quand elle est morte, elle avait 93 ans et elle m'en a reparlé avant de mourir. Elle m'a raconté qu'elle était en train de faire la vaisselle. C'était le soir tard, peut-être vers dix ou onze heures le soir. On était neuf enfants et elle avait des pensionnaires en plus, ça fait qu'il y en avait de la vaisselle à laver. Elle m'a dit qu'elle avait vu un ovni atterrir sur le bord de la mer, parce que la maison était sur le bord de la mer. Elle n'est pas sortie pour aller voir à ce moment-là, mais elle y est allée le lendemain matin. Il y avait trois trous à égale distance [dans le sol] *comme si c'étaient les pieds de l'ovni qui était venu atterrir là. J'en ai déduit que ça avait rapport à mes rêves puis que c'était avec elle que j'étais attachée.* Toujours en parlant de son rêve récurrent, Catherine a mentionné également : *Je lui disais : « J'ai peur maman! » Et elle me répondait : « Faut pas que t'aies peur. Ne parle pas. » – On dirait qu'elle était habituée. Le* feeling *que j'ai dans mon rêve c'est qu'elle sait où on s'en va et ce qui se passe...*

Catherine a également évoqué le fait que depuis qu'elle est très jeune elle vit des sentiments d'angoisse intense lorsqu'elle se retrouve seule dans une chambre d'hôpital, au point où il lui est arrivé de fuir avant l'arrivée du médecin. Il n'est pas rare de retrouver ce genre de réaction émotive intense chez les personnes ayant vécu de nombreux enlèvements. En analysant ces deux expériences de façon chronologique, on voit qu'à l'âge de six ans Catherine se retrouve à l'intérieur d'un vaisseau avec sa mère, et le prochain événement dont elle se souvient est l'incident de Pittsburgh de 1976 alors qu'elle est âgée de vingt-quatre ans. Il y a donc un trou de dix-huit ans entre ces deux événements, où aucun souvenir ni rêve n'ont fait surface jusqu'à ce jour. Toutefois, en considérant l'état de santé physique et émotionnelle de Catherine, il semble plus que probable que plusieurs événements ont eu lieu durant cette période. Si on regarde à nouveau l'extrait de l'hypnose en lien avec l'incident de Pittsburgh où Catherine est sur le point d'entrer à bord du vaisseau, on peut voir dans sa réaction que cette situation lui semble connue :

CF – Ah non moi je ne veux pas aller là!

MSTG – Où tu ne veux pas aller?

CF – Je veux pas aller sur la table, je veux pas y aller sur la table moi…

MSTG – Pourquoi?

CF – Non, je ne veux pas me faire tester encore, je ne veux pas!

MSTG – Comment ça?

CF – Je sais pas, je ne veux pas y aller.

Il est évident en lisant ces lignes que Catherine semblait savoir à l'avance ce qui l'attendait en dépit du fait qu'elle n'en n'avait aucun souvenir conscient. On peut supposer, en se fiant au *modus operandi* des entités à l'origine de ce type d'enlèvement, ainsi qu'à sa forte réaction émotive durant les minutes qui ont précédé l'incident de Pittsburgh, qu'il ne s'agissait pas de la première fois que Catherine se retrouvait dans un vaisseau pour se faire « tester ». Malheureusement, nous n'avons été en mesure d'obtenir aucune information jusqu'à présent indiquant que des enlèvements ont eu lieu durant cet intervalle de temps. En dehors du fait qu'un médecin lui avait indiqué à l'époque qu'elle avait deux pieds d'intestin manquant, et ce, sans rien pour expliquer comment ça s'était produit, Catherine n'avait aucun souvenir pouvant indiquer qu'elle avait été abductée au cours de cette période. Il y a également une *scoop mark* qu'elle dit avoir sur une de ses cuisses depuis très longtemps, lesquelles sont des marques assez fréquentes chez les abductés.

Durant l'entretien qui a suivi l'hypnose du 29 juin 2021, nous avons abordé la question des petits êtres qui l'entouraient alors qu'elle était seule dans la pièce blanche. Elle avait gardé le sentiment que les petits êtres semblaient intrigués par elle au point de se sentir comme une attraction devant eux. Elle disait se sentir bien à ce moment-là. Elle les avait entendus venir vers elle, et en avait déduit selon les sons qu'elle entendait qu'il s'agissait de nombreux êtres aussi petits qu'elle. Il ne semblait n'y avoir aucun incident négatif s'étant produit au cours de cette expérience qui aurait pu laisser une empreinte émotionnelle à l'origine de ses malaises.

Ceci venait confirmer la possibilité que les malaises physiques et émotifs rencontrés durant l'hypnose, lorsqu'il était question d'aborder les zones de temps manquant, étaient issus de programmations de la part des entités responsables des enlèvements. Je tenais cette certitude des informations provenant des cas d'enlèvement sur lesquels j'avais enquêté, mais également des travaux d'autres chercheurs dans le domaine, tel que le professeur Don Donderi. Ce professeur retraité de psychologie qui s'est intéressé au phénomène des enlèvements a observé cette situation qu'il décrit comme suit :

Les abductés qui sont hypnotisés pour récupérer les souvenirs de ce qui s'est passé durant leur « temps manquant » rapportent souvent sentir de l'anxiété et du pressentiment pendant qu'ils tentent de se rappeler ce qui s'est produit. Si, comme les abductés le rapportent, ils font l'expérience d'un état altéré de conscience (hypnose) pendant l'enlèvement, et si, comme les abductés le rapportent, leurs ravisseurs disent qu'ils ne devraient pas se rappeler ce qui s'est produit, donc le thérapeute qui hypnotise un abducté peut être en train de travailler contre la suggestion post-hypnotique des occupants d'oublier ce qui s'est produit durant l'enlèvement.[5]

En comparant avec d'autres cas semblables à celui de Catherine, où des expériences de 3e ou 4e type sont vécues à partir de l'âge de six ans, on retrouve certains éléments similaires dont celui d'être dans un contexte amusant et joyeux. Il n'est pas rare d'entendre des histoires où les personnes décrivent être comme dans une salle de jeux en présence d'autres enfants d'apparence non humaine. Pour ce qui est des êtres présents au moment de l'expérience de Catherine, celle-ci a finalement été en mesure de les identifier comme étant des entités dont la description désigne des petits gris d'âge nubile.

Étant donné le type d'interaction qu'il y a eu entre elle et ces petits êtres, il est possible que ceux-ci soient des hybrides ayant une partie génétique de provenance humaine. Les manifestations émotives de ces êtres décrites par Catherine lors de sa rencontre avec eux n'est pas chose commune chez ce type d'entité. Ceci demeure toutefois une hypothèse difficile à tester pour l'instant. Quoi qu'il en soit, il n'en demeure pas moins que d'autres expériences vécues plus tard par Catherine et dont elle avait quelques souvenirs viennent confirmer les doutes quant à de multiples expériences s'étant produites après 1976. Les souvenirs conscients de Catherine quant à ces différents événements qui se sont produits au cours des vingt années suivant l'incident de Pittsburgh, sont des éléments importants pouvant aider à avoir une meilleure idée d'ensemble. Le premier de cette suite d'événements s'est produit en 1979, alors que sa fille, née en 1977, fut visitée par un petit être encapuchonné au beau milieu de la nuit.

Visite nocturne au berceau – Granby, 1979

Au cours des rencontres de 2015 et de 2021, en dehors de l'incident de Pittsburgh, Catherine nous avait partagé d'autres souvenirs de nature ufologique laissant croire que sa mère ainsi que sa fille pouvaient avoir eu l'attention de visiteurs nocturnes. Le premier de ces événements, était le fameux rêve récurrent de Catherine dans lequel elle et sa mère étaient attachées au sol dans une grande pièce blanche. La séance d'hypnose de l'été 2021 est venue confirmer non seulement qu'il ne s'agissait pas d'un rêve, mais aussi que sa mère était probablement une abductée. Quant à sa fille, plusieurs événements rapportés par Catherine au cours de nos multiples entretiens démontrent qu'elle aurait été visitée à quelques reprises par des entités non humaines.

Le premier de ces événements se serait produit à Granby en 1979. Sa fille qui normalement ne faisait presque aucun son, s'était mise à crier et à hurler en pleine nuit. De son lit, Catherine pouvait voir le berceau de sa fille qui était installé à même sa chambre à coucher. Le bruit a réveillé Catherine qui en regardant aussitôt vers le berceau a vu un être de petite taille habillé d'une tunique noire à capuchon et qui tentait tant bien que mal de prendre sa fille. Catherine a immédiatement ouvert la lumière et a vu l'être se dématérialiser sous ses yeux tout en s'élevant vers le plafond. Elle s'est ensuite dirigée vers le berceau pour prendre sa fille dans ses bras. Elle nous a confié qu'après cet incident, elle laissait toujours des lumières allumées la nuit pour dormir.

Cette scène ressemble à s'y méprendre à celle de mon amie Marie-France qui avait vu des petits gris entourer le berceau de sa fille. Tout comme Catherine, Marie-France a surpris les êtres sur le fait, mais dans son cas elle s'en était approchée suffisamment, au point de pouvoir en frapper un. Toutefois, au lieu de disparaître, les êtres sont restés sur place et ont mis Marie-France hors d'état de nuire. Elle est tombée endormie sur-le-champ pour se réveiller le lendemain matin avec seulement un souvenir diffus de l'événement, au point où elle ne savait si elle avait rêvé ou si ça s'était vraiment produit.

Ces témoignages semblent indiquer que dans le cas des enlèvements générationnels, les véritables premières rencontres avec des entités se produiraient bien avant l'âge de six ans. S'il n'y a pas de souvenir de ce type d'incident avant cet âge de la part des témoins, ce n'est pas qu'ils ne se sont pas produits, mais plutôt que l'enfant est trop jeune pour s'en rappeler. J'en ai pour exemple le témoignage de Maryanne Anderson, une dame sourde et muette, avec qui j'ai eu la chance de faire connaissance durant l'un des *Alien Cosmic Expo* à Toronto. Maryanne avait cela de particulier, qu'elle se souvenait d'un événement marquant lorsqu'elle était encore au berceau.

Elle avait été placée en orphelinat par sa mère qui était tombée enceinte d'elle alors qu'elle n'était pas mariée, ce qui à l'époque n'était pas toléré dans cette communauté. Maryanne se rappelle que durant ces années-là, son ouïe était surdéveloppée, ce qui faisait qu'elle entendait très bien les sons de loin, mais ceux qui étaient près d'elle résonnaient beaucoup trop fort et lui faisait mal aux oreilles : « Être dans un orphelinat avec plusieurs enfants fait qu'il y avait toujours du bruit et de la commotion. J'avais tellement mal aux oreilles que je pleurais tout le temps. Je souffrais continuellement. »[6]

Toutefois, elle a le souvenir qu'une nuit, elle a eu la visite d'êtres bizarres s'approchant d'elle tandis qu'elle était couchée dans son berceau. Une fois près d'elle, ces derniers auraient utilisé un outil quelconque près de ses oreilles, après quoi ce fut le silence complet. Selon elle, c'est en raison de cette « procédure » faite par les êtres qu'elle a vus cette nuit-là qu'elle serait devenue sourde (figure 29).

Figure 29. Croquis de Maryanne Anderson.

En regardant le croquis de Maryanne, il est assez évident que les êtres bizarres en question sont les fameux petits gris, lesquels tiennent une place de premier plan dans ce genre d'expérience. Ce croquis a été fait par Maryanne en 2014 à la demande de l'enquêteur Bob Mitchell pour son livre *Intrusion – Alien Encounters*. Il est à noter que Maryanne a vécu plusieurs expériences ufologiques à la suite de cet incident, lesquelles ont été consignées dans ce même livre. On remarque dans l'histoire de Maryanne une similitude avec les cas de Marie-France, de Carole et de Catherine, où de jeunes enfants sont visités par des entités la nuit alors qu'ils sont encore au berceau.

L'autre parallèle que l'on peut faire avec ce récit est celui des guérisons mystérieuses en lien avec des expériences ufologiques dont celles de Cécile, Murielle et Catherine vues précédemment. Si l'on considère la trop forte acuité auditive qu'avait Maryanne avant qu'elle devienne sourde, cette opération a tout de même eu pour effet d'atténuer la souffrance que ce problème lui infligeait. Il s'agit donc d'une guérison dans ce contexte.

Rencontre rapprochée du 3e type – Ste-Foy, 1984

Alors qu'elle s'était couchée dans son appartement de Ste-Foy, Catherine s'est réveillée en pleine nuit et a aperçu une forme étrange à travers les rideaux devant la fenêtre de sa chambre. Intriguée par cette forme qui semblait flotter au milieu des immeubles, elle a tiré les rideaux pour voir ce que c'était. À sa grande surprise, un ovni d'environ une dizaine de mètres de diamètre flottait littéralement au-dessus de la rue, entre les deux édifices à logements. L'ovni était suffisamment près d'elle pour qu'elle puisse discerner par les hublots de l'engin des êtres s'affairant à l'intérieur. En dépit du fait que Catherine était ébahie de voir une telle scène se dérouler sous ses yeux, elle n'a aucun souvenir de ce qui s'est passé par la suite.

Comme il s'agissait d'une des expériences auxquelles elle voulait avoir des réponses, nous avons inclus celle-ci dans les événements à visiter au cours d'une séance d'hypnose. Catherine avait de nombreuses questions liées à cet incident qui étaient restées en suspens depuis. Elle se doutait que cette observation n'est pas due au hasard et que quelque chose s'était produit cette nuit-là. Il est évident que cette expérience décelait suffisamment d'indicateurs pour être prise en considération comme abduction potentielle.

Hypnose du 29 juin 2021

CF – Je suis assise dans mon lit, puis je la vois. Elle est là [la soucoupe].

MSTG – Qu'est-ce que tu vois en dehors de ça?

CF – On dirait que je suis au cinéma… c'est bizarre. Comme si ma fenêtre était un écran de télévision. Je suis assise et j'ai les genoux remontés. Je regarde par la fenêtre. Puis là je me demande : « Qu'est-ce qu'ils regardent eux autres là? C'est quoi qu'ils veulent? Pourquoi ils sont là? »

MSTG – Qu'est-ce qui se passe présentement?

CF – Il se passe rien.

MSTG – Non? Qu'est-ce que tu vois?

CF – Je vois juste les petits bonhommes bouger. On dirait qu'ils sont comme à des… je sais pas on dirait un ordinateur ou quelque chose. Ils ont l'air d'être occupés à faire de quoi. Comme un pilote d'avion on dirait. Il fouille après ses appareils ou je sais pas trop.

MSTG – Puis ces personnes-là, t'es capable de les distinguer?

CF – Non! Je vois que c'est des êtres. Ça pourrait être un homme, ça pourrait être un enfant… je vois pas de cheveux. Je ne vois rien qui pourrait me dire que c'est des humains. Je vois des p'tits bonhommes à travers une fenêtre. Je sais pas comment le décrire.

MSTG – Pourquoi?

CF – Parce qu'ils sont quand même pas à côté de moi. Ils sont dans leur machine puis moi je suis à travers la fenêtre. Je peux quand même voir qu'ils bougent. Je les vois bouger.

MSTG – Tu continues d'observer?

CF – Oui. Je sais pas s'ils sont rentrés chez nous.

MSTG – Pourquoi tu dis ça?

CF – Comme les autres fois, je le sais pas. Ils sont là mais… Parce que ma fille est avec moi dans sa chambre. Je sais pas s'ils ont été voir ma fille moi. Peut-être que je me suis réveillée dans le temps qu'ils s'en allaient? La soucoupe est là puis elle flotte. Je sais pas comment elle fait pour rester sur place, mais elle est là. Elle bouge pas. Y'a rien qu'eux autres qui bougent à l'intérieur. Il y a une lumière blanche à l'intérieur de la machine. Je suis intriguée. Pourquoi ils sont là? J'essaie de voir dans le bloc l'autre bord s'il y a de la lumière et si quelqu'un peut voir ce que je vois. J'en vois pas. Ça veut dire que c'est tard la nuit. Je sais pas quelle heure il est. Je sais que c'est la nuit en tout cas. Parce que je dormais et ma petite doudou elle dort. J'espère qu'ils ne lui ont rien fait. Des fois je me demande si elle n'en sait pas plus qu'elle veut n'en dire.

MSTG – Puis là, qu'est-ce que t'observe?

CF – Toujours la même affaire. Je sais que je dors pas. Je suis réveillée. Je suis assise dans mon lit. Je dors pas assise moi. C'est drôle l'impression que j'ai c'est que je me suis réveillée trop tard.

MSTG – Pourquoi?

CF – D'après moi ils ont fait ce qu'ils avaient à faire puis là ils doivent être en train de s'organiser pour s'en aller.

MSTG – Ah oui? Pourquoi tu dis ça?

CF – Je sais pas. Ça vient de monter. C'est comme… quelque chose que je sais. Ils sont venus puis ils sont repartis. Puis moi j'ai pas eu connaissance du temps qu'ils étaient là dans la maison, dans mon appartement. D'après moi ils ont dû rentrer. Je suis certaine. Sont pas là pour rien.

MSTG – Si tu le veux bien on va retourner un petit peu avant. Un petit peu avant ça. Pas longtemps avant. Avant que tu voies le vaisseau…

CF – Je dors. Puis je me réveille d'un coup sec, puis je m'assoie, puis je me tourne la tête vers la fenêtre, puis je vois quelque chose à travers les rideaux. C'est flou, mais si j'ouvre les rideaux je les vois très bien. Je la vois la *cristi* de soucoupe, elle est là puis y'a rien pour me faire changer d'idée. Qu'est-ce qu'ils ont fait à ma fille? Ils sont venus elle était petite. Ils reviennent elle a neuf ans…

MSTG – [Plusieurs tentatives infructueuses sont faites pendant dix minutes pour découvrir des bribes de souvenirs enfouies en lien avec l'événement.]

CF – Ça s'est passé avant ça. Je suis certaines qu'ils s'en vont. Ils n'ont plus l'air de s'occuper de moi, ils ont l'air de s'occuper de leur machine. Je pense qu'ils sont venus. Je pense pas qu'ils sont là pour rien. Sont pas juste venus me faire un coucou. Je suis sûre qu'ils sont venus faire de quoi, mais je sais pas quoi. On dirait qu'il y a quelque chose en dedans de moi qui veut pas que ça sorte. Je sais pas comment l'expliquer, mais je me sens pas bien. [Long soupir.]

MSTG – Puis si tu retournes cette nuit-là, un peu avant que tu voies l'ovni?

CF – Je suis encore toute seule dans mon grand lit. Il est grand, grand.

MSTG – Ta fille est où?

CF – Dans sa chambre. Ça fait longtemps qu'elle fait dodo parce qu'elle va à l'école.

MSTG – OK. Et vous avez fait quoi avant de vous coucher?

CF – On a dû lire des livres. Je lui racontais tout le temps une histoire. J'ai dû lui en raconter une. Des fois je me couche à côté d'elle.

MSTG – Cette nuit-là tu t'étais couchée à côté d'elle?

CF – Non, j'étais toute seule dans mon lit. J'arrive pas à aller chercher ce qui s'est passé. Je veux savoir, mais en même temps je veux pas que ça sorte. J'ai peur que ça soit trop gros. Y'en on fait pas mal hein?

MSTG – Comme quoi?

CF – Ils sont venus voir ma fille et j'ai pas pu être là. Je sais même pas qu'est-ce qu'ils lui ont fait.

MSTG – Comment tu sais qu'ils sont venus voir ta fille?

CF – Quand j'étais à St-Émile… et là c'est pas longtemps après ça.

MSTG – Ok, mais cette nuit-là?

CF – Cette nuit-là j'y arrive pas. Peut-être que sa chambre est trop loin ou… Je sais où elle est sa chambre, elle est à gauche.

MSTG – [Hypnose redirigée vers un événement différent.]

Discussion post-hypnose 29 juin 2021

Après l'hypnose, Catherine a confirmé l'information qui était ressortie durant cette séance. À savoir : l'ovni a été observé à travers la fenêtre de sa chambre alors que les êtres étaient sur le point de quitter les lieux. Elle en avait le sentiment profond après l'hypnose et sentait également que des êtres provenant de ce vaisseau étaient venus chez elle. Elle en était convaincue même s'il n'y avait aucune image qui viendrait confirmer ce sentiment.

Il a également été question des malaises ressentis lorsqu'il était question d'aborder certaines zones manquantes liées à ses expériences. Nous avons discuté de la possibilité que ces malaises proviennent de conditionnements induits par les êtres responsables des abductions afin d'empêcher l'accès aux mémoires. Catherine était d'accord sur ce point, mais était d'avis que dans cet événement-ci, les êtres n'étaient pas venus pour elle, mais pour sa fille. En dehors du fait qu'elle ne se rappelait pas s'être recouchée après l'observation, il n'y avait aucun indice pour dire qu'elle aurait pu avoir été enlevée cette nuit-là.

Pour supporter cette idée, elle a fait référence à l'événement précédent à St-Émile où un petit être avait tenté de prendre sa fille alors qu'elle n'était encore qu'au berceau. De plus, il y a un autre événement similaire qui s'était produit en 1986 dont elle a été témoin. Dans le cas de Catherine, il s'agissait d'une rencontre rapprochée du 3e type, mais pour sa fille, tout porte à croire qu'il s'agissait d'un enlèvement. C'est pour cette raison que Catherine souhaitait que sa fille puisse participer à une séance d'hypnose, ou à tout le moins, être interviewée dans le cadre d'une enquête de terrain. Toutefois, Catherine doutait que sa fille accepterait de se prêter à un tel exercice.

Pour ma part, je préférais que la décision de collaborer à une telle enquête vienne de sa fille, car il s'agissait d'une situation extrêmement délicate. De plus, lors de nos derniers entretiens, elle m'avait dit que sa fille n'aimait pas aborder cette question et qu'elle préférait changer de sujet quand Catherine parlait de sa participation à une enquête du MUFON.

Rencontre rapprochée du 3e type – St-Pascal, 1986

C'est durant notre première rencontre, le 7 février 2015, que Catherine nous a raconté cette expérience marquante tandis que je remplissais les différents formulaires d'usage prescrits par le MUFON. Parmi ces formulaires, il y avait un questionnaire à l'attention des abductés, où on demandait aux témoins s'ils avaient déjà observé des entités non humaines. Ce à quoi elle répondit « Oui » d'un ton fébrile, en partageant l'expérience que voici :

J'étais étudiante en administration dans ce temps-là. J'étudiais de soir, puis j'avais une petite gardienne, elle avait 15 ans, qui gardait chez nous. Puis elle avait raconté une histoire à ma fille pour l'endormir, parce que le livre était entre les deux quand je les ai trouvées. Elle dormait et je l'ai réveillé parce que son papa venait la chercher. Quand j'ai vu que ma fille dormait si bien, et c'est pesant un enfant de neuf ans, je me suis dit : « Je vais la laisser dormir dans mon lit, je vais dormir dans le sien. »

Ça fait que j'ai été me coucher dans sa petite chambre dans son demi-lit. Puis en pleine nuit je me suis réveillée, et il y avait déjà trois personnes entrées qui étaient déjà là au pied de mon lit. Puis là, je me suis reculée au fond du mur, [en se tenant recroquevillée sur elle-même] *puis là j'avais vraiment peur... Là il y en a deux autres qui sont entrés. Ils rentraient par la fenêtre puis... le* feeling *que ça m'a donné c'est comme s'ils se donnait un* swing *pour rentrer puis ça faisait comme un* spring *quand ils arrivaient à terre avec leurs pieds pour atterrir, comme s'ils atterrissaient. Je vous le dis comment moi je l'ai vu. Et là j'étais écrasée de même et je me disais : « Mon Dieu! Je rêve-tu? Je suis-tu en vie? C'est quoi qui se passe? » Et là, il y en a un qui m'a mis la main sur la cuisse de même, il avait la main gelée comme s'il n'avait pas de sang dans les veines. Je me rappelle de ce* feeling-*là, la main quand il m'a touché. Puis là je l'ai entendu dire dans ma tête : « Aie pas peur ». Puis là, ils sont tous partis. Les cinq sont partis. J'essayais de parler. Je me disais : « Comment ça je ne peux pas crier, je ne peux rien dire ». Je ne pouvais pas parler. Je ne pouvais pas me lever. Je ne pouvais rien faire. Puis je me suis réveillée le lendemain matin comme s'il ne s'était rien passé, comme si je m'étais rendormie puis qu'il ne s'était rien passé, mais je les ai vus sortir tout de suite de la chambre et s'en aller vers ma chambre. Je me suis dit : « Ils sont partis pour ma fille ». Ce n'était pas pour moi qu'ils venaient, c'était pour elle.*

Le lendemain matin au réveil, Catherine se souvenait encore très bien de l'incident de la veille, et est immédiatement allée voir sa fille qui dormait dans sa chambre. Elle l'a inspectée de la tête aux pieds pour voir s'il subsistait des indices en lien avec la visite de ces êtres. Sa fille n'avait aucune marque sur le corps ni rien qui pourrait laisser croire que quelque chose lui était arrivé cette nuit-là. À notre demande, Catherine a dessiné un croquis d'un de ces êtres au cours de l'entrevue. Quelques jours plus tard, elle a fait des reproductions d'artiste de certaines de ses expériences qu'elle m'a fait parvenir par la poste. Après les avoir numérisés, chacun de ses croquis a été intégré à son dossier CMS pour être accessible aux autres enquêteurs. La scène de la rencontre rapprochée du 3e type de 1986 faisait partie du lot (figure 30).

Figure 30. Reproduction artistique de Catherine F. – RR3, 1986.

Catherine disait avoir effectué des recherches après cet événement pour voir si elle retrouverait des témoins ayant vu des êtres semblables à ceux qu'elle avait vu, mais sans succès. Catherine était très émue en racontant cette expérience, car elle savait que ces êtres s'étaient dirigés vers la chambre où sa fille était couchée, mais qu'elle n'avait aucune façon de savoir ce qu'ils lui avaient fait.

Au cours de ce même entretien, Catherine a partagé son incompréhension face à cette situation, car même si l'événement s'est passé durant la nuit, il s'agissait tout de même d'un lieu habité. Ce genre de questionnement est assez fréquent de la part des témoins ayant fait des expériences de rencontre rapprochée. Ces derniers tentent souvent de trouver des explications rationnelles à ce qu'ils voient ou à ce qui leur arrive, mais la particularité de ces expériences est justement leur niveau d'étrangeté élevé. Le premier réflexe est souvent de remettre en question sa propre santé mentale, car de tels événements ne sont pas censés se produire dans notre réalité. C'est d'ailleurs pour cette raison que la très grande majorité des personnes ayant vécu des expériences de rencontres rapprochées ne vont partager leur témoignage qu'à des organismes démontrant une ouverture d'esprit sur le sujet. Et en dehors de certaines associations ufologiques, il n'existe en ce moment aucun endroit où ces personnes peuvent s'exprimer librement sans risquer de se faire juger ou ridiculiser.

Bien que l'apparence physique des êtres vus par Catherine en 1986 avait peu de ressemblance avec les différents types rencontrés dans la plupart des témoignages d'enlèvement, l'ensemble de la scène comportait cependant de nombreuses similitudes avec ceux-ci. Toutefois, il semble évident que ces êtres étaient là spécifiquement pour la fille de Catherine, car c'est dans la chambre de celle-ci qu'ils ont pénétré en premier lieu. Ceci veut dire que non seulement ils savaient où sa fille couchait habituellement, mais aussi qu'ils devaient venir la visiter régulièrement. Quant à savoir la raison de ces visites nocturnes, le mystère reste entier pour le moment.

Nous avons tenté d'en découvrir un peu plus sur cet événement particulier grâce à une séance d'hypnose conduite par Pierre Caron au cours de notre première rencontre avec Catherine en 2015. Si la régression hypnotique a permis de suivre la scène de l'événement en entier tel qu'elle l'a vécue à l'époque, celle-ci n'a malheureusement apporté aucun nouvel élément. Mis à part quelques détails supplémentaires, le souvenir conscient de l'événement était en tout point semblable à ce qui est ressorti durant l'hypnose. Encore une fois, comme pour les deux événements précédents, soit celui de l'être encapuchonné et de l'observation d'ovni en forme de cigare, il semble que la fille de Catherine aurait été visitée régulièrement par différents types d'entités. Quant aux raisons de ces visites nocturnes, on ne peut en déduire pour l'instant que celles-ci doivent être en lien avec un des programmes humano-extraterrestres de recherche génétique. Dans quel but? Cette question est loin d'être simple à répondre, et à moins de pouvoir interviewer la fille de Catherine ou d'autres témoins ayant eu des expériences de même nature, on ne peut que spéculer sur les véritables intentions de ces êtres.

Indicateurs d'enlèvement – St-Émile, 1997

Aussi incroyable que cela puisse paraître, Catherine n'était pas au bout de la liste de ses expériences. Toujours au cours du premier entretien de 2015, elle a fait état d'une situation pour le moins bizarre dont elle avait été témoin un matin de 1997. À son réveil, elle a remarqué que sa robe de nuit était mise à l'envers avec les boutons attachés à l'arrière alors que ceux-ci s'attachent à l'avant. La seconde chose qui semblait indiquer que quelque chose s'était passé cette nuit-là était le fait que ses cheveux étaient détachés. Étant donné qu'elle avait les cheveux longs, elle avait pris l'habitude de se faire une tresse avant d'aller au lit. Au réveil ce matin-là, après avoir remarqué que ses cheveux étaient défaits, elle a cherché l'élastique qui maintenait sa tresse attachée partout dans son lit sans le retrouver. Une fois debout, elle a remarqué que le lit avait été déplacé. Elle a tenté tant bien que mal de le remettre à sa place, mais comme il s'agissait d'une base de lit assez lourde en bois massif, qui de surcroit était sur un tapis épais, elle n'a pas été capable de le déplacer. Elle pouvait voir les marques du lit imprimées sur le tapis à l'endroit où le lit était censé être normalement (figure 31).

Figure 31. Dessin de Catherine reproduisant l'incident de 1997.

Comme elle demeurait seule à ce moment-là, elle a dû demander l'aide de ses deux frères qui habitaient non loin de là pour le replacer dans sa position originale. Chacun de ces étranges éléments que Catherine a remarqués à son réveil sont des indicateurs rencontrés dans de nombreux cas d'enlèvement. Elle avait le sentiment que quelque chose s'était passé cette nuit-là, mais sans réussir à se souvenir de quoi que ce soit. Étant donné que c'était la nuit et qu'elle dormait dans son lit, il lui était également impossible de savoir s'il y avait du temps manquant lié avec cette situation. Lors de notre rencontre en février 2021, nous avons abordé à nouveau cet incident et avons convenu que celui-ci ferait partie des événements à aller explorer sous hypnose.

Catherine avait quarante-cinq ans au moment de l'incident, et nous étions curieux de savoir si elle avait été réellement enlevée, et si oui, pour quelles raisons? Comme pour les événements précédents, Catherine voulait des réponses. Elle était prête à affronter la vue de ces anciens souvenirs, même si certains d'entre eux étaient horribles. Il s'agissait pour elle de faire la paix avec ce passé qui la hantait depuis presque toute sa vie. Être en mesure de découvrir ce qu'on lui avait fait durant ces moments oubliés faisait partie de son processus de guérison et d'acceptation.

Hypnose du 29 juin 2021 en après-midi

MSTG – Tu sais en 1997? Ta jaquette était à l'envers, ton lit était déplacé? J'aimerais que t'ailles juste la veille de cet événement-là, avant que tu te couches. Est-ce que t'étais seule? Tu étais avec quelqu'un?

CF – Non, j'étais toute seule. J'étais séparée de mon mari. Ça a fini là. Comme ça. Avant l'événement mon mari avait tout démoli et avait tout brisé dans la maison… il était fâché. Moi j'ai tout refait mon appartement, j'ai tout repeinturé. Je devais être fatiguée quand je me suis couchée. J'étais toute seule dans la maison, mais j'avais pas peur. C'est quand je me suis réveillée le matin plutôt que j'avais peur.

MSTG – T'avais peur de quoi?

CF – Parce que je sais qu'il s'est passé de quoi, mais j'ignore quoi.

MSTG – Comment tu sais?

CF – Il s'est passé de quoi certain! Tu te retrouves pas avec un lit de ce poids-là déplacé tout seul.

MSTG – Tu sais que cette information-là est en toi?

CF – Oui.

MSTG – Est-ce que tu aimerais y accéder?

CF – J'aimerais.

MSTG – On va retourner à la veille de cet événement-là.

CF – Je ne me rappelle de rien.

MSTG – Non? Mais tu te rappelles de t'être couchée ce soir-là?

CF – Bien oui!

MSTG – Ok. Puis qu'est-ce qui se passe à ce moment-là?

CF – Je me couche, je taponne mon oreiller en dessous de ma tête et deux minutes après je dors. C'est tout le temps comme ça. Je tombe endormie d'une claque. Ça fait que s'il s'est passé de quoi après que je dorme, je m'en rappelle pas trop. Je sais que j'ai tressé mes cheveux parce que je les tresse tout le temps avant de me coucher. J'ai mis ma jaquette. J'étais toute seule, ça fait que j'ai mis une grande jaquette. C'est pour ça que je trouve ça bizarre qu'elle soit toute revirée de bord.

MSTG – Regarde comme il le faut dans tes souvenirs. Tu vas peut-être avoir une couple de réponses à ces questions-là.

CF – Pourquoi que mon lit est déplacé de même… *ayoye*!

MSTG – Retourne un peu en arrière… dans la nuit qu'est-ce qui s'est passé?

CF – Dans la nuit je ne me rappelle rien. Je me rappelle juste du matin quand je me suis réveillée.

MSTG – Laisse venir l'information comme une vague, une pulsation. Ça arrive tranquillement par petits flashs, tranquillement, tranquillement… Laisse-toi aller. Puis plus tu te laisses aller, plus cette information-là va revenir tranquillement par petites bribes, des petites sensations, des petits bruits, de petites odeurs, des petits indices…

CF – Y'a rien.

MSTG – Ok laisse ça aller. Laisse-toi aller. Tranquillement relaxe toi. Détends-toi. Tu vois cette nuit-là passer, un peu en accéléré, puis t'avances, t'avances tranquillement là-dedans, puis un moment donné y'a peut-être un petit quelque chose qui fait que tu vas trouver ça un peu bizarre. Quelque chose de pas à sa place qui fait que tu vas te poser des questions, un peu comme ça t'est arrivé le matin.

CF – Non.

MSTG – Puis comment tu te sens?

CF – J'ai toujours ce blocage-là dans mon plexus quand je respire. Je suis pas capable de faire une grande respiration complète. C'est là [en touchant son sternum].

MSTG – Puis? On fait tu comme tantôt? Pour le débloquer un peu? Parce que ça aussi c'est une programmation.

CF – [Grande respiration.]

MSTG – Ouais! C'est bon ça! On va dégager ça, parce que c'est ça qui empêche l'information de circuler. Tu sais, l'information est pognée à quelque part et faut que tu la fasses circuler dans ton corps pour la capter.

CF – J'aimerais ça savoir. Ça fait tellement longtemps que je me pose la question : « C'est quoi qui s'est passé? Comment mon lit peut être déplacé de même? » Moi je pense que j'ai passé à travers le plafond mais…

MSTG – Ah oui?

CF – J'ai tout le temps eu l'impression d'avoir passé à travers le plafond, mais je peux pas le dire.

MSTG – Ah oui? Comment ça?

CF – Parce que c'est fou passer à travers le plafond avec un lit avec une boîte en pin qui pèse deux cents livres.

MSTG – C'est pas grave ça. On s'en fout de ça. Pars de là. C'est bon ça.

CF – Je sais que je me suis promenée. J'étais en jaquette puis j'ai flotté.

MSTG – Ah oui?

CF – Parce que je voyais toutes les lumières de la ville. Je flottais en haut de la ville comme si j'avais des ailes.

MSTG – C'était quelle ville?

CF – Ça devait être Québec? C'était tout lumineux, c'était beau. J'étais surprise de savoir que je pouvais faire ça. Je sais que j'avais une grande jaquette de même quand je flottais de même en haut, mais je sais pas si c'est avec cette affaire-là, si ça l'a un rapport avec ça, si c'est avec cet événement-là, mais je me rappelle d'avoir flotté.

MSTG – Ok continue.

CF – Je l'ai raconté ça. Que je flottais au-dessus de la ville.

MSTG – Ok puis là on va observer ça. Tu flottes en haut de la ville puis qu'est-ce qui se passe après?

CF – Je suis juste émerveillée. C'est tout. D'être capable de faire ça… Y'a personne à côté de moi, je suis toute seule. [Catherine change de ton.] Puis comment je peux flotter dans les airs de même? Ça se peut pas! Ça se peut pas, mais ça se peut parce que c'est ça qui se passe. Je sens pas ni chaud, ni froid, ni vent, ni… je sens rien! Je me sens juste allongée en train de flotter. Comme quand on flotte sur l'eau, mais là je flotte dans l'air.

MSTG – T'es en position couchée?

CF – Oui, allongée. J'ai les bras comme ça et je flotte en haut des nuages, en haut des lumières, en haut de la ville.

MSTG – Tu te sens bien?

CF – Oui. J'ai déjà flotté de même dans les marches d'escalier chez nous à Sept-Îles, puis maman m'avait dit de plus dire ça.

MSTG – Ah non?

CF – Parce que je l'avais vu en train de cirer les souliers puis je lui ai dit : « Maman! J'ai flotté cette nuit. Je t'ai vu, tu cirais les souliers. » Maman disait tout le temps que j'étais folle : « Tais-toi! Ne dis pas des affaires de même. » C'est peut-être elle qui m'a fait garder ça en dedans de moi? Ça veut pas sortir.

MSTG – Mais c'est toi qui as le pouvoir de faire sortir ça si tu veux hein?

CF – [Grande respiration.]

MSTG – Oui c'est bien de prendre une grande respiration comme ça pour faire circuler tout ça. Puis si on retournait au moment où tu te sentais passer à travers le plafond? Tu te rappelles de ça?

CF – Oui, je suis dans mon lit là, puis je passe à travers le plafond... C'est comme un rêve.

MSTG – Bien oui on va regarder ça. On regarde-tu ça?

CF – Oui.

MSTG – On regarde ça. Dis-moi qu'est-ce qui se passe.

CF – C'est comme si le plafond était mou. C'est comme si dans le fond il est là, mais il peut ne pas être là aussi. C'est comme si le mur devenait bien mou puis je pouvais passer à travers. Ça doit être comme ça que je suis montée en haut? *Ayoye*! Je viens d'avoir un *feeling* comme le lit qui redescend puis qui tombe ben raide à terre!

MSTG – OK, puis toi t'es où?

CF – Je suis dans le lit! J'ai des gros frissons... ouff! Il m'en manque un bout.

MSTG – Veux-tu le savoir?

CF – J'aimerais bien savoir où je suis allée. Pourquoi qu'ils m'amènent avec mon lit? Puis pourquoi je ne les vois pas eux autres. Où est-ce qu'ils sont? [Grande respiration.]

MSTG – On va reculer en arrière. Reviens où t'étais. Avant que tu commences à passer à travers le plafond.

CF – Je sais pas si je suis en train de rêver. Entre les deux-là. Entre le plafond puis le retour... dans le milieu y'a rien.

MSTG – Bien oui c'est là. Ça ne se peut pas qu'il n'y ait rien. Il s'est passé de quoi…

CF – Comment ils ont pu fouiller dans ma tête? Comment ils ont pu bloquer des affaires de même?

MSTG – Comment c'est pas important. Ce qui est important de savoir c'est…

CF – Parce que si je savais comment, je pourrais en sortir.

MSTG – Oui tu peux. C'est tout en dedans de toi. C'est toi qui as le pouvoir de faire sortir ça. Tu peux tout contourner ça les petites programmations qu'ils ont mises. Tu te rappelles tantôt je t'ai dit que tout était possible dans cet état-là? T'es capable. Parce que l'information est là. T'as juste à suivre le petit labyrinthe puis ouvrir tout ça. Dans le fond l'information est juste prise à quelque part. Fais circuler partout ton corps. Fais circuler toute l'énergie comme tantôt de la tête aux pieds. Fais circuler l'énergie, partout dans ton corps puis un moment donné l'information qui est prise dans un petit coin va se détacher puis elle va circuler puis tu vas la capter. Fais circuler ça dans ton corps toute l'énergie partout, toutes tes cellules, partout. Là elle n'a pas le choix. L'information qui était prise va se décoller et va circuler tranquillement. T'as déjà un bon bout de fait là.

CF – On dirait qu'il y a quelqu'un qui m'attend en haut?

MSTG – Ah oui?

CF – C'est tu dans ma tête? C'est tu vrai ou…?

MSTG – C'est pas grave. T'as pas à te poser de question. Vas-y, on va aller voir ça. Qui t'attend?

CF – Un énorme vaisseau.

MSTG – Qu'est-ce que ç'a l'air?

CF – Y'est gros. Il ressemble à celui qu'il y avait à Ste-Foy. Avec des vitres.

MSTG – OK? Puis qu'est-ce qui se passe?

CF – Rien.

MSTG – Comment rien?

CF – Je fais juste voir. [Long silence.] C'étaient juste des bribes.

MSTG – C'est pas grave. C'est mieux que rien.

CF – C'est un début?

MSTG – Bien oui. Tu dois être fière maintenant?

CF – Je suis contente de savoir ça là. Puis la fois que j'ai flotté c'était avec ça. Je savais pas que c'était avec eux autres. Je me rappelais d'avoir flotté, mais je savais pas que ça avait été provoqué par eux-autres.

Fin de l'hypnose

Discussion post-hypnose

Catherine était extrêmement contente à sa sortie de l'hypnose. Plusieurs des événements qui ont été visités durant cette séance ont donné des résultats. Les morceaux du casse-tête commençaient peu à peu à se mettre en place et certains incidents tel que celui du lit déplacé de 1997 cédaient tranquillement des bribes d'information. Même si pour cet incident particulier la progression était lente du point de vue de la récupération de mémoires, nous sentions que la porte était désormais ouverte et qu'il ne restait plus qu'à la franchir. C'était sur ce dernier segment d'hypnose que cette séance se termina. Annie et moi sommes allés à notre chambre d'hôtel pour prendre une douche et un bon repas avant de retourner pour la seconde séance du 29 juin 2021 au soir.

Cinquième rencontre – 29 juin 2021 en soirée

Au cours de cette rencontre, nous avons passé en revue les informations qui avaient fait surface durant les différents segments de la séance précédente. Il a été question bien évidemment de l'incident de 1997 et des nouveaux éléments qui s'étaient rajoutés. Nous avons discuté des souvenirs qu'elle avait eu alors qu'elle disait flotter au-dessus de la ville. Je lui ai demandé de me décrire son passage à travers le plafond et comment elle pouvait l'expliquer. Son souvenir de la chose était qu'elle avait vu le plafond se dématérialiser sous ses yeux à mesure qu'elle s'en approchait pour ensuite se rematérialiser derrière elle après l'avoir traversé. En dehors de ce qu'elle a pu observer durant cette expérience, elle n'avait aucune idée de la façon dont ils s'y prenaient pour faire une telle chose. C'est après être passée à travers le plafond qu'elle s'est vue voler au-dessus de la ville. Elle a ensuite vu un ovni semblable à celui qu'elle avait vu à Ste-Foy en 1984. Elle pouvait apercevoir le même type d'objet avec des hublots, d'où il était possible de voir des êtres à l'intérieur. Comme une photo vaut mille mots, et qu'elle avait vu cet ovni dans au moins deux de ses expériences, je lui ai demandé de me faire un croquis de l'objet en question (figure 32).

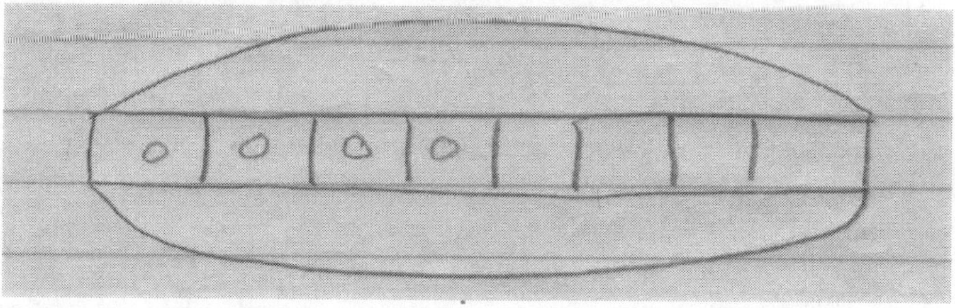

Figure 32. Croquis de l'ovni vu par Catherine en 1984 et en 1997.

En faisant le croquis de l'ovni, Catherine faisait aussi une description verbale de ce dont elle avait vu en 1984 : la forme de l'objet, la série de hublots au centre, ainsi que les petits êtres qui s'affairaient à l'intérieur. Elle disait également que l'objet était très gros et qu'elle estimait sa taille à celle d'un autobus. Quant à sa couleur, elle était gris métallique mat. Ce qui l'avait surprise le plus à l'époque, c'était de le voir flotter sans bruit entre les immeubles. Elle n'avait distingué aucune lumière à l'extérieur, mais il y avait toutefois suffisamment de lumière provenant de l'intérieur du vaisseau pour voir ce qui s'y passait. Étant donné sa dimension et l'endroit où il était quand elle l'avait vu en 1984, elle était convaincue que d'autres personnes pouvaient l'avoir aperçu même si c'était au milieu de la nuit, car il s'agissait d'un endroit très habité. Elle avait même pensé à l'époque aller demander à quelques voisins de l'immeuble en face de chez elle pour voir s'il n'y en avait pas parmi eux qui avaient observé la même chose, mais elle s'est rapidement ravisée en réalisant que les gens qui n'auraient pas été témoin de la chose la prendraient probablement pour une folle.

Catherine a mentionné les sentiments de malaise intense qui l'accablaient alors que je lui posais des questions sous hypnose et qu'elle tentait d'accéder à l'information. C'est comme si elle avait le souffle coupé et qu'elle manquait d'air. C'est pour cette raison qu'elle prenait de grandes respirations, car elle avait de la difficulté à respirer. Elle se demandait pourquoi ceci lui arrivait durant les hypnoses alors qu'en temps normal elle ne vivait rien de semblable. J'ai expliqué à nouveau ma compréhension du phénomène selon laquelle ces malaises n'étaient rien d'autres que des programmations induites au cours des enlèvements pour l'empêcher d'accéder aux parties de ses mémoires où on voyait les entités à l'œuvre. Il était important que Catherine prenne conscience de cet aspect durant la prochaine séance d'hypnose si nous voulions obtenir de bons résultats dans la récupération de souvenirs. Nous avons abordé la possibilité d'utiliser des techniques pour libérer des charges émotives afin de débloquer ces programmations induites. Comme pour la plupart des hypnoses conduites sur Catherine, plusieurs événements ont été visités durant cette séance-là. Toutefois, étant donné que la séance du soir a été écourtée, l'incident de 1997 n'a été vu sous hypnose que durant la séance du lendemain matin.

Hypnose du 30 juin 2021 en matinée

MSTG – …aussi à St-Émile il y a une fois que tu t'es réveillée et ton lit était déplacé…

CF – Oui!

MSTG – Peux-tu retourner dans la nuit?

CF – Oui, ce qu'il y a c'est que mes couvertes sont toutes à terre. Sont toutes poussées au fond du lit…? Puis moi je suis tout le temps emmitouflée jusqu'aux oreilles… C'est pas normal. Là je me lève… puis mon lit est déplacé.

MSTG – Peux-tu retourner un peu avant ça? Un peu avant, avant ça.

CF – Avant de me lever?

MSTG – Oui dans la nuit, un peu avant ça?

CF – J'me rappelle que quand je me suis couchée… j'ai regardé dans tous les châssis parce que je craignais que Michel [son ex-mari] vienne pendant la nuit. Puis c'est jamais arrivé. Il est à Pointe-Bleue, il est pas à Québec... Mashteuhiatsh! [Le nouveau nom de Pointe-Bleue.]

MSTG – Puis là dans la nuit?

CF – Eux-autres ils ont l'air à savoir que je suis toute seule.

MSTG – Oui? Pourquoi?

CF – Bien, s'ils sont venus me chercher…

MSTG – Pourquoi tu dis qu'ils sont venus te chercher?

CF – Parce que mon lit est déplacé puis je suis convaincue que j'ai vécu quelque chose. Ça sort pas de ma tête. Ma jaquette est toute virée à l'envers puis elle m'étouffe là.

MSTG – Ok ce qu'on va faire c'est que tu vas écouter ma voix qui est un peu comme un véhicule, puis tu vas relaxer encore plus. Tu vas sombrer un peu plus profondément à l'intérieur de toi. De plus en plus profondément, de plus en plus relaxée, de plus en plus détendue. Prends une grande respiration, tout ton corps totalement détendu, puis tu laisses aller, tu laisses aller… Puis maintenant, un peu comme cette nuit-là, t'es couchée, détendue, tu dors. Puis la nuit avance, puis la nuit avance… Puis durant cette nuit-là, tu restes ouverte aux sensations, aux petits indices, aux bruits, aux odeurs qui pourraient t'aider à avoir accès à cette information-là. Tu vas voguer là-dessus, puis aussitôt que tu ressens quelque chose, que tu entends quelque chose, que tu penses à quelque chose, tu me le dis.

CF – J'ai l'impression qu'ils m'ont enlevé ma jaquette, mais… c'est comme un flash.

MSTG – Ok laisse venir ça tranquillement.

CF – Y'en n'a pas rien qu'un là!

MSTG – Ah non?

CF – Y'en a un chaque bord…

MSTG – C'est qui ça?

CF – C'est des p'tits gris.

MSTG – Qu'est-ce qu'ils font?

CF – Ils m'enlèvent ma jaquette.

MSTG – Ah ouin? Puis t'es où là?

CF – Je suis toute nue là.

MSTG – Mais t'es où?

CF – Je sais pas.

MSTG – Qu'est-ce que tu peux voir?

CF – Rien. J'ai juste le *feeling* que je me fais déshabiller.

MSTG – Ok c'est bon ça. Puis qu'est-ce que tu ressens alentour de toi?

CF – Bien j'ai froid.

MSTG – Ah oui? Ok puis dans quelle position t'es?

CF – Allongée.

MSTG – T'es couchée?

CF – Oui. Ils ont comme roulé ma jaquette pour l'enlever.

MSTG – Ils te l'ont roulée?

CF – Oui, ils ont commencé par en bas, puis ils l'ont comme roulée jusqu'en haut pour qu'elle sorte.

MSTG – Puis toi tu faisais quoi?

CF – Rien, je me laisse faire… comme si j'étais pas là ou…

MSTG – Ok puis là comment tu te sens.

CF – J'ai juste froid.

MSTG – T'as froid?

CF – Oui j'ai froid.

MSTG – Ressens bien ce qui se passe autour de toi. Reste à l'écoute, reste alerte.

CF – On dirait que je veux pas les voir.

MSTG – Pourquoi?

CF – Je sais pas. Je veux pas savoir. Je veux pas voir ce qu'ils font.

MSTG – Toi est-ce que tu veux le voir?

CF – Non je ne veux pas le voir. C'est comme s'ils regardaient mon ventre. Ils viennent de voir de quoi. Je sais pas quoi.

MSTG – Pourquoi tu dis ça?

CF – Parce que je sais que mon ventre les intéresse.

MSTG – Ah oui? Pourquoi ton ventre les intéresserait?

CF – Je sais pas, ils touchent à mon ventre. Ils regardent mon ventre.

MSTG – Qui ça?

CF – Eux autres là.

MSTG – Qui ça eux autres.

CF – Les p'tits gris. Je sais pas ce qu'ils se disent. Ils font rien, ils sont juste à côté puis ils parlent. Mais je comprends pas, je comprends pas ce qu'ils disent.

MSTG – Ah non? Est-ce que tu leur poses des questions?

CF – J'aimerais savoir pourquoi je suis là.

MSTG – Ils te répondent-tu?

CF – On te veut du bien…

MSTG – Ah oui? Ils te disent qu'ils te veulent du bien?

CF – Oui. On te veut du bien [d'un rire sarcastique].

MSTG – Puis toi? Qu'est-ce que tu penses de ça?

CF – Ramenez-moi chez nous. Je veux m'en aller chez nous… ils font rien.

MSTG – Ils font rien?

CF – Ils regardent mon ventre. Ils font rien.

MSTG – Puis ils regardent ça comment?

CF – Je sais pas. Ils se parlent entre eux autres. Ils doivent voir mes cicatrices. Ça doit être ça qui les intriguent, ma grosse cicatrice du *bedon*. [Silence de quelques secondes.] Là je viens de revenir chez moi et ça fait *boom*! Comme si j'avais des *spring* en-dessous de moi.

MSTG – Ah oui?

CF – Je viens de revenir.

MSTG – T'es revenue comment?

CF – Je sais pas. J'ai dû passer à travers la maison. Je sais juste que dans ma chambre ç'a fait *boom*! Pour moi c'est fini, ils reviendront plus.

MSTG – Ah non?

CF – Non mon ventre il est pas… je pense qu'ils sont pas contents de mon ventre.

MSTG – Ah non? C'est l'impression que t'as?

CF – Oui.

MSTG – Tu penses qu'ils reviendront pas parce que…?

CF – Parce que mon ventre est plus bon.

Fin de l'hypnose

Conclusion

En dépit des expériences parfois traumatisantes en lien avec les ovnis, Catherine a tout de même une attitude positive face à celles-ci en général. Elle est convaincue que c'est grâce à l'incident de Pittsburgh de 1976 si elle a pu être en mesure de tomber enceinte et de mettre sa fille au monde. Les séances d'hypnose se rapportant à cet incident tendent à lui donner raison sur ce point. Elle est également d'avis que sa fille, qui semble avoir eu une attention continuelle de la part des visiteurs nocturnes, aurait reçu des dons de ces derniers qui pourraient servir dans l'avenir. Toutes ces expériences ont donc valu la peine selon elle, malgré le fait qu'elle a pu se sentir impuissante devant certaines d'entre elles. C'est d'ailleurs immédiatement après l'incident de Pittsburgh en 1976 que Catherine a entamé une recherche personnelle sur le phénomène ovni. Elle s'est dit toutefois déçue de ne pas avoir trouvé toutes les réponses qu'elle cherchait dans la documentation existante, et c'est pour cette raison qu'elle avait communiqué avec le MUFON en 2015.

Même si à la base le MUFON n'est pas un organisme d'aide, mais plutôt d'enquête et de recherche, il semble que le fait d'assister les témoins dans leur démarche pour découvrir ce qui leur est vraiment arrivé est très libérateur pour certains d'entre eux. En dépit du fait que le processus d'enquête peut être éprouvant pour les témoins d'enlèvement, il arrive que ces derniers se sentent libérés d'un poids immense une fois que plusieurs de leurs questionnements sont éclaircis. C'est le cas de Catherine F., qui s'est dite très satisfaite du déroulement de l'enquête et de la façon dont nous avons traité son histoire.

---

[1] Entrevue avec Miesha Johnston, International UFO Congress, Arizona, USA, 15 février 2018.
https://www.youtube.com/watch?v=KXOG7mG2VBY&t=75s

[2] Séminaire MUFON Québec 2018 – Partie 5 : Révélation d'un abducté, mis en ligne le 18 juin 2018.
https://www.youtube.com/watch?v=2SaG3M3eBJc&t=27s

[3] Don DONDERI, PhD, UFOs – ETs and Alien Abduction : A Scientist Looks at the Evidence, Hampton Roads Publishing Company, Inc., p. 128, 2013.

[4] J. Allen HYNEK, Les O.V.N.I. : Mythe ou réalité? (Titre original : The U.F.O. Experience a Scientific Inquiry, 1972), Éditions Robert Laffont, Paris, p. 49, 1978.

[5] Don DONDERI, PhD, UFOs – ETs and Alien Abduction : A Scientist Looks at the Evidence, Ed. Hampton Roads Publishing Company, Inc., p. 140, 2013.

[6] Bob MITCHELL, Intrusion – Alien Encounters, 2015.

CONCLUSION

Tout au long de ces enquêtes de terrain, j'ai employé une méthodologie qui prenait en considération chacun des éléments pouvant influencer le témoin dans sa perception du phénomène ovni pour m'assurer que les informations provenant de son témoignage soient issues d'une expérience réelle et non pas de son imagination. L'erreur est de croire que l'objectivité scientifique est l'équivalent du scepticisme, alors qu'il ne s'agit que de s'ouvrir sur l'inconnu sans être influencé par le connu. On ne veut pas croire que des êtres technologiquement supérieurs à nous puissent venir sur notre planète à notre insu et nous traiter comme des rats de laboratoire. Pour contourner cette réalité au lieu de l'affronter et de la comprendre, il semble donc préférable d'inventer des théories psychosociales qui expliqueraient ce « phénomène » d'un point de vue imaginaire. Il est vrai que cette façon de voir les choses est beaucoup plus sécurisante, et c'est probablement pour cette raison qu'il y a tant de personnes qui y adhèrent, mais s'agit-il vraiment de la réalité ou plutôt d'une échappatoire pour ceux qui ne veulent pas voir la vérité? Tôt ou tard nous devrons faire face à cette question avec lucidité sans que n'intervienne la peur du ridicule ou le malaise profond que représente la menace de l'existence d'espèces supérieures à la nôtre.

La théorie de l'évolution nous a conditionnés à croire que l'espèce humaine est au sommet de la chaîne et qu'elle peut soumettre toutes les autres formes de vie pour son propre bien-être. La religion, elle, nous a inculqué la croyance que Dieu nous protégera de tous les aléas de la vie et pourvoira à nos besoins si nous appliquons ses préceptes. Pour ma part, s'il existe un phénomène psychosocial qui influence le comportement des populations, c'est bien celui de croire aveuglément en des dogmes sans se poser de question.

Les témoignages ayant servi à constituer cet ouvrage ne sont pas des cas d'exception, mais semblent représenter une situation se produisant à l'échelle globale. En regard à ce que ces quelques témoignages ont pu nous montrer, la vision édulcorée de notre monde que nous projette à la fois les médias de masse, Hollywood, la communauté scientifique ainsi que les établissements du savoir ressemble davantage à un conte de fée qu'à la réalité. Nous vivons dans un monde où non seulement nous sommes visités par des espèces très différentes de la nôtre, mais où d'innombrable personnes se font enlever sur une base régulière tels des animaux de laboratoire. Ces entités qui œuvrent dans la clandestinité, n'agissent pas totalement seules, et semblent avoir des ententes tacites ou formelles avec les plus hautes instances militaires et gouvernementales. S'il est difficile de savoir exactement qui sont les individus ou organismes qui ferment délibérément les yeux sur ces activités, il est toutefois facile d'en voir les répercussions. Les personnes ayant été victimes d'enlèvement ont la plupart du temps subi des traumatismes profonds dont les effets se font sentir tout au long de leur vie.

Mes recherches sur le sujet, lesquelles sont appuyées par de nombreux témoignages, des preuves factuelles et des échanges avec des collègues ufologues, tendent à démontrer que certaines de ces personnes ont bien vécu ces expériences et qu'il ne s'agit pas du fruit de leur imagination. Avec du recul, je sais maintenant que certains des témoins ayant été cités dans cet ouvrage ont vécu des enlèvements multiples. Certains cas d'abduction sont parfois accompagnés de preuves matérielles tel qu'ecchymoses, brûlures, cicatrices, troubles de santé liés à d'importantes pertes de sang, problèmes au niveau des parties génitales d'origines inconnues, fausses-couches avec disparition complète du fœtus, etc. Certaines de ces femmes qui ont subi de multiples extractions de fœtus se retrouvent avec des problèmes d'endométriose pouvant provoquer des douleurs menstruelles et parfois une perte de fertilité. À cela se rajoutent des événements bizarres tels que : robe de nuit mise à l'envers ou totalement manquante au réveil, objets déplacés dans la maison, traces au sol d'origine inconnue, sans oublier le souvenir de rêves diffus en lien avec ces événements laissant croire que des entités non humaines y ont joué un rôle important.

Il semble exister un *pattern* récurrent pour ce type de cas particulier; les premiers contacts avec les « visiteurs » débutent en bas âge (au berceau), il y a ensuite un suivi périodique jusqu'à la puberté, et dès qu'une adolescente est en âge de procréer elle est fécondée à l'aide d'un embryon *in vitro,* lequel est extrait par les voies naturelles après dix à douze semaines de gestation intra-utérine. Ces femmes ne sont pas choisies au hasard et ont dans leur famille un historique en lien avec des événements du genre. Les « visiteurs » semblent suivre des lignées génétiques bien précises en ciblant des gènes héréditaires spécifiques. Les personnes ayant des ancêtres autochtones dans leur généalogie sont surreprésentées en ce qui a trait au phénomène des enlèvements.

Ces gènes particuliers semblent être responsables de capacités psychiques extrasensorielles, telles que la télépathie et la médiumnité. Il est possible que les premiers contacts en bas âge servent entre autres à établir un lien de confiance avec l'enfant au niveau inconscient ainsi qu'à prélever son l'ADN pour analyser son état génétique et faire un suivi de l'évolution de son métabolisme. Il semble qu'avant même les premières règles, les visiteurs savent déjà quand une adolescente sera prête à procréer. Cette information leur est utile lorsqu'il est question d'implanter un premier embryon et de venir récupérer le fœtus avant que la croissance de celui-ci ne paraisse. Toutefois, même si la très grande majorité de ces rencontres se font à un niveau inconscient afin d'éviter que l'abducté ne s'en souvienne, il arrive que des bribes fassent surface et viennent hanter la conscience des individus en proie à ces expériences du 4e type. Si l'hypnose est un excellent outil de récupération de mémoire pour des banalités tel que retrouver des objets perdus, ou se rappeler d'un numéro de plaque minéralogique vue brièvement au cours d'un vol, celle-ci peut assurément venir en aide à ceux et celles qui ont vécu des expériences de nature ufologique. C'est grâce à l'hypnose et aux témoins ayant accepté de participer à ces séances si nous avons été aussi loin dans la compréhension du phénomène des enlèvements.

Avec les informations acquises par la recherche ufologique et les enquêtes de terrain, nous sommes en mesure d'affirmer qu'il existe une multitude d'espèces différentes de la nôtre, qui nous visitent, qui semblent avoir maîtrisé la science du voyage interstellaire, et qui de surcroit ont atteint de grandes connaissances en génétique. Certaines de ces espèces prétendent même nous avoir créés, et c'est pour cette raison qu'elles nous voient comme leur possession. Heureusement, il semble que ces espèces ne sont pas les seules à « cohabiter » avec nous, car il y en aurait d'autres qui nous voient comme des égaux et qui disséminent ici et là des informations pour nous aider à avancer sur le chemin de notre propre évolution. Depuis au moins soixante-dix ans, plusieurs personnes ont raconté avoir eu des contacts avec des extraterrestres pacifiques cherchant à nous montrer une voie différente de celle que nous avons empruntée en ce qui a trait à la vie en société. Les expériences racontées dans ce contexte ne sont pas traumatisantes, mais sont vécues comme quelque chose de très positif. Pour ce type d'expérience, la communauté ufologique a établi une nouvelle catégorie : celle du contact ou du 5e type. Cette catégorie n'a rien à voir avec le 5e type de la classification de Vallée, où ce dernier a déterminé qu'il s'agissait de blessure ou de mort en lien avec une observation d'ovni, mais est une suite logique aux expériences précédentes.

Contrairement à ce que m'avait dit le docteur Jean Roch Laurence de l'Université Concordia, le phénomène des contacts n'est pas récent, mais remonte aux années 1950. Si on en a peu ou pas entendu parler, c'est que la majorité des organismes d'enquêtes américains de l'époque, à la fois gouvernementaux et civils, les excluaient carrément de leurs études.[1] Mis à part quelques cas célèbres de contactés, lesquels ont tous été attaqués et discrédités par la communauté ufologique elle-même, nous avons très peu de récits de contacts provenant de cette époque. Étonnamment, malgré toute la mauvaise presse faite envers les contactés, il y a un scientifique canadien du nom de Wilbert Smith qui s'y est intéressé. Ce dernier, qui avait dirigé le projet *Magnet*, un projet d'étude secret sur les ovnis pour le compte du gouvernement canadien, s'est penché sur le problème avec ouverture d'esprit et objectivité jusqu'à son décès en 1962. Ses travaux dans le domaine sont peu connus et méritent que l'on s'y attarde si on veut comprendre à la fois la source du phénomène des contacts et la situation actuelle de ceux-ci. Peut-être est-ce justement cet aspect du phénomène ovni qui est la clé qui nous permettra d'avoir une vision d'ensemble du problème et de le comprendre dans son intégralité?

[1] J. Allen HYNEK, Les O.V.N.I. : Mythe ou réalité? (Titre original : The U.F.O. Experience a Scientific Inquiry, 1972), Éditions Robert Laffont, Paris, p. 49-50, 1978.

ANNEXE I
LES SYSTÈMES DE CLASSIFICATION

Tableau I : La classification d'Hynek

Noms	Abréviations	Descriptions
Lumière nocturne	LN	Ovni observé la nuit à grande distance
Disque diurne	DD	Ovni observé le jour à grande distance
Radar-optique	RO	Ovni observé à la fois visuellement et au Radar
Rencontre rapprochée du 1er type	RR1	Ovni observé de près (150 mètres ou moins)
Rencontre rapprochée du 2e type	RR2	Observation d'ovni avec effets physiques sur l'environnement
Rencontre rapprochée du 3e type	RR3	Observation d'entités non humaines

Informations tirées du livre *Les O.V.N.I. : Mythe ou réalité?*

Tableau II : La classification de Vallée

		CLASSES				
		1 Observation	**2 Effet physique**	**3 Entité**	**4 Transformation de la réalité**	**5 Blessure / mort**
TYPES	**AN Anomalie**	Lumière amorphe, explosion mystérieuse	*Poltergeist*, matérialisation d'objets, *crop circle*	Anomalie avec entité (fantôme, elfe, cryptozoologie)	Expérience de mort imminente, vision religieuse et miracle, voyage astral	Blessure ou mort anormale incluant combustion spontanée et blessure inexpliquée
	FB Flyby	Trajectoire continue	Avec effet physique	Observation d'entité	Sensation de modification de la réalité, télépathie	L'observation résulte en une blessure ou la mort
	MA Manoeuvre	Trajectoire discontinue	Avec effet physique	Observation d'entité	Sensation de modification de la réalité, télépathie	L'observation résulte en une blessure ou la mort
	RR Rencontre rapprochée	Observation rapprochée (150 mètres ou moins)	Avec effet physique	Observation d'entité	Enlèvement (abduction)	Blessure ou mort

Tableau tiré du manuel des enquêteurs du MUFON

ANNEXE I (SUITE)
LES SYSTÈMES DE CLASSIFICATIONS

Tableau III : La classification usuelle

Nom	Abréviation	Description
Flyby	FB	Ovni observé à grande distance se déplaçant selon une trajectoire continue
Lumière en zigzag	ZZ	Ovni observé à grande distance faisant des manœuvres erratiques
Military abduction	MILAB	Enlèvement fait par des militaires, avec ou sans présence d'entités non humaines
Mutilation de bétail (*cattle mutilation*)	MB	Enlèvement de bétail et prélèvement de certains de leurs organes
Rencontre rapprochée du 1er type	RR1	Ovni observé de près (150 mètres ou moins)
Rencontre rapprochée du 2e type	RR2	Observation d'ovni avec effets physiques sur l'environnement et/ou les êtres vivants
Rencontre rapprochée du 3e type	RR3	Observation d'entités non humaines avec ou sans observation d'ovni
Rencontre rapprochée du 4e type	RR4	Enlèvement par des entités non humaines
Rencontre rapprochée du 5e type	RR5	Contact (communication) avec des extraterrestres d'apparence humaine ou non

À PROPOS DE L'AUTEUR

Détenteur d'un Bac ès sciences de l'Université du Québec à Montréal, Marc St-Germain est un ancien militaire canadien ayant œuvré dans de nombreux secteurs d'activité. Son intérêt pour l'ufologie a commencé dans les années 1990 alors que des amis proches furent impliqués dans des rencontres rapprochées du 4e type. Ces événements l'ont amené à se rapprocher des cercles ufologiques où il a partagé ses idées sous forme de conférences. En 2010, il s'est joint à l'Association québécoise d'ufologie où il donna plusieurs conférences lors des Soupers ufologiques de l'AQU. La quantité d'informations amassées durant la préparation de ses conférences lui ont donné suffisamment de matière pour constituer un ouvrage entier au sujet de l'implication du gouvernement américain dans la censure sur les ovnis et la présence extraterrestre (*Les Gardiens du Silence*, 2014). Parallèlement à ce projet d'écriture, Marc est devenu enquêteur de terrain puis directeur régional des Hautes-Laurentides, et s'est impliqué dans de nombreuses enquêtes dans la région.

En 2014, Marc est devenu enquêteur de terrain du MUFON et est promu directeur provincial du MUFON Québec en août 2015. Au cours de son mandat, il a entre autres, organisé un séminaire annuel, co-traduit le manuel des enquêteurs de terrain du MUFON en français, instauré un *membership* provincial et mis sur pied un journal électronique trimestriel (Le Vigilant).

À l'automne 2014, après quelques présentations au Québec, Marc a fait une tournée en France pour présenter *Les Gardiens du Silence* à plusieurs organisations ufologiques du pays. La réponse de la communauté ufologique française relativement au travail de Marc St-Germain a été plus que positive. En raison de son implication dans le développement du MUFON France, Marc a été promu *CAG International* en février 2017. De 2015 à 2019, Marc a été conférencier à l'*Alien Cosmic Expo* à Toronto. Il a été promu directeur national du MUFON Canada en février 2019. En 2020, il a quitté ses fonctions de directeur pour se concentrer sur les enquêtes de terrain, l'écriture ainsi que d'autres projets de recherche sur les ovnis. Il habite présentement dans les Laurentides avec sa conjointe Annie.

Made in the USA
Monee, IL
09 November 2026

67779266R00169